Agile Programmierung

SCHRIFTENREIHE ZUM IT- UND INFORMATIONSRECHT

Herausgegeben von Thomas Hoeren und Nikolaus Forgó

BAND 3

Dominik H. Hark

Agile Programmierung

Lehren aus dem privaten Baurecht
für eine agile Programmierung
(insbesondere durch den Einsatz von SCRUM)

Bibliografische Information der Deutschen Nationalbibliothek
Die Deutsche Nationalbibliothek verzeichnet diese Publikation
in der Deutschen Nationalbibliografie; detaillierte bibliografische
Daten sind im Internet über http://dnb.d-nb.de abrufbar.

Zugl.: Münster (Westf.), Univ., Diss. der Rechtswissenschaftlichen Fakultät, 2020

D 6
ISSN 2567-658X
ISBN 978-3-631-82918-9 (Print)
E-ISBN 978-3-631-83739-9 (E-PDF)
E-ISBN 978-3-631-83740-5 (EPUB)
E-ISBN 978-3-631-83741-2 (MOBI)
DOI 10.3726/b17665

© Peter Lang GmbH
Internationaler Verlag der Wissenschaften
Berlin 2020
Alle Rechte vorbehalten.

Peter Lang – Berlin · Bern · Bruxelles · New York ·
Oxford · Warszawa · Wien

Das Werk einschließlich aller seiner Teile ist urheberrechtlich
geschützt. Jede Verwertung außerhalb der engen Grenzen des
Urheberrechtsgesetzes ist ohne Zustimmung des Verlages
unzulässig und strafbar. Das gilt insbesondere für
Vervielfältigungen, Übersetzungen, Mikroverfilmungen und die
Einspeicherung und Verarbeitung in elektronischen Systemen.

Diese Publikation wurde begutachtet.

www.peterlang.com

Vorwort

Diese Arbeit wurde im Wintersemester 2019/2020 durch die Rechtswissenschaftliche Fakultät der Westfälischen-Wilhelms-Universität Münster als Dissertation angenommen. Rechtsprechung und Literatur konnten bis November 2019 berücksichtigt und einbezogen werden.

Der Wunsch eine Dissertation schreiben zu wollen festigte sich für mich unmittelbar vor dem 1. Juristischen Staatsexamen. Das Studium der Rechtswissenschaften, die staatliche Pflichtfachprüfung und auch das Verfassen dieser Dissertation erforderten einen langen Weg und einen noch längeren Atem. Alleine wäre ich niemals so weit gekommen. Größter Dank gilt daher all denen, die mich auf diesem Weg unterstützt haben – egal in welcher Art.

Ich möchte meinen Freunden danken, die stets für einen gelungenen Ausgleich zur Juristerei sorgen und zu jeder Zeit an meiner Seite stehen. Ein großer Dank gilt dabei Cathrin Dodt für das Korrekturlesen dieser Dissertation.

Ganz besonders danken möchte ich meinem Betreuer Prof. Dr. Thomas Hoeren, der für mich während der Erstellung dieser Monographie immer wieder ein inspirierender Ansprechpartner war. Vielen lieben Dank für Ihr Engagement und dafür, dass Sie mir die Möglichkeit eröffnet haben eine Dissertation zu verfassen. Ich bin Ihnen zeitlebens zu tiefstem Dank verpflichtet.

Herzlich bedanken möchte ich mich auch bei Prof. Dr. Thomas Klicka für die schnelle Erstellung des Zweitgutachtens.

Zum Abschluss möchte ich noch ein paar Worte an die wichtigsten Menschen in meinem Leben richten: meine Familie. Keine Worte dieser Welt können die Dankbarkeit ausdrücken, die ich euretwegen empfinden darf. Niemand hat mich mehr unterstützt auf all meinen Wegen. In jeder Phase meines Lebens wurde ich in jeder denkbaren Weise gefördert und stets motiviert. Ohne eure grenzenlose Liebe wäre ich niemals im Stande gewesen, das zu erreichen, was ich erreicht habe.

Jülich, im Juni 2020

Dominik H. Hark

Inhaltsübersicht

A. **Einleitung** 15

B. **Gegenüberstellung von agilem Programmieren (insb. unter Einsatz von SCRUM) und linearer Softwareentwicklung nach dem sog. „*Wasserfallmodell*"** 17
    I. Allgemeine Einleitung in das Themengebiet Softwareentwicklung .. 17
    II. Lineare Softwareentwicklung nach dem sog. „*Wasserfallmodell*" 20
    III. Agile Programmierung (insb. unter Einsatz von SCRUM) 24
    IV. Gegenüberstellung beider Entwicklungsmethoden 32

C. **Vertragstypologisierung des Softwareentwicklungsvertrages** 43
    I. Einleitung und allgemeiner Problemaufriss 43
    II. Der lineare Softwareentwicklungsvertrag 45
    III. Der agile Softwareentwicklungsvertrag 52
    IV. Probleme des Werkvertragsrechts 76

D. **Der agile Softwareentwicklungsvertrag unter Berücksichtigung privat-baurechtlicher Besonderheiten** 81
    I. Einleitung 81
    II. Entwicklung des Bauvertragsrechts (im Überblick) 83
    III. Ausgewählte Problemfelder 87
    IV. Fazit 205

E. **Ausblick: Building Information Modeling (BIM)** 209
    I. Was ist Building Information Modeling? 210
    II. Mögliche Problemstellung 215

III. Relevante rechtliche Aspekte 216
　　IV. Schnittstelle von Agiler Programmierung (SCRUM) und BIM 217

F. Fazit und Ausblick 223
　　I. Allgemein 223
　　II. IT-Vertragsrecht 224
　　III. Baubranche 225

G. Zusammenfassung in Kernthesen 227

Literaturverzeichnis 233

Inhaltsverzeichnis

A. Einleitung 15

B. Gegenüberstellung von agilem Programmieren (insb. unter Einsatz von SCRUM) und linearer Softwareentwicklung nach dem sog. *„Wasserfallmodell"* 17
    I. Allgemeine Einleitung in das Themengebiet Softwareentwicklung 17
    II. Lineare Softwareentwicklung nach dem sog. *„Wasserfallmodell"* 20
        1. Planungsphase 20
        2. Durchführungsphase 23
        3. Testphase 23
    III. Agile Programmierung (insb. unter Einsatz von SCRUM) 24
        1. Das SCRUM-Team 27
            a) Product-Owner 28
            b) Entwicklungsteam 28
            c) SCRUM-Master 29
        2. Die SCRUM-Ereignisse 30
            a) Sprint 30
            b) Sprint-Planning 31
            c) Daily-SCRUMS 31
            d) Sprint-Reviews 31
            e) Sprint-Retrospektive 31
    IV. Gegenüberstellung beider Entwicklungsmethoden 32
        1. Zusammenarbeit von Auftraggeber und Auftragnehmer 32
        2. Unterschiede hinsichtlich eines Marktstarts 33
        3. Änderungen und Dokumentation 34
        4. Mögliche vertragliche Auswirkungen eines Pflichtenheftes 37
        5. Berücksichtigung unerfahrener Auftraggeber 38
        6. Kostenkalkulation und -vorhersehbarkeit 39

	a) Problemstellung	39
	b) Mögliche Lösungsansätze	40
7.	Fazit	42

C. Vertragstypologisierung des Softwareentwicklungsvertrages 43
  I. Einleitung und allgemeiner Problemaufriss 43
  II. Der lineare Softwareentwicklungsvertrag 45
   1. Problemdarstellung 45
   2. Dienstvertrag, § 611 BGB 46
   3. Werkvertrag, § 631 BGB 47
   4. Gesellschaftsvertrag, § 705 BGB 48
   5. Zusammenfassung 50
  III. Der agile Softwareentwicklungsvertrag 52
   1. Einführende Skizzierung des gegenwärtigen Streitstandes 52
   2. Werkvertrag, § 631 BGB 56
   3. Dienstvertrag, § 611 BGB 62
   4. Gesellschaftsvertrag, § 705 BGB 68
   5. Zusammenfassung 74
  IV. Probleme des Werkvertragsrechts 76
   1. Problemstellung im Allgemeinen 76
   2. Problemstellung in Bezug auf Softwareentwicklungsverträge 78

D. Der agile Softwareentwicklungsvertrag unter Berücksichtigung privat-baurechtlicher Besonderheiten 81
  I. Einleitung 81
  II. Entwicklung des Bauvertragsrechts (im Überblick) 83
  III. Ausgewählte Problemfelder 87
   1. Mitwirkungspflichten des Auftraggebers 87
    a) Problemstellung 88
    b) Lösungsansätze des Baurechts? 94

	c) Übertragbarkeit	98
	d) Fazit	103
2.	Change Management / Änderungsmanagement	105
	a) Problemstellung	106
	b) Lösungsansätze des Baurechts?	109
	aa) VOB/B	110
	bb) BGB	112
	cc) Baurechtliche Rechtsprechung	116
	c) Übertragbarkeit	121
	d) Fazit	124
3.	Vergütung	125
	a) Problemstellung	125
	aa) „Festpreisvertrag"	126
	bb) Time-and-Material	128
	cc) Pay-per-Sprint	128
	dd) Agiler Festpreis	129
	b) Lösungsansätze des privaten Baurechts?	131
	aa) Einheitspreisvertrag	132
	bb) Stundenlohnvereinbarung	135
	cc) Pauschalpreisvertrag	139
	dd) Kosten vor Vertragsschluss	143
	c) Übertragbarkeit	146
	aa) *Time-and-Material* – Stundenlohnvereinbarung	146
	bb) „Festpreisvertrag" – Pauschalpreisvertrag	148
	cc) Einheitspreisvertrag bei agiler Programmierung und SCRUM	149
	dd) Kosten vor Vertragsschluss	151
	d) Fazit	152
4.	Abschlagszahlungen, § 632a BGB	153
	a) Änderungen der Vorschrift	153
	aa) Alte Rechtslage (bis 31.12.2017)	154

	(1)	Absatz 1 Satz 1	154
	(2)	Absatz 1 Satz 2	154
	(3)	Absatz 2	155
	(4)	Absatz 3	155
	(5)	Absatz 4	156
bb)	Neue Rechtslage (seit 01.01.2018)		156
	(1)	Absatz 1 Satz 1	156
	(2)	Absatz 1 Satz 2	157
	(3)	Absatz 1 Satz 3	158

b) Problemstellung 159
c) Lösungsansätze des Baurechts? 161
d) Übertragbarkeit 166
e) Fazit 168

5. Abnahme, § 640 BGB 169
   a) Änderungen der Vorschrift 169
      aa) Alte Rechtslage (bis 31.12.2017) 169
      bb) Neue Rechtslage (seit 01.01.2018) 171
         (1) Absatz 2 Satz 1 171
         (2) Absatz 2 Satz 2 174
         (3) Absatz 1 175
   b) Problemstellung 175
      aa) Angabe eines einzelnen Mangels im Baugewerbe 176
      bb) Angabe eines einzelnen Mangels bei IT-Projekten 178
      cc) Stellungnahme 179
   c) Weitere Lösungsansätze des Baurechts 180
   d) Übertragbarkeit 186
   e) Fazit 188

6. Kündigung aus wichtigem Grund, § 648a BGB n. F. 188

                a) Änderungen der Vorschrift 188
                    aa) Alte Rechtslage (bis 31.12.2017) 189
                    bb) Neue Rechtslage (seit 01.01.2018) 190
                        (1) Absatz 1 190
                            α. Ausgestaltung der Kündigung aus wichtigem
                               Grund 190
                            β. Voraussetzungen des Kündigungsrechts aus
                               wichtigem Grund 192
                            γ. Notwendigkeit einer Abmahnung bei
                               Vertragspflichtverletzungen 193
                        (2) Absatz 2 193
                        (3) Absatz 3 194
                        (4) Absatz 4 194
                        (5) Absatz 5 195
                        (6) Absatz 6 196
                b) Problemstellung 196
                    aa) Absatz 1 196
                    bb) Absatz 2 196
                    cc) Absatz 4 197
                c) Weitere Lösungsansätze des Baurechts 198
                d) Übertragbarkeit 203
                e) Fazit 204
    IV. Fazit 205

E. **Ausblick: Building Information Modeling (BIM)** 209
    I. Was ist Building Information Modeling? 210
        1. Allgemeines 210
        2. Open-BIM und closed-BIM 211
            a) Open-BIM 211
            b) Closed-BIM 213
        3. Zielsetzung des Building Information Modeling 213
        4. Building Information Modeling außerhalb Deutschlands 215

II. Mögliche Problemstellung 215
   III. Relevante rechtliche Aspekte 216
      1. Auswirkungen auf Verträge 216
      2. Haftung 217
      3. Vergaberecht 217
      4. BIM-Manager 217
   IV. Schnittstelle von Agiler Programmierung (SCRUM) und BIM 217
      1. Ablauf des Projekts 218
         a) „Traditionelles" Projekt (HOAI und Wasserfallmodell) 218
         b) Agiles Projekt und Building Information Modeling 219
      2. Zusammenarbeit der Beteiligten 220
      3. Vertragliche Grundlagen 220
      4. Fazit 220

F. Fazit und Ausblick 223
   I. Allgemein 223
   II. IT-Vertragsrecht 224
   III. Baubranche 225

G. Zusammenfassung in Kernthesen 227

Literaturverzeichnis 233

A. Einleitung

Stellen wir uns einmal zwei verschiedene Menschen vor: auf der einen Seite steht Person L, auf der anderen Seite Person A.

L ist ein begeisterter Urlauber, jedoch ist er ein Freund umfangreicher Planung und Strukturierung seiner Reise vor Urlaubsantritt. Er plant und konzeptioniert seine Reise bis ins letzte Detail und möchte seine Planungen während des Urlaubs lediglich „abspulen". L kann auf Grundlage seiner vorgelagerten Planung ziemlich detailliert planen, welches Budget er benötigen wird für seine Reise. Er wird allerdings während der Reise nur geringe Möglichkeiten haben, um außerplanmäßige Aktivitäten einzubauen.

A hingegen geht seine Reise ganz anders an: Er ist im Vorfeld nur um wenige Informationen und Details bemüht und lässt die Reise auf sich zukommen. A ist nicht festgelegt auf ein Ziel, sondern dazu bereit, während des Urlaubs selbst spontane Änderungen einzubauen, sodass er zu Beginn seiner Reise überhaupt nicht prognostizieren kann, was er am Ende seiner Reise alles erlebt und gesehen haben wird. A kann – anders als L – keine detaillierte Budgetermittlung vornehmen und kann die Kosten seiner Reise nur grob kalkulieren.

Aus diesem Alltagsbeispiel lässt sich der Schluss ziehen, dass es grundverschiedene Charaktere und Vorgehensweisen gibt. Es gibt diejenigen, die linear einem Konzept nachgehen, welches detailliert aufgearbeitet und vorbereitet wurde und es gibt diejenigen, die „agil" – ohne vorher detailliert festgelegtes Konzept – ihren Weg bestreiten.

In der Softwareentwicklung ist der Sachverhalt ähnlich gelagert. Unterschieden wird hierbei insbesondere zwischen der linearen Softwareentwicklung nach dem sog. „*Wasserfallmodell*"[1] sowie der agilen Programmierung.[2]

Diese Dissertation wird sich in den **Kapiteln B** und **C** allen voran den beiden genannten Arbeitsweisen der Softwareentwicklung widmen und die Unterschiede beider Herangehensweisen aufzeigen. Insbesondere die rechtlichen Probleme des agilen Programmierens sollen skizziert und kritisch untersucht werden. Im Fokus wird hierbei in **Kapitel C** die Typologisierung eines geeigneten Vertragstypen stehen.

---

1 *Lutz/Bach*, BB 2017, 3016 f.; *Witte*, ITRB 2010, 44 (45).
2 *Fuchs/Meierhöfer/Morsbach/Pahlow*, MMR 2012, 427; *Hoeren/Pinelli*, MMR 2018, 199; *Kremer*, ITRB 2010, 283 (285 ff.); *von Schenck*, MMR 2019, 139.

Darüber hinaus soll anschließend in **Kapitel D** herausgearbeitet werden, ob und wie Probleme des IT-Vertragsrechts durch die Rechtsentwicklung im Bauvertragsrecht gelöst werden könnten.[3] Das IT-Vertragsrecht kann was vom privaten Baurecht lernen.[4] Es wird untersucht werden, ob dieser These zuzustimmen ist. Hierbei wird insbesondere ein Blick auf die Rechtsprechung zum privaten Baurecht unerlässlich sein. Es soll aufgezeigt werden, ob und wie die Besonderheiten des Bauvertragsrechts als Orientierungshilfe für softwarerechtliche Fragestellungen geeignet sind.

Es ist unter anderem aufzuzeigen, inwieweit Änderungen durch das *„Gesetz zur Reform des Bauvertragsrechts [...]"*[5], welches zum 01. Januar 2018 in Kraft getreten ist, Einfluss auf Softwareentwicklungsverträge und vor allem das agile Programmieren nehmen werden. Vereinzelt wurde bereits in Aussicht gestellt, dass die Neuregelungen der Reform des Werkvertragsrechts das *„IT-Vertragsrecht nachhaltig verändern"*[6] werden. Ob und inwieweit dieser Auffassung zuzustimmen ist, soll im Verlauf dieser Dissertation herausgestellt werden. Auch zur Klärung dessen wird sich gleichermaßen an bau- und werkvertragsrechtlichen Entscheidungen orientiert.

Im Anschluss hieran wird in **Kapitel E** die digitale Planungsmethode *Building Information Modeling* vorgestellt und mit Blick auf mögliche Gemeinsamkeiten mit agiler Programmierung erörtert.

Schließen soll diese Arbeit mit einem Fazit sowie einem Ausblick auf die weitere Zukunft der Softwareentwicklung, insbesondere in Form des agilen Programmierens.

---

3 Grundlegend hierzu *Nicklisch*, Der komplexe Langzeitvertrag (1987), S. 17 ff.; siehe für weitere Lösungsansätze auch schon *Schneider*, in: *Nicklisch*, Der komplexe Langzeitvertrag (1987), S. 289 f.; sowie *Schlotke*, in: *Nicklisch*, Der komplexe Langzeitvertrag (1987), S. 377 ff.
4 *Hoeren*, Gedächtnisschrift für Manfred Wolf (2011), S. 66.
5 Gesetz v. 28.04.2017 – Bundesgesetzblatt Teil I 2017 Nr. 23 04.05.2017 S. 969.
6 *Hoeren*, CR 2017, 281.

B. Gegenüberstellung von agilem Programmieren (insb. unter Einsatz von SCRUM) und linearer Softwareentwicklung nach dem sog. „Wasserfallmodell"

I. Allgemeine Einleitung in das Themengebiet Softwareentwicklung

Die Welt entwickelt sich jeden Tag weiter und die globale Digitalisierung schreitet täglich voran.[7] Eine große Rolle spielt hierbei Software.[8] Durch sie soll eine technische Vorrichtung durch eine Folge von Befehlen für eine festgelegte Aufgabe einsatzfähig gemacht werden.[9]

---

[7] Vgl. vertiefend dazu die kritische Auseinandersetzung betreffend das Thema Digitalisierung und Recht bei *Boehme-Neßler*, NJW 2017, 3031 ff.; zur Digitalisierung als Politikziel *Bull*, CR 2019, 478; sowie weitergehend *Bull*, CR 2019, 547; zur Digitalisierung in der Bau- und Immobilienwirtschaft *Eschenbruch/Gerstberger*, NZBau 2018, 3; zur Zukunftsausrichtung von Unternehmen durch Einführung agiler Arbeitsmethoden siehe bei *Günther/Böglmüller*, NZA 2019, 273; zum Stand der Digitalisierung *Martina*, CR 2019, 339 (340); zum Technologiefortschritt auch *Steeger*, projektManagementaktuell, Ausgabe 3.2018, S. 13; zu arbeitsrechtlichen Herausforderungen durch die Digitalisierung und zunehmender Veränderungsgeschwindigkeit unter Berücksichtigung des auch hierbei aufkommenden Strebens nach Agilität siehe bei *Wallisch*, NZA-Beilage 2018, 81.

[8] Erwägungsgrund 3 zur Richtlinie 2009/24/EG des Europäischen Parlaments und des Rates vom 23. April 2009 über den Rechtsschutz von Computerprogrammen; auch *Opelt/Gloger/Pfarl/Mittermayr*, Der agile Festpreis, S. 1.

[9] OLG Hamburg, Urt. v. 12.03.1998, Az. 3 U 226/97 = CR 1998, 332 (333); OLG Rostock, Beschluss v. 27.06.2007, Az. 2 W 12/07 = CR 2007, 737; KG, Urt. v. 17.03.2010, Az. 24 U 117/08 = CR 2010, 424 (425); BeckOGK, *Lutzenberger*, BGB § 631 Rn. 1765 mit weiterem Verweis auf DIN 44.300 (mittlerweile zurückgezogen) sowie § 1 Abs. i der Mustervorschriften für den Schutz von Computersoftware; so im Ergebnis auch MüReLex, Band 3, S. 370 „Software"; *Maier*, NJW 1986, 1909; siehe auch *Redeker*, NJW 1992, 1739; so auch *Schreiber-Ehle*, CR 2015, 469 (475); vgl. auch Erwägungsgrund 10 zur Richtlinie 2009/24/EG des Europäischen Parlaments und des Rates vom 23. April 2009 über den Rechtsschutz von Computerprogrammen.

In einer zunehmd digitalisierten Wirtschaftswelt ist Software mehr denn je ein Faktor für unternehmerische Wettbewerbsfähigkeit.[10] Die Aufgabe eines Software-Entwicklers ist es eine benutzungsfähige Software für den Kunden nach dessen Anforderungen zu erstellen.[11]

Die Entwicklung von Software ist daher häufig eine Leistung, die an die speziellen Bedürfnisse und Wünsche des (späteren) Verwenders angepasst werden muss.[12] Eine Software, die von Grund auf nach Kundenwunsch entwickelt wird, nennt man Individualsoftware.[13]

Neben der Individualsoftware für einen bestimmten Verwender und einen Einzelfall gibt es jedoch auch Software, die für eine Vielzahl von Verwendern bereits erstellt und unabhängig von individuellen Wünschen programmiert wurde.[14] Hierbei handelt es sich um sog. Standardsoftware.[15]

Eine dritte Ausprägung der Softwareerstellung stellt das sog. *„Customizing"* dar.[16] Hierbei wird eine entwickelte Standardsoftware durch Einarbeitung spezieller Kundenwünsche individualisiert und umgestaltet, sodass sie vom Kunden bestmöglich genutzt werden kann.[17] Das *„Customizing"* ist insoweit

---

10 Siehe für Vorschläge zum Sonderrechtsschutz von Computer-Software *Fritzemeyer,* in: Nicklisch, Der Komplexe Langzeitvertrag (1987), S. 277 ff.; dies bestätigend auch *Bischof,* ITRB 2014, 117; *Fuchs/Meierhöfer/Morsbach/Pahlow,* MMR 2012, 427; *Martina,* CR 2019, 339 f.;
11 Vgl. *Maier,* NJW 1986, 1909.
12 Vgl. BeckOGK, *Lutzenberger,* § 631 Rn. 1767; MAH IT-Recht, *von dem Bussche/Schelinski,* Teil 1. Rn. 56.
13 BeckOGK, *Lutzenberger,* § 631 Rn. 1769; *Bräutigam, Pour Rafsendjani,* Teil 3, C. Rn. 69; Heussen/Hamm, *Prinz zu Löwenstein,* Teil B, 1. Abschnitt, § 40 Rn. 10; MAH IT-Recht, *von dem Bussche/Schelinski,* Teil 1. Rn. 56.
14 Zur rechtlich notwendigen Abgrenzung von Individualsoftware und Standardsoftware siehe bei BeckOK BGB, *Voit,* § 631 Rn. 26; auch Staudinger, *Peters/Jacoby,* Vorbem. zu §§ 631 ff. Rn. 78; MAH IT-Recht, *von dem Bussche/Schelinski,* Teil 1. Rn. 56.
15 Siehe zu Standardsoftware auch bei BeckOK BGB, *Voit,* § 631 Rn. 26; siehe auch Staudinger, *Peters/Jacoby,* Vorbem. zu §§ 631 ff. Rn. 78.
16 Vgl. hierzu BeckOGK, *Lutzenberger,* § 631 Rn. 1776; hierzu auch *Bräutigam/Rücker,* CR 2006, 361 (365 f.); vgl. ebenfalls *Hoeren,* Gedächtnisschrift für Manfred Wolf (2011), S. 61.
17 Vgl. hierzu BeckOGK, *Lutzenberger,* § 631 Rn. 1776; Grützner/Jakob, *Grützner/Jakob,* „Customizing"; MAH IT-Recht, *von dem Bussche/Schelinski,* Teil 1. Rn. 57; vgl. ebenfalls *Hoeren,* Gedächtnisschrift für Manfred Wolf (2011), S. 61.

gewissermaßen eine Kombination aus klassischer (Standard-)Softwareentwicklung einerseits sowie Individualisierung dieser Software andererseits.[18] Üblicherweise ist somit stets zwischen der Entwicklung von Standardsoftware und der Entwicklung von Individualsoftware zu unterscheiden.[19]

Bei einer Standardsoftware handelt es sich um ein Produkt, bei welchem vor massenhaftem Produktionsstart der Softwaresysteme eine umfangreiche Konzeption stattgefunden hat, welche in der Entwicklung und Produktion lediglich ausgeführt wird.[20] Mangels notwendiger Individualisierung der Software ist daher üblicherweise kein Bedarf gegeben, diese Software nach Wunsch und Anspruch des jeweiligen Kunden zu personalisieren.[21] Die möglichen Probleme in der Zusammenarbeit von Kunden und Softwareentwickler stellen sich somit bei Standardsoftware im Regelfall gar nicht erst. Die Herstellung von Standardsoftware stellt daher üblicherweise keinen allzu großen Problemfall in der rechtlichen Handhabung ihres Entwicklungsprozess sowie einer etwaigen Mängelgewährleistung dar.[22]

Aufgrund dessen wird hierbei auch unproblematisch anerkannt, dass der (nicht nur zeitweilige und entgeltliche) Erwerb einer solchen Standardsoftware dem Kaufrecht gemäß §§ 433 ff. BGB unterliegt.[23] Die Software wird hierbei als „*sonstiger Gegenstand*" gemäß § 453 Abs. 1 Alt. 2 BGB charakterisiert, auf welchen die Vorschriften über den Kauf von Sachen entsprechend angewendet werden.[24] Dementsprechend existieren folglich die kaufrechtlichen Gewährleistungsrechte gemäß §§ 437 ff. BGB im Falle einer Mangelhaftigkeit der Standardsoftware.[25]

---

18 Vgl. Grützner/Jakob, *Grützner/Jakob*, „Customizing"; MAH IT-Recht, *von dem Bussche/Schelinski*, Teil 1. Rn. 57; hierzu ausführlich Auer-Reinsdorff/Conrad, *Sarre*, Teil A. Technische und organisatorische Grundlagen, § 1 „Programmierung, Dokumentation und Test von Software", Ziffer II. Rn. 56 ff.
19 MAH IT-Recht, *von dem Bussche/Schelinski*, Teil 1. Rn. 55.
20 *Bräutigam/Rücker,* CR 2006, 361 (368).
21 MAH IT-Recht, *von dem Bussche/Schelinski*, Teil 1. Rn. 56.
22 Vgl. *Bräutigam/Rücker,* CR 2006, 361 (368).
23 Palandt, *Weidenkaff,* § 433 Rn. 9; auch Staudinger, *Peters/Jacoby,* § 651 Rn. 16; eine Darstellung der verschiedenen Argumentationsansätze der hierzu vertretenen Auffassungen findet sich bei MAH IT-Recht, *von dem Bussche/Schelinski,* Teil 1. Rn. 66 ff.; dazu eindeutig auch *Bräutigam/Rücker,* CR 2006, 361.
24 Vgl. dazu auch LG München I, Urt. v. 28.11.2007, Az. 30 O 8684/07 = MMR 2018, 563 = CR 2008, 416; Palandt, *Weidenkaff,* § 453 Rn. 8.
25 *Bräutigam/Rücker,* CR 2006, 361 (368).

Gerade bei der Entwicklung und Programmierung von Individualsoftware stellt sich allerdings die Frage, wie dieses Softwareprojekt zwischen dem späteren Verwender und dem Programmierer durchgeführt wird. Unterschieden wird allen voran zwischen zwei möglichen Herangehensweisen der Programmierung: einerseits besteht die Möglichkeit, die Software in einem linearen Verfahren nach dem sog. *„Wasserfallmodell"* zu erstellen, andererseits kann die Software *„agil"* programmiert werden.[26]

Doch wie lassen sich diese beiden Vorgehensweisen überhaupt charakterisieren und wie unterscheiden sie sich voneinander? Diese Fragen sollen im Folgenden geklärt werden – an dieser Stelle jedoch zunächst ohne nähere Berücksichtigung der zugrundeliegenden vertragstypologischen Differenzierungen.

II. Lineare Softwareentwicklung nach dem sog. „Wasserfallmodell"

Das sog. *Wasserfallmodell* ist die traditionelle Weise der Softwareentwicklung.[27] Hierbei ist die Vorgehensweise der Entwicklung unterteilt in mehrere eigenständige Abschnitte.[28] Das Projekt startet mit einer Planungsphase, es folgt hiernach die sog. Durchführungs- bzw. Entwicklungsphase.[29] Sein Ende findet das Projekt in der Testphase durch den Kunden sowie dessen endgültiger Abnahme der Software.[30] Diese Phasen werden ihrerseits jeweils vollständig abgeschlossen, bevor es in die nächste Phase übergeht.[31] Die Planungs- und Durchführungsphasen sind somit eigenständig und strikt voneinander getrennt.[32]

1. Planungsphase

Das Softwareentwicklungsprojekt beginnt mit Abschluss eines sog. Projektvertrages zwischen Auftraggeber und Auftragnehmer.[33] Im Anschluss hieran startet die Entwicklung bei dieser linearen Vorgehensweise mit der Planung

---

26 *Hoeren/Pinelli*, MMR 2018, 199.
27 *Opelt/Gloger/Pfarl/Mittermayr*, Der agile Festpreis, S. 39; *Hoeren/Pinelli*, MMR 2018, 199.
28 *Hoeren/Pinelli*, MMR 2018, 199; *Söbbing*, ITRB 2014, 214 (215).
29 *Ernst*, CR 2017, 285 (288).
30 *Ernst*, CR 2017, 285 (288).
31 *Hoeren/Pinelli*, MMR 2018, 199; *Liesegang*, CR 2015, 541 (542) m. w. N.
32 *Witte*, ITRB 2010, 44 (45 f.).
33 *Ernst*, CR 2017, 285 (288); vgl. *Redeker*, IT-Recht, Rn. 296, 302.

und Konzeptionierung der Software.[34] Diese erfolgt durch die umfangreiche Zusammenstellung der gewünschten Anforderungen durch den Auftraggeber sowie einer darauf aufbauenden Funktionsbeschreibung durch den Softwareentwickler.[35]

In der juristischen Literatur wird das Anforderungsprofil eines solchen Softwareentwicklungsprojekts regelmäßig lediglich mit dem Begriff „Pflichtenheft" versehen.[36] In technischer Hinsicht ist jedoch zwischen dem sog. Pflichtenheft und dem sog. Lastenheft zu unterscheiden.[37] Ursprünglich stammen diese Begriffe aus dem Maschinenbau, wobei DIN 69901-5:2009 das Lastenheft als *„Gesamtheit aller Anforderungen des Auftraggebers an die Lieferungen und Leistungen des Auftragnehmers"* beschreibt und das Pflichtenheft als *„ausführliche Beschreibung der Leistungen des Auftragnehmers, die zur Erreichung der Projektziele gefordert oder erforderlich sind"* definiert.[38] Die Folge hieraus ist, dass das Lastenheft das *„was"* beschreibt,[39] während ein Pflichtenheft das *„wie"* beschreibt.[40] Hierbei ist zu beachten, dass das Lastenheft nach dieser Definition ausschließlich durch den Auftraggeber bereits vor dem eigentlichen Projektbeginn erstellt wird,[41] während das Pflichtenheft für gewöhnlich in Zusammenarbeit von Auftraggeber und Auftragnehmer erarbeitet wird.[42] Das Lastenheft definiert vereinfacht gesagt alle Wünsche und Vorstellungen des Auftraggebers an die zu erstellende Software.[43] Das Pflichtenheft hingegen ist eine Reaktion des Auftragnehmers auf das Lastenheft und legt fest wie die Software erstellt

---

34 *Ernst*, CR 2017, 285 (288).
35 *Redeker*, IT-Recht, Rn. 302a; *Ernst*, CR 2017, 285 (288); *Hoppen*, CR 2015, 747 (750); *Lapp*, ITRB 2010, 69 (70).
36 Dazu auch *Redeker*, IT-Recht, Rn. 302; *Hoppen*, CR 2015, 747 (750); als Beleg für die regelmäßige Verwendung des Begriffs „Pflichtenheft" siehe bspw. bei *Kremer*, ITRB 2010, 283 (286); *Lapp*, ITRB 2018, 263.
37 *Hoppen*, CR 2015, 747 (749); so auch MAH IT-Recht, *von dem Bussche/Schelinski*, Teil 1. Rn. 424; siehe hierzu auch *Lapp*, ITRB 2018, 263.
38 *Hoppen*, CR 2015, 747 (749 f.); dazu auch MAH IT-Recht, *von dem Bussche/Schelinski*, Teil 1. Rn. 424 ff.
39 MAH IT-Recht, *von dem Bussche/Schelinski*, Teil 1. Rn. 425.
40 *Hoppen*, CR 2015, 747 (750).
41 *Lapp*, ITRB 2018, 263; *Söbbing*, MMR 2010, 222 (223).
42 *Hoppen*, CR 2015, 747 (750).
43 MAH IT-Recht, *von dem Bussche/Schelinski*, Teil 1. Rn. 425; https://www.gruender.de/pflichtenheft-lastenheft/ (zuletzt abgerufen am 24.11.2019).

werden soll.[44] Das Pflichtenheft beinhaltet somit das „*Soll-Konzept*" des Projekts, genauer gesagt die „*vereinbarte Beschaffenheit*" gemäß § 633 Abs. 2 S. 1 BGB.[45] Durch vielfache fehlerhafte Darstellungen werden die Begriffe jedoch häufig nicht nennenswert differenziert, sodass vereinzelt das „Pflichtenheft" als Anforderungsprofil angesehen wird.[46] Trotzdem sei jedoch nochmals darauf hingewiesen, dass Lasten- und Pflichtenheft zwei unterschiedliche Dokumente sind, die beide dem Projektvertrag zugrunde liegen (sollten),[47] beispielsweise als Anlage zu diesem.

Um keinen Verständnisbruch mit der übrigen juristischen Literatur zur Softwareentwicklung herbeizuführen, wird die anfängliche Anforderungsspezifikation eines Projekts ebenfalls nur als „Pflichtenheft" bezeichnet.[48]

Vereinfacht gesagt beinhaltet dieses „Pflichtenheft" eine präzise Festlegung dessen, was die zu entwickelnde Software leisten soll.[49] Neben den technischen Ansprüchen an die Software wird zudem im „Pflichtenheft" festgelegt, welche Qualität die später zur Verfügung gestellte Software haben muss.[50] Mögliche regelbare Kriterien hierbei sind u.a. die Wartbarkeit, die Softwaresicherheit, die Bedienfreundlichkeit, mögliche Testumfänge während der Entwicklung oder auch die Dokumentation der Systemarchitektur während des Entwicklungsprozesses.[51]

Bestenfalls wird im „Pflichtenheft" alles festgehalten, was sowohl technisch wie auch rechtlich zu berücksichtigen ist, um allen Vertragsparteien im Streitfall konkrete Maßstäbe für die rechtliche Beurteilung des Softwareerstellungsprojektes zu gewährleisten.

---

44 MAH IT-Recht, *von dem Bussche/Schelinski*, Teil 1. Rn. 426; https://www.gruender.de/pflichtenheft-lastenheft/ (zuletzt abgerufen am 24.11.2019); *Söbbing*, MMR 2010, 222 (223).

45 MAH IT-Recht, *von dem Bussche/Schelinski*, Teil 1. Rn. 426; dazu auch *Lapp*, ITRB 2018, 263.

46 Dazu auch *Redeker*, IT-Recht, Rn. 302; *Hoppen*, CR 2015, 747 (750).

47 MAH IT-Recht, *von dem Bussche/Schelinski*, Teil 1. Rn. 424; https://www.gruender.de/pflichtenheft-lastenheft/ (zuletzt abgerufen am 24.11.2019).

48 So auch bei *Redeker*, IT-Recht, Rn. 302.

49 MAH IT-Recht, *von dem Bussche/Schelinski*, Teil 1. Rn. 426; *Redeker*, IT-Recht, Rn. 302.

50 *Redeker*, IT-Recht, Rn. 302.

51 *Redeker*, IT-Recht, Rn. 302.

2. Durchführungsphase

Im Anschluss an die vollständige Planung der zu erstellenden Software startet die sog. Durchführungsphase.[52] In der Durchführungsphase wird die Software entwickelt.[53] Der Softwareentwickler gestaltet hierbei die Software nach den Vereinbarungen, die innerhalb der Planungsphase durch die Parteien getroffen wurden.[54] Gewöhnlich endet diese Durchführungsphase mit umfangreichen Funktionstests der fertigen Software durch den Ersteller vor endgültiger Ablieferung an den Kunden.[55]

Die Software muss hierbei jedoch nicht als Ganzes fertiggestellt werden.[56] Es besteht für die Parteien ebenso die Möglichkeit, die Gesamt-Software-Entwicklung in einzelne sog. „Meilensteine"[57] aufzuteilen, welche ihrerseits als eigenständige Leistung programmiert, getestet und an den Kunden geliefert werden.[58] Solche Vereinbarungen werden gemeinhin im Rahmen der Leistungsvereinbarung während der Planungsphase getroffen.[59]

3. Testphase

Die letzte Phase der linearen Softwareentwicklung ist die Testphase durch den Kunden selbst.[60] Der Kunde unterzieht die fertige Software einem umfangreichen Testverfahren. Hierbei prüft er allen voran, ob die Anforderungen, die in der Planungsphase vereinbart wurden, in der fertigen Software wie gewünscht umgesetzt wurden.

Bei Zufriedenheit mit dem Ergebnis erfolgt im Anschluss hieran eine Abnahme der Software durch den Kunden.[61] Mit erfolgter Abnahme findet das Softwareentwicklungsprojekt seinen Abschluss.

---

52 *Ernst*, CR 2017, 285 (288).
53 *Ernst*, CR 2017, 285 (288).
54 *Ernst*, CR 2017, 285 (288).
55 *Ernst*, CR 2017, 285 (288).
56 *Ernst*, CR 2017, 285 (288).
57 *Ernst*, CR 2017, 285 (288).
58 *Ernst*, CR 2017, 285 (288).
59 *Ernst*, CR 2017, 285 (288).
60 *Ernst*, CR 2017, 285 (288).
61 *Ernst*, CR 2017, 285 (288).

III. Agile Programmierung (insb. unter Einsatz von SCRUM)

Die agile Programmierung bewährt sich seit ca. 15 Jahren als Alternative zur vorstehend dargestellten Variante linearer Programmierung.[62] In der juristischen Diskussion ist sie bereits seit ca. 10 Jahren ein Thema.[63] Es ist festzustellen: agile Methoden *"setzen sich gerade in der IT immer mehr durch"*.[64] Überraschend ist daher, dass es bislang kaum eine instanzgerichtliche Entscheidung der ordentlichen Gerichtsbarkeit in Bezug auf agile Programmierung gibt.[65]

Einheitlich definierbar ist der Begriff *"agil"* bislang nicht.[66] Agile Projekte unterscheiden sich von der linearen Vorgehensweise dahingehend, dass hierbei allen voran auf eine umfangreiche Anforderungsfestlegung vor Entwicklungsbeginn verzichtet wird.[67] Es wird eben gerade kein ausführliches Pflichtenheft erstellt, welches die Anforderungen so genau wie möglich skizzieren soll.[68] Hierdurch soll dem wesentlichen Grundgedanken der agilen Vorgehensweise nachgekommen werden: Die Dokumentation soll während der agilen Projektentwicklung auf das nötigste Minimum reduziert werden,[69] sodass der Fokus auf die Entwicklung der Software durch Kooperation von Softwareersteller und

---

62 *Ernst*, CR 2017, 285 (288); vgl. dazu auch *Sarre*, CR 2018, 198.
63 *Ernst*, CR 2017, 285.
64 *Barke/Zehlike*, projektManagementaktuell, Ausgabe 2.2016, S. 58; siehe auch *Bischof*, ITRB 2014, 117; zur SCRUM-Arbeitsweise sowie juristischer Vertragsgestaltung siehe *Sarre*, CR 2018, 198; siehe für eine arbeitsrechtliche Betrachtung der agilen Arbeitsmethoden *Günther/Böglmüller*, NZA 2019, 273; dazu auch *Wallisch*, NZA-Beilage 2018, 81; siehe hierzu auch *Böhle/Heidling/Kuhlmey/Neumer*, projektManagementaktuell, Ausgabe 1.2018, S. 4.
65 Vgl. *Witzel*, CR 2017, 213, wonach nur wenige gescheiterte IT-Projekte vor Gericht enden; siehe auch *Frank*, CR 2011, 138 (140); Ausnahmen zu agiler Programmierung (insb. unter Einsatz von SCRUM) bilden hierbei die Urteile des LG Wiesbaden, Urt. v. 30.11.2016, Az. 11 O 10/15 = MMR 2017, 561 sowie des OLG Frankfurt/M., Urt. v. 17.08.2017, Az. 5 U 152/16 = MMR 2018, 100; eine Auseinandersetzung mit beiden Urteilen folgt im Rahmen er Vertragstypologisierung eines Softwareentwicklungsvertrages im späteren Verlauf der Arbeit in **Kapitel C**.
66 *Fuchs/Meierhöfer/Morsbach/Pahlow*, MMR 2012, 427.
67 *Redeker*, IT-Recht, Rn. 311a m. w. N; *Bortz*, MMR 2018, 287 (289); *Sarre*, CR 2018, 198 (199); *Schneider*, ITRB 2017, 36; humorvoll hierzu *Köhler*, projektManagementaktuell, Ausgabe 4.2018, S. 72; *Frank*, CR 2011, 138.
68 *Redeker*, IT-Recht, Rn. 302; *Sarre*, CR 2018, 198 (199); zu Problemen und Lösungen der Ermittlung des Leistungsgegenstandes, wenn ein Pflichtenheft fehlt Kilian/Heussen, *Redeker*, 1. Abschnitt, Teil 16, I. 1. Rn. 2 ff.
69 *Fuchs/Meierhöfer/Morsbach/Pahlow*, MMR 2012, 427 (428).

Kunden gerichtet ist.[70] Seinen Ursprung hat dieser Grundgedanke im „*Agilen Manifest*".

Das „*Agile Manifest*" wurde im Februar 2001 von mehreren Softwareentwicklern formuliert und enthält die grundlegenden Werte agiler Projektmethoden.[71] Dem „*Agilen Manifest*" ist zu entnehmen, dass Individuen und Interaktionen wichtiger sind als Prozesse und Werkzeuge.[72] Eine funktionierende Software hat mehr Wert als eine umfassende Dokumentation.[73] Die Zusammenarbeit mit dem Kunden ist der Vertragsverhandlung vorzuziehen.[74] Das Reagieren auf Veränderung ist notwendiger als das Befolgen eines Plans.[75]

Im Ergebnis ist die agile Vorgehensweise folglich darauf bedacht, die möglichen Änderungen im Anforderungsprofil der Projektentwicklung durch Flexibilität und Kommunikation mit dem Kunden abzustimmen und umzusetzen.[76] Wie genau diese Leitprinzipien während eines agilen Projekts berücksichtigt und respektiert werden müssen lässt das „*Agile Manifest*" jedoch offen.[77] Somit sind diese Prinzipien lediglich als Orientierungshilfe für die Gestaltung agiler Projekte heranzuziehen.

Ein agiles Projekt verzichtet auf aufeinanderfolgende, eigenständige Phasen während der Entwicklung.[78] Die strikte Trennung von Planungs- und Durchführungsphasen, wie sie im *Wasserfallmodell* üblich sind, wird aufgelöst.[79] Hierdurch wird nicht nur der Ablauf des Projektes beeinflusst: Auch die Verantwortungsbereiche der einzelnen Projektparteien, vor allem Softwareersteller und Kunde, werden im Rahmen der auf Kommunikation und Interaktion ausgelegten Zusammenarbeit miteinander vermischt.[80] Trotz dessen soll die übliche Struktur eines IT-Projektes hierbei nicht beeinflusst werden: Es soll bei einer

---

70 http://agilemanifesto.org/ (zuletzt abgerufen am 24.11.2019); so auch bei *Bischof*, ITRB 2014, 117 (118).
71 https://de.wikipedia.org/wiki/Agile_Softwareentwicklung#Bestandteile_agiler_Softwareentwicklung (zuletzt abgerufen am 24.11.2019); dazu auch *Hoeren/ Pinelli*, MMR 2018, 199; auch thematisiert bei *Opelt/Gloger/Pfarl/Mittermayr*, Der agile Festpreis, S. 7 ff.
72 http://agilemanifesto.org/ (zuletzt abgerufen am 24.11.2019).
73 http://agilemanifesto.org/ (zuletzt abgerufen am 24.11.2019).
74 http://agilemanifesto.org/ (zuletzt abgerufen am 24.11.2019).
75 http://agilemanifesto.org/ (zuletzt abgerufen am 24.11.2019).
76 *Ernst*, CR 2017, 285 (288).
77 *Fuchs/Meierhöfer/Morsbach/Pahlow*, MMR 2012, 427 (428).
78 LG Wiesbaden, Urt. v. 30.11.2016, Az. 11 O 10/15 = MMR 2017, 561.
79 LG Wiesbaden, Urt. v. 30.11.2016, Az. 11 O 10/15 = MMR 2017, 561.
80 LG Wiesbaden, Urt. v. 30.11.2016, Az. 11 O 10/15 = MMR 2017, 561.

klaren Rollenverteilung der Projektparteien bleiben, d.h. die Konzeptionshoheit soll auch bei agilen Methoden dem Auftraggeber zustehen, wohingegen die Programmierungshoheit weiterhin dem Auftragnehmer obliegen soll.[81]

Die agile Softwareentwicklung kennt zahlreiche sog. „agile Prozesse", welche allesamt darauf ausgelegt sind, die vorgestellten Prinzipien und Grundgedanken des „Agilen Manifests" umzusetzen.[82]

Die populärsten agilen Prozesse sind hierbei Kanban, Extreme Programming (XP), Behaviour Driven Development (BDD) oder auch SCRUM.[83]

Besondere Bedeutung hat das sog. SCRUM.[84] Es ist mittlerweile eine etablierte und anerkannte Form agiler Entwicklung.[85] Bei SCRUM handelt es sich um eine Arbeitsweise, bei welcher die Aufgaben der Softwareentwicklung durch verschiedene „Teams" in sich regelmäßig wiederholenden Zeitabständen (sog. „Sprints") kollegial und kommunikativ abgesprochen und ausgearbeitet werden, um auf diese Weise eine zügige Herstellung nutzbarer Software zu ermöglichen.[86]

SCRUM wurde in den frühen 1990er Jahren entwickelt und dient seither zur Entwicklung von komplexen Produkten,[87] worunter auch Software zu verstehen ist.[88] *Ken Schwaber* und *Jeff Sutherland* haben SCRUM 1995 erstmals vorgestellt

---

81 So die Auffassung des LG Wiesbaden, Urt. v. 30.11.2016, Az. 11 O 10/15 = MMR 2017, 561 (562); dem zustimmend *Schneider*, ITRB 2017, 36; so schon *Witte*, ITRB 2010, 44 (46 f.).
82 https://de.wikipedia.org/wiki/Agile_Softwareentwicklung#Bestandteile_agiler_Softwareentwicklung (zuletzt abgerufen am 24.11.2019).
83 https://de.wikipedia.org/wiki/Agile_Softwareentwicklung#Bestandteile_agiler_Softwareentwicklung (zuletzt abgerufen am 24.11.2019); siehe auch *Frank*, CR 2011, 138 m w. N.
84 Zu den Grundsätzen des SCRUM siehe *Schwaber/Sutherland*, Scrum-Guide, S. 1 ff.; siehe zum SCRUM auch Bericht des Ausschusses für Bildung, Forschung und Technikfolgenabschätzung (18. Ausschuss) gemäß § 56a der Geschäftsordnung – Technikfolgenabschätzung (TA), BT-Drucksache 19/8527, S. 87; dazu auch *Opelt/Gloger/Pfarl/Mittermayr*, Der agile Festpreis, S. 12 ff.; *Bortz*, MMR 2018, 287; *Heise/Friedl*, NZA 2015, 129 (130); *Kühn/Ehlenz*, CR 2018, 139; *Liesegang*, CR 2015, 541 (542); *Sarre*, CR 2018, 199; *Söbbing*, ITRB 2017, 195; *Söbbing*, ITRB 2014, 214 (215).
85 *Fuchs/Meierhöfer/Morsbach/Pahlow*, MMR 2012, 427 (428); *Opelt/Gloger/Pfarl/Mittermayr*, Der agile Festpreis, S. 12.
86 *Bortz*, MMR 2018, 287; vgl. *Sarre*, CR 2018, 198 (199); siehe für eine umfangreiche Darstellung von SCRUM auch bei *Opelt/Gloger/Pfarl/Mittermayr*, Der agile Festpreis, S. 12 ff.
87 *Schwaber/Sutherland*, Scrum-Guide, S. 3; siehe für eine Darstellung von SCRUM und dessen Bestandteilen bei *Söbbing*, ITRB 2014, 214 (215 ff.).
88 *Schwaber/Sutherland*, Scrum-Guide, S. 4.

und seither weiterentwickelt.⁸⁹ SCRUM ist nach Auffassung von *Schwaber* und *Sutherland* kein eigenständiger Prozess, keine Technik und auch keine Methode, sondern ein Rahmenwerk, welches die Einsatzmöglichkeit verschiedener Prozesse und Techniken ermöglicht.⁹⁰

SCRUM wird getragen von drei grundlegenden Werten: Es gibt das SCRUM-Team, welches sich wiederum in drei grundlegende Rollen aufteilt.⁹¹ Hierneben gibt es die SCRUM-Ereignisse, d.h. die schrittweisen Phasen eines SCRUM-Ablaufs.⁹² Diese Ereignisse sind der Sprint, das Sprint Planning, der Daily SCRUM, der Sprint Review sowie die Sprint Retrospektive.⁹³ Zuletzt gibt es drei SCRUM-Artefakte, welche der Transparenz der Arbeit dienen sollen.⁹⁴ Die drei SCRUM-Artefakte lauten Product Backlog, Sprint Backlog und Inkrement.⁹⁵ Beim SCRUM hat die Berücksichtigung und Respektierung dieser grundlegenden SCRUM-Werte oberste Priorität.⁹⁶ Ein Abweichen davon ist nicht vorgesehen, sondern bewirkt nach Auffassung von *Schwaber* und *Sutherland* lediglich, dass die angewendete Arbeitsweise nicht mehr dem SCRUM entspricht, wie es durch ihren „*Scrum-Guide*" definiert ist.⁹⁷

1. Das SCRUM-Team

Die einzelnen Projektparteien während eines SCRUM-Prozesses sind der Product-Owner, das Entwicklungsteam sowie der SCRUM-Master.⁹⁸ Diese Rollen sind festgelegt und unveränderlicher Bestandteil der SCRUM-Methode.⁹⁹ Neben den genannten essenziellen Rollen existieren noch die sog. Stakeholder.¹⁰⁰

---

89 *Schwaber/Sutherland*, Scrum-Guide, S. 19.
90 *Schwaber/Sutherland*, Scrum-Guide, S. 3; dies aufgreifend *Liesegang*, CR 2015, 541 (542); eine Kurzdarstellung von SCRUM findet sich bei *Kühn/Wulff*, CR 2018, 417, der Beitrag befasst sich insbesondere mit arbeitsrechtlichen Grundfragen zu SCRUM.
91 Siehe dazu *Schwaber/Sutherland*, Scrum-Guide, S. 6 ff.
92 Siehe dazu *Schwaber/Sutherland*, Scrum-Guide, S. 9 ff.
93 Siehe dazu *Schwaber/Sutherland*, Scrum-Guide, S. 9 ff.
94 Siehe dazu *Schwaber/Sutherland*, Scrum-Guide, S. 14 ff.
95 Siehe dazu *Schwaber/Sutherland*, Scrum-Guide, S. 14 ff.
96 *Schwaber/Sutherland*, Scrum-Guide, S. 3; siehe für eine Darstellung von SCRUM auch *Sarre*, CR 2018, 198; sowie *Söbbing*, ITRB 2017, 195 (196 f.).
97 *Schwaber/Sutherland*, Scrum-Guide, S. 19.
98 *Hoeren/Pinelli*, MMR 2018, 199 (200).
99 *Schwaber/Sutherland*, Scrum-Guide, S. 19.
100 Dazu *Sarre*, CR 2018, 198 (200).

Stakeholder sind diejenigen, die ihrerseits ein Interesse an der Entwicklung des Produkts und den Fortschritten des Entwicklungsprozesses haben.[101]

Regelmäßig stellt der Auftraggeber (üblicherweise der spätere Eigentümer) den wichtigsten Stakeholder dar.[102] Weiterhin können Aktionäre, Geschäftspartner so wie auch die Angestellten eines Unternehmens Stakeholder sein.[103]

a) Product-Owner

Der Product-Owner organisiert die Fortschritte und Ergebnisse des Arbeitsteams durch regelmäßige Pflege des Product Backlogs.[104] Er ist hierfür allein verantwortlich.[105] Das Product-Backlog enthält alle Anforderungen an das End-Produkt und ist eines der drei SCRUM Artefakte.[106] Der Product-Owner ist eine einzelne Person und keine Personengruppe.[107] Nur er ist für das Product-Backlog rechenschaftspflichtig.[108]

Der Product-Owner ist gewissermaßen Vertreter der Stakeholder.[109] Er vermittelt die Wünsche und Anregungen der Stakeholder an das Entwicklungsteam und den SCRUM-Master.[110]

b) Entwicklungsteam

Dem Entwicklungsteam wird die Hauptarbeit in der Projektrealisierung zuteil.[111] Das Entwicklungsteam orientiert sich am dynamischen Product-Backlog.[112]

---

101 Vgl. *Sarre*, CR 2018, 198 (200); http://agiles-projektmanagement.org/scrum- stakeholder/ (zuletzt abgerufen am 24.11.2019).
102 http://agiles-projektmanagement.org/scrum-stakeholder/ (zuletzt abgerufen am 24.11.2019).
103 Vgl. *Sarre*, CR 2018, 198 (200); http://agiles-projektmanagement.org/scrum-stakeholder/ (zuletzt abgerufen am 24.11.2019).
104 *Bortz*, MMR 287 (290).
105 *Schwaber/Sutherland*, Scrum-Guide, S. 6.
106 *Schwaber/Sutherland*, Scrum-Guide, S. 15; Näheres hierzu im weiteren Verlauf.
107 *Schwaber/Sutherland*, Scrum-Guide, S. 7.
108 *Schwaber/Sutherland*, Scrum-Guide, S. 6.
109 http://agiles-projektmanagement.org/scrum-stakeholder/ (zuletzt abgerufen am 24.11.2019).
110 Vgl. http://agiles-projektmanagement.org/scrum-stakeholder/ (zuletzt abgerufen am 24.11.2019).
111 *Bortz*, MMR 287 (290).
112 Vgl. *Schwaber/Sutherland*, Scrum-Guide, S. 15 f.; *von Schenck*, MMR 2019, 139 sieht hierin die Leistungsbeschreibung.

Hieraus entwickelt das Entwicklungsteam sodann für jeden Sprint ein sog. Sprint-Backlog.[113] Das Sprint-Backlog ist ein Auszug aus dem Product-Backlog und wird vom Entwicklungsteam verwaltet.[114] Es ist ein festgelegter Plan, eine Zielvorgabe oder auch eine Prognose dessen, welche Funktionalität im folgenden Sprint erreicht werden soll.[115] Auf Grundlage des Sprint-Backlogs entwickelt das Team innerhalb eines Sprints ein sog. Produktinkrement.[116] Unter einem Produktinkrement versteht man eine in sich funktionsfähige Software, die den Anforderungen des zugrundeliegenden Product-Backlogs entsprechen soll und durch jeden Sprint auf Grundlage des erarbeiteten Sprint-Backlogs weiterentwickelt wird.[117]

Das Entwicklungsteam organisiert und strukturiert sich selbst.[118] Bestenfalls ist das Entwicklungsteam interdisziplinär und verfügt in seiner Gänze über alle Fähigkeiten die notwendig sind, um eine zügige und zielorientierte Entwicklung zu ermöglichen.[119] Hierbei empfiehlt der *„Scrum-Guide"* die Zusammensetzung des Teams aus mindestens drei, maximal jedoch neun Mitgliedern, um optimales Arbeiten zu ermöglichen, ohne dabei den Organisationsaufwand unnötig zu maximieren.[120] Für seine Entwicklung ist das gesamte Team als eine Einheit rechenschaftspflichtig.[121]

c) SCRUM-Master

Der SCRUM-Master ist verantwortlich für die ordnungsgemäße Durchführung des SCRUM-Ablaufs und der Berücksichtigung der SCRUM-Werte.[122] Die Maximierung des Entwicklungserfolges ist oberste Aufgabe des SCRUM-Masters.[123] Er ist an der Organisation der gesamten Entwicklung beteiligt, dient jedoch ebenso dem Entwicklungsteam als auch dem Product-Owner zur Realisierung der angestrebten Entwicklungsschritte.[124]

---

113 *Schwaber/Sutherland*, Scrum-Guide, S. 10 f.
114 *Schwaber/Sutherland*, Scrum-Guide, S. 10.
115 *Schwaber/Sutherland*, Scrum-Guide, S. 10.
116 *Schwaber/Sutherland*, Scrum-Guide, S. 17.
117 *Schwaber/Sutherland*, Scrum-Guide, S. 17.
118 *Schwaber/Sutherland*, Scrum-Guide, S. 7.
119 *Schwaber/Sutherland*, Scrum-Guide, S. 7.
120 *Schwaber/Sutherland*, Scrum-Guide, S. 7.
121 *Schwaber/Sutherland*, Scrum-Guide, S. 7.
122 *Schwaber/Sutherland*, Scrum-Guide, S. 8.
123 *Schwaber/Sutherland*, Scrum-Guide, S. 8.
124 *Schwaber/Sutherland*, Scrum-Guide, S. 8.

Zwingend notwendig für eine erfolgreiche Softwareentwicklung unter Einsatz von SCRUM ist die enge Zusammenarbeit der einzelnen Projektparteien.[125] Hierdurch gewinnt eine agile Softwareentwicklung (insb. nach der SCRUM-Methode) ihre Flexibilität und eröffnet die Möglichkeit kurzfristiger Anpassungen an ein geändertes Anforderungsprofil während des laufenden Entwicklungsprozesses.[126]

2. Die SCRUM-Ereignisse

Die SCRUM-Ereignisse sind fünf Ereignisse, die regelmäßig wiederkehren, um Besprechungen zu ermöglichen und den Entwicklungsfortschritt durch Verringerung unregelmäßiger Abläufe zu maximieren.[127] SCRUM ist daher nicht komplett ohne einzelne Phasen während der Entwicklung.[128] Vielmehr ist SCRUM geprägt von iterativen – d.h. wiederkehrenden - Abläufen (sog. Sprints).[129] Allerdings unterscheidet sich die agile Herangehensweise vom linearen Modell dahingehend, dass die Phasen nicht nur einmalig stattfinden und nach Beendigung in die nächste Phase übergehen, sondern zyklisch wiederkehrende Abläufe stattfinden, um den Projektfortschritt wiederholt abzustimmen.[130]

a) Sprint

SCRUM teilt seine Entwicklungsschritte in sog. Sprints auf.[131] Der Sprint ist ein zyklisches Ereignis.[132] Er soll nicht zu langfristig andauern, sondern in kurzen Abständen (sog. Time Box)[133] – üblicherweise spätestens nach einem Monat – ein nutzbares Produktinkrement hervorbringen.[134] Mit Ende eines Sprints geht die Entwicklung über in den nächsten Sprint.[135] Jeder einzelne Sprint hat ein vorher im Sprint-Backlog festgelegtes Ziel, welches durch die Kooperation aller SCRUM-Teammitglieder erreicht werden soll.[136]

---

125 Siehe hierzu auch *Schwaber/Sutherland*, Scrum-Guide, S. 4.
126 *Ernst*, CR 2017, 285 (288).
127 *Schwaber/Sutherland*, Scrum-Guide, S. 9.
128 Siehe *Sarre*, CR 2018, 198 (199 ff.).
129 *Ernst*, CR 2017, 285 (288); *Söbbing*, ITRB 2017, 195 (196).
130 Siehe *Sarre*, CR 2018, 198 (199 ff.).
131 *Schwaber/Sutherland*, Scrum-Guide, S. 9.
132 *Schwaber/Sutherland*, Scrum-Guide, S. 9.
133 *Schwaber/Sutherland*, Scrum-Guide, S. 9 f.
134 *Schwaber/Sutherland*, Scrum-Guide, S. 9.
135 *Schwaber/Sutherland*, Scrum-Guide, S. 9.
136 *Schwaber/Sutherland*, Scrum-Guide, S. 9.

b) Sprint-Planning

Vor Beginn des Sprints („*Sprint-Planning*") erfolgt die Entwicklung des Sprint-Backlogs aus dem Product-Backlog in einer sog. Planungssitzung.[137] Diese wird durch den SCRUM-Master geleitet, es nehmen jedoch ebenfalls der Product-Owner sowie das Entwicklungsteam hieran teil.[138]

c) Daily-SCRUMS

Während des anschließenden Sprints werden täglich kurze Treffen durchgeführt.[139] Diese Daily-SCRUMS dienen der Abstimmung und Organisation des Entwicklungsteams für die nächsten vierundzwanzig Stunden und sollen das Zeitmaß von fünfzehn Minuten nicht übersteigen.[140] Der Daily-SCRUM wird durch das Team selbst verwaltet.[141]

d) Sprint-Reviews

Kurz vor Ende jedes Sprints findet ein Sprint-Review statt.[142] Während dieser Reviews wird das Produktinkrement überprüft.[143] Gegebenenfalls wird anschließend das Product-Backlog an neue Anforderungen angepasst.[144] Die Dauer eines solchen Sprint-Review sollte ca. vier Stunden betragen.[145]

e) Sprint-Retrospektive

Am Ende eines Sprints steht die sog. Sprint-Retrospektive, d.h. der Rückblick auf den zurückliegenden Sprint.[146] Dieser Rückblick dient der Kommunikation darüber, ob an der Durchführung des vorangegangenen Sprints etwas verbesserungswürdig erscheint.[147] Die Sprint-Retrospektive findet in der Zeit zwischen

---

137 *Schwaber/Sutherland*, Scrum-Guide, S. 10 f.
138 *Schwaber/Sutherland*, Scrum-Guide, S. 10.
139 *Schwaber/Sutherland*, Scrum-Guide, S. 12.
140 *Schwaber/Sutherland*, Scrum-Guide, S. 12.
141 *Schwaber/Sutherland*, Scrum-Guide, S. 12.
142 *Schwaber/Sutherland*, Scrum-Guide, S. 13.
143 *Schwaber/Sutherland*, Scrum-Guide, S. 13.
144 *Schwaber/Sutherland*, Scrum-Guide, S. 13.
145 *Schwaber/Sutherland*, Scrum-Guide, S. 13.
146 *Schwaber/Sutherland*, Scrum-Guide, S. 14.
147 *Schwaber/Sutherland*, Scrum-Guide, S. 14.

dem Sprint-Review und der Sprint-Planungsphase des nächsten Sprints statt.[148] Sie dauert ungefähr drei Stunden.[149]

IV. Gegenüberstellung beider Entwicklungsmethoden

Trotz ihrer grundlegend unterschiedlichen Herangehensweisen ist das angestrebte Ziel von linearer und agiler Methode, dass am Ende des Projekts eine funktionierende Software stehen soll, welche den Anforderungen und Wünschen des Kunden entspricht.[150] Welche der beiden Projektmethoden die Geeignetere ist, um dieses Ziel zu erreichen, ist stets eine Frage, die von diversen Faktoren abhängig ist und von jedem Auftraggeber für sich persönlich im Vorfeld geklärt werden muss. Einerseits hängt hiervon die vertragliche Ausgestaltung des Projekts ab,[151] andererseits macht die Wahl von linearer oder agiler Programmierung einen entscheidenden Unterschied hinsichtlich des eigenen Zeitaufwands und Arbeitsumfangs.[152]

1. Zusammenarbeit von Auftraggeber und Auftragnehmer

Entscheidet man sich für eine lineare Programmierung, so ist die Planungsphase für den Auftraggeber dahingehend wichtig, dass ein detailliertes Pflichtenheft erstellt wird, welches alle Anforderungen an die zu erstellende Software beinhaltet.[153] Diese Phase der Softwareerstellung bedeutet daher auch für den Auftraggeber einen erhöhten Arbeits- und Zeitaufwand, um ein unmissverständliches Pflichtenheft zu erstellen.[154] Im Gegensatz dazu muss der Auftraggeber hingegen während der Durchführungs- und Entwicklungsphase kaum Zeit aufzuwenden, denn der Softwareentwickler wird sich in dieser Phase an dem orientieren, was in vorgeschalteter Sequenz ausführlich aufgestellt und ausgearbeitet wurde.[155] Lediglich die abschließende Testphase der finalen Software durch den

---

148 *Schwaber/Sutherland*, Scrum-Guide, S. 14.
149 *Schwaber/Sutherland*, Scrum-Guide, S. 14.
150 *Redeker*, IT-Recht, Rn. 296, 311a; eine Gegenüberstellung mit Beraterhinweisen findet sich auch bei *Kremer*, ITRB 2010, 283.
151 Siehe C. „**Vertragstypologisierung des Softwareentwicklungsvertrages**".
152 *Bortz*, MMR 2018, 287 (289); so auch MAH IT-Recht, *von dem Bussche/Schelinski*, Teil 1. Rn. 96; siehe auch bei *Koch*, ITRB 2010, 114.
153 Ausführlich dazu *Redeker*, IT-Recht, Rn. 302 ff.; *Lapp*, ITRB 2010, 69 (70).
154 Dazu *Redeker*, IT-Recht, Rn. 302a m. w. N.
155 *Ernst*, CR 2017, 285 (288).

Auftraggeber erfordert nochmals eine Zeitinvestition desselben in den Entwicklungsprozess.[156] Beim agilen Programmieren ist jedoch vom Start bis zur Beendigung der Entwicklung eine Zusammenarbeit von Auftraggeber und -nehmer notwendig.[157] Es sind somit Mitwirkungspflichten des Auftraggebers erforderlich.[158] Allen voran gilt dies bei einer Vorgehensweise wie SCRUM, welche während des gesamten Entwicklungsprozesses eine intensive Beteiligung und Auseinandersetzung aller Projektparteien mit der Konzipierung der Software voraussetzt.[159] Gerade die interdisziplinäre Arbeit in Teams erfordert in regelmäßigen Abständen intensive Kommunikation der Projektparteien, sodass der Auftraggeber (für gewöhnlich im SCRUM-Verfahren nicht selbst als Product-Owner integriert[160]) nicht bloß unerhebliche Zeiteinbußen in seinen Lebens- und Berufsalltag einkalkulieren muss.[161] Beim SCRUM bedeutet dies, dass vor dem Sprint im Sprint-Planning sowie nach dem Sprint im Sprint-Review sowie in der abschließenden Sprint-Retrospektive, eine Kommunikation des gesamten SCRUM-Teams notwendig ist.[162] Hierdurch soll ein gemeinsamer Wissensstand der Teammitglieder hergestellt und ermöglicht werden.[163]

2. Unterschiede hinsichtlich eines Marktstarts

Durch eine länger andauernde Planungsphase (insb. zur Erstellung eines Pflichtenheftes) wird zwangsläufig auch die Durchführung und Fertigstellung der Software nach hinten verschoben. Agile Programmierung setzt genau an diesem

---

156 *Ernst*, CR 2017, 285 (288).
157 *Schneider*, in: Nicklisch, Der komplexe Langzeitvertrag (1987), S. 289 f.; sowie *Schlotke*, in: Nicklisch, Der komplexe Langzeitvertrag (1987), S. 377 ff.; vgl. *Redeker*, IT-Recht, Rn. 311e; MAH IT-Recht, *von dem Bussche/Schelinski*, Teil 1. Rn. 96; siehe auch die „Top-10-Regeln" für agile Projektmethoden bei *Kühl/Baumann*, projektManagementaktuell, Ausgabe 2.2016, S. 23 (27 f.); Bräutigam, *Bräutigam*, Teil 13, B. Rn. 166; *Bischof*, ITRB 2014, 117 (118); *Ernst*, CR 2017, 285 (288); dazu auch *Lapp*, ITRB 2010, 69 (insb. auf S. 70).
158 Zur Mitwirkung des Auftraggebers bei „*komplexen Langzeitverträgen*" *Schneider*, in: Nicklisch, Der komplexe Langzeitvertrag (1987), S. 289 f.; sowie *Schlotke*, in: Nicklisch, Der komplexe Langzeitvertrag (1987), S. 377 ff.
159 Siehe hierzu unter **B.III.**
160 *Hoeren/Pinelli*, MMR 2018, 199 (200); vgl. *Sarre*, CR 2018, 198 (203).
161 So auch *Ernst*, CR 2017, 285 (289).
162 Siehe hierzu vertieft **B.III.2.b.**, **B.III.2.d.** und **B.III.2.e.**
163 *Barke/Zehlike*, projektManagementaktuell, Ausgabe 2.2016, S. 58.

Punkt an und legt den Fokus darauf, dem Kunden schnell eine funktionsfähige (Teil-)Software zu erstellen, welche unverzüglich eingesetzt und vertrieben werden kann (sog. Produktinkrement[164]).[165] Betonen muss man an dieser Stelle, dass ein entscheidender Unterschied vorliegt: bei linearer Programmierungsmethode erhält der Besteller am Ende der Durchführungsphase eine finale Softwareversion, welche vom Softwareentwickler während der Durchführungsphase auf Grundlage von Lasten- und Pflichtenheft selbstständig entwickelt wurde. Diese wird anschließend hieran durch den Auftraggeber auf ihre Tauglichkeit und Anforderungserfüllung überprüft.[166]

Bei agiler Programmierung handelt es sich jeweils um kleine eigenständige *Inkremente*, welche bereits genutzt werden können, jedoch im Laufe der Entwicklung weiter ausgereift werden sollen.[167] Der Besteller bekommt daher nicht bloß die finale Software ausgehändigt, sondern wird während des gesamten Entwicklungsprozesses am Projekt beteiligt, sodass notwendige Verbesserungen unverzüglich festgestellt und umgesetzt werden können.[168]

3. Änderungen und Dokumentation

Durch die Möglichkeit zur Analyse der einzelnen Produktinkremente erhält der Besteller bei agiler Programmierung (SCRUM) eine der linearen Methode völlig unbekannte Einwirkungsmethode während der laufenden Entwicklungsphase.[169] Die lineare Entwicklungsmethode weist aufgrund mangelnder Einwirkungsmöglichkeiten während des laufenden Prozesses eher eine geringere Flexibilität für kurzfristige Änderungen auf.[170] Im linearen Prozess ist bei Änderungen vielmehr die bisherig erstellte Dokumentation an diese Änderungen und deren Umsetzung anzupassen, da eine mangelhafte Dokumentation zur Mängelhaftung des Auftragnehmers führt.[171]

---

164 Siehe hierzu unter **B.III.1.b.** und **B.III.2.a.**
165 Siehe hierzu unter **B.III.1.b.** und **B.III.2.a.**; andere Auffassung hierzu *Schneider,* ITRB 2017, 36 (38).
166 Siehe oben unter **B.II.3.**
167 *Sarre,* CR 2018, 198 (199); andere Auffassung hierzu *Schneider,* ITRB 2017, 36 (38); *Söbbing,* ITRB 2014, 214 (217).
168 *Sarre,* CR 2018, 198 (199, 201).
169 Vgl. *Sarre,* CR 2018, 198 (199).
170 Vgl. *Sarre,* CR 2018, 198 (199); vgl. auch *Böhle/Heidling/Kuhlmey/Neumer,* projekt-Managementaktuell, Ausgabe 1.2018, S. 4; vgl. auch *Kühn/Ehlenz,* CR 2018, 139 (140); vgl. *Söbbing,* ITRB 2014, 214 (215); im Umkehrschluss aus *Lapp,* ITRB 2010, 69 (70 f.); vgl. *Koch,* ITRB 2010, 114; hierzu auch *Bischof,* ITRB 2014, 117 (118).
171 *Heussen/Hamm, Prinz zu Löwenstein,* Teil B, 1. Abschnitt, § 40 Rn. 21.

Bei agiler Programmierung sind Änderungen jedoch nicht die Ausnahme, sondern vielmehr die Regel.[172] Vom ersten Moment an werden Änderungen als notwendiger Bestandteil des iterativen Entwicklungsprozesses einkalkuliert.

Auch im Hinblick auf die Dokumentation unterscheiden sich die lineare und agile Programmierung.[173] Aufgrund dessen, dass bei agiler Softwareentwicklung auf ein anfängliches Pflichtenheft verzichtet wird, wird häufig angenommen, dass auf eine Dokumentation vollständig verzichtet werden kann.[174] Hierbei handelt es sich allerdings um eine fehlerhafte Einschätzung, da auch bei agiler Programmierungsmethode eine Dokumentation zwingend vorzunehmen ist.[175]

Unter Berücksichtigung der bereits vorgestellten Ursprungsdefinitionen von Lasten- und Pflichtenheft gemäß DIN 69901-5:2009 darf festgehalten werden, dass bei einem agilen Projekt nicht auf das sog. Lastenheft, sondern ausschließlich auf das sog. Pflichtenheft verzichtet wird.[176] Das bedeutet, dass auch bei agiler Projektmethodik beschrieben sein muss, *„was"* entwickelt wird, es wird jedoch darauf verzichtet bereits anfänglich gemeinsam zu dokumentieren *„wie"* diese Entwicklung erfolgen wird.[177]

Der Unterschied von agiler zu linearer Entwicklung liegt also darin, dass die Dokumentation bei agilen Projekten nicht umfassend auch bereits vor Entwicklung der Software erfolgt, sondern parallel hierzu angelegt wird (sog. *in-line-Dokumentation*[178]).[179] Unter *in-line-Dokumentation* versteht man das Einfügen von Kommentaren in den Programmtext.[180] Unter Berücksichtigung dessen ist

---

172 *Ernst,* CR 2017, 285 (290); *Bischof,* ITRB 2014, 117 (118); *Hengstler,* ITRB 2012, 113 (114); *Kremer,* ITRB 2010, 283 (286); vgl. http://agilemanifesto.org/ (zuletzt abgerufen am 24.11.2019).
173 Grundlegend zur Dokumentation bei IT-Projekten *Hoppen,* CR 2015, 747; dazu auch *Koch,* ITRB 2010, 114; *Liesegang,* CR 2015, 541; *Schreiber-Ehle,* CR 2015, 469.
174 kritisch zu dieser Annahme *Opelt/Gloger/Pfarl/Mittermayr,* Der agile Festpreis, S. 9; siehe für eine ausführliche Auseinandersetzung hiermit bei *Schreiber-Ehle,* CR 2015, 469 (470); hierzu auch *Schneider,* ITRB 2017, 36 (37).
175 MAH IT-Recht, *von dem Bussche/Schelinski,* Teil 1. Rn. 445 raten dringlichst davon ab gänzlich auf eine Dokumentation zu verzichten; *Koch,* ITRB 2010, 114 (117); siehe *Kremer,* ITRB 2010, 283 (284), wonach lediglich auf eine *klassische* Dokumentation verzichtet wird; vgl. *Sarre,* CR 2018, 198 (205 f.).
176 *Hoppen,* CR 2015, 747 (750); *Schreiber-Ehle,* CR 2015, 469 (470).
177 *Hoppen,* CR 2015, 747 (750).
178 *Sarre,* CR 2018, 198 (206); *Hoppen,* CR 2015, 747 (754).
179 *Sarre,* CR 2018, 198 (205 f.); *Hoppen,* CR 2015, 747 (754).
180 *Schreiber-Ehle,* CR 2015, 469 (474).

festzuhalten, dass auch die agile Programmierung eine dokumentationspflichtige Entwicklungsmethode ist.[181]

Eine andere Erkenntnis ergibt sich auch nicht unter Heranziehung des „Agilen Manifests": Auch nach dem Agilen Manifest wird die Dokumentation für agile Projekte nicht ausgeschlossen. Sie wird auch nicht für entbehrlich erklärt. Es wird vielmehr festgehalten, dass eine funktionierende Software eine höhere Priorität hat als ihre Dokumentation.[182]

Beim SCRUM werden die jeweiligen Backlogs (d.h. Sprint-Backlog und Product-Backlog) teilweise als genügende Anforderungsdokumentation angesehen.[183] Die festgelegten Spezifikationen im Product Backlog oder dem Sprint Backlog sind allerdings nach vereinzelter Ansicht als umfangreiche Dokumentation eines Softwaresystems nicht ausreichend.[184] Unter Dokumentation ist schließlich nicht nur Festhalten der relevanten Entwicklungsschritte des Projekts zu verstehen, sondern auch der Aufbau einer komplexen Systemarchitektur.[185]

Dokumentation ist vielmehr dazu gedacht, Wissen in unterschiedlichster Verkörperung an zahlreiche Personen zu vermitteln.[186] Hierdurch soll insbesondere ein einheitlicher Wissensstand zwischen den Beteiligten des Projekts hergestellt und kommuniziert werden.[187] Dieses Wissen ist unter anderem notwendig, wenn die Software verändert werden soll.[188] Zur Veränderung, Überarbeitung oder auch Wartung der Software ist ein Verständnis über den Aufbau der Softwarearchitektur unverzichtbar.[189] Zeitlich intensiv ist bei einer Dokumentation jedoch weniger das Verfassen der Dokumentation selbst, sondern vielmehr die nachvollziehbare Konzeptionierung und Strukturierung dieser Dokumentation.[190]

---

181 Vgl. dazu die Auffassung von *Sarre*, wonach ein umfangreiches Softwaresystem ohne Dokumentation kaum pflegbar oder weiterentwickelbar ist, CR 2018, 198 (205).
182 *Koch*, ITRB 2010, 114 (117).
183 Siehe bei *Hoppen*, CR 2015, 747 (750).
184 *Sarre*, CR 2018, 198 (205); *von Schenck*, MMR 2019, 139 empfiehlt, dass die Parteien vereinbaren, die Sprint Backlogs das Product Backlog und somit die Leistungsbeschreibung fortlaufend präzisieren.
185 *Liesegang*, CR 2015, 541 (543) m. w. N.
186 *Liesegang*, CR 2015, 541 (543).
187 Vgl. *Liesegang*, CR 2015, 541 (543).
188 Vgl. *Schreiber-Ehle*, CR 2015, 469 (480).
189 Vgl. *Schreiber-Ehle*, CR 2015, 469 (480).
190 Vgl. *Liesegang*, CR 2015, 541 (543).

Denkbar erscheint ebenso die Möglichkeit der nachträglichen Dokumentationserstellung. Ein nachträgliches Erstellen von Dokumentation wird jedoch aufgrund des zu großen Arbeitsaufwands abgelehnt.[191]

4. Mögliche vertragliche Auswirkungen eines Pflichtenheftes

Gerade die anfängliche und detaillierte Konzeption eines umfangreichen Pflichtenheftes (in Reaktion auf das Lastenheft des Auftraggebers) führt bei linearer Programmierung auf vertraglicher Ebene jedoch möglicherweise zu gewichtigen rechtlichen Vorteilen zugunsten des Auftraggebers.[192] Die Vertragsart von Softwareerstellungsverträgen ist eine umstrittene rechtliche Problematik mit unterschiedlichsten Auffassungen.[193] Eine differenzierte Ausarbeitung dieser Thematik erfolgt im weiteren Verlauf der Arbeit.[194]

Nimmt man an dieser Stelle jedoch vorläufig an, dass der lineare Softwareerstellungsvertrag einen Werkvertrag nach den §§ 631 ff. BGB darstellt, so wird im Pflichtenheft eine genaue Beschreibung des geschuldeten Werkerfolges vorgenommen.[195] Im Pflichtenheft wird während der Planungsphase auf Grundlage des Lastenhefts die (Soll-)Beschaffenheit vereinbart, die die zu erstellende Software bei Abschluss des Softwareentwicklungsprojekts aufweisen soll und zu ihrer Mangelfreiheit auch aufweisen muss.[196] Es entsteht somit eine genaue Spezifikation des geschuldeten Werkerfolges, die den Auftraggeber in vertraglicher Hinsicht dem Auftragnehmer gegenüber bevorteilt. Der Auftragnehmer würde durch eine solche Anforderungsspezifikation im Sinne einer subjektiven Beschaffenheitsvereinbarung somit verpflichtet sein, genau diese Leistungsanforderungen zu erfüllen, um seiner werkvertraglichen Verpflichtung aus § 631 Abs. 1 BGB nachzukommen.[197] Ohne ein vertragsgemäßes und abgenommenes Werk entstünde somit auch kein Vergütungsanspruch des Auftragnehmers, vgl. § 641 Abs. 1 S. 1 BGB.

Es sei nochmals erwähnt, dass dies jedoch ausschließlich dann der Fall wäre, wenn ein linearer Softwareerstellungsvertrag als Werkvertrag zu qualifizieren ist.

---

191 Siehe dazu bei *Schreiber-Ehle*, CR 2015, 469.
192 Im Umkehrschluss aus *Bortz*, MMR 2018, 287 (289).
193 *Fuchs/Meierhöfer/Morsbach/Pahlow*, MMR 2012, 427 (428).
194 Siehe hierzu im weiteren Verlauf dieser Arbeit unter „**C. Vertragstyp des Softwareentwicklungsvertrages**".
195 MAH IT-Recht, *von dem Bussche/Schelinski*, Teil 1. Rn. 426; *Söbbing*, MMR 2010, 222 (223).
196 MAH IT-Recht, *von dem Bussche/Schelinski*, Teil 1. Rn. 426.
197 Vgl. MAH IT-Recht, *von dem Bussche/Schelinski*, Teil 1. Rn. 426.

Hinsichtlich agiler Programmierung wäre dieser Ansatz nicht denkbar, da gerade auf ein anfängliches *Pflichten*heft verzichtet werden soll.[198]

5. Berücksichtigung unerfahrener Auftraggeber

Weiterhin ist nennenswert, dass eine agile Programmierung nach Ansicht des *Landgerichts Wiesbaden* vermeintlich dann geeignet ist, wenn ein Auftraggeber ohne Kompetenzen hinsichtlich der Softwareentwicklung nicht in der Lage ist im Vorfeld ein umfangreiches Lasten- und/oder Pflichtenheft zu erstellen.[199] Es reiche bei agiler Programmierung bereits ein bloßer Umriss dessen, was der Auftraggeber möchte.[200] Dies erscheint auf den ersten Blick vertretbar, führt man sich vor Augen, dass ein solches Projekt gekennzeichnet ist durch Kooperation der Projektparteien.[201] Es kann nach dieser Auffassung der Eindruck entstehen, dass der erfahrene Softwareersteller den unerfahrenen Auftraggeber „an die Hand nimmt", berät und durch das Projekt leitet.[202]

Allerdings ist genau hierin der Trugschluss der Auffassung gelegen: Der Auftraggeber sollte schon ein fundiertes Grundwissen der Softwareentwicklung besitzen, da von ihm nicht nur unerhebliche Mitwirkungsleistungen erwartet werden, um das Projekt zum Gelingen zu bringen.[203] Bestenfalls umfassen diese Kenntnisse nicht bloß fachliches Wissen bzgl. der zu erstellenden Softwarethematik, sondern ebenso hinsichtlich des Programmiervorgangs an sich.[204]

---

198 Vgl. MAH IT-Recht, *von dem Bussche/Schelinski*, Teil 1. Rn. 426; bei einem agilen Projekt entstehen die Leistungsbeschreibungen während des Projektverlaufs, *Söbbing*, ITRB 2014, 214 (215).
199 LG Wiesbaden, Urt. v. 30.11.2016, Az. 11 O 10/15 = MMR 2017, 561; andere Ansicht MAH IT-Recht, *von dem Bussche/Schelinski*, Teil 1. Rn. 96.
200 LG Wiesbaden, Urt. v. 30.11.2016, Az. 11 O 10/15 = MMR 2017, 561.
201 *Schneider*, ITRB 2017, 36 f.; vgl. http://agilemanifesto.org/ (zuletzt abgerufen am 24.11.2019).
202 *Ernst*, CR 2017, 285 (289).
203 *Schneider, in:* Nicklisch, Der komplexe Langzeitvertrag (1987), S. 289 f.; sowie *Schlotke, in:* Nicklisch, Der komplexe Langzeitvertrag (1987), S. 377 ff.; MAH IT-Recht, *von dem Bussche/Schelinski*, Teil 1. Rn. 447; *Ernst*, CR 2017, 285 (289); *Frank*, CR 2011, 138 (142) rät auch dazu, dass Erfahrungswerte mit (agiler) Softwareentwicklung vorhanden sind; zu dieser Ambivalenz *Koch*, ITRB 2010, 114 (116); siehe ausführlich zu den Mitwirkungspflichten des Auftraggebers unter **D.III.1.**
204 Dies sogar voraussetzend Auer-Reinsdorff/Conrad, *Conrad/Schneider*, Teil C. Software-, Hardware- und Providerverträge, § 11 „Erstellung von Software", Ziffer II., Rn. 150; *Ernst*, CR 2017, 285 (289); *Frank*, CR 2011, 138 (142); *Koch*, ITRB 2010, 114 (116).

Ferner sollte nochmals betont werden, dass ausschließlich auf das Pflichtenheft verzichtet wird, nicht jedoch auf das Lastenheft. Es wird somit nicht vorab festgelegt, *wie* erstellt wird, jedoch muss genau spezifiziert sein, *was* erstellt werden soll.[205]

Gerade bei unerfahrenen Auftraggebern kann daher eine anfängliche Begeisterung für die agile Methode aufgrund der Involvierung in den Entwicklungsprozess rasch umschlagen und die Beteiligung am Projekt wird schlimmstenfalls gänzlich eingestellt.[206] In einem solchen Fall wäre der Sinn einer agilen Entwicklungsmethode jedoch dann eher verfehlt.[207]

Für den Fall, dass ein Auftraggeber kein Interesse an der Entwicklungsleistung selbst zeigt und sich vielmehr auf die fachspezifischen Aspekte während der Entwicklung konzentriert, ist jedoch sein Mitwirken bei der Festlegung der fachlichen Anforderungen sowie die Teilnahme an den Planungssitzungen, d.h. Sprint Planning und Sprint Review, weiterhin vorauszusetzen.[208] Ohne die Kooperation der Projektparteien ist eine agile Softwareentwicklung nicht den Erwartungen der Projektparteien entsprechend umsetzbar.[209]

Für unerfahrene Auftraggeber, die darüber hinaus bloß mit geringer Mitwirkung am Verfahren beteiligt werden wollen, ist folglich die klassische Softwareentwicklung weitaus empfehlenswerter.[210] Vorteilhafter ist hierbei allen voran, dass der Auftraggeber bei linearer Softwareentwicklung einzig in der Planungs- und Testphase in die Entwicklung miteinbezogen wird und die eigentliche Entwicklungsleistung durch den Softwareentwickler selbst erfolgt.

6. Kostenkalkulation und -vorhersehbarkeit

a) Problemstellung

Hinsichtlich der bereits anfänglichen Kostenvorhersehbarkeit unterscheiden sich beide Herangehensweisen ebenfalls entschieden voneinander.[211] Ein ausführlich erstelltes Pflichtenheft oder eine präzise Leistungsbeschreibung ermöglicht es

---

205 Vgl. *Hoppen*, CR 2015, 747 (750).
206 *Ernst*, CR 2017, 285 (289); so auch MAH IT-Recht, *von dem Bussche/Schelinski*, Teil 1. Rn. 96.
207 Vgl. dazu auch *Nicklisch*, in: Nicklisch, Der komplexe Langzeitvertrag (1987), S. 17 ff.; *Ernst*, CR 2017, 285 (289).
208 Vgl. *Sarre*, CR 2018, 198 (201).
209 Siehe hierzu auch oben unter **B.III.**
210 Vgl. *Sarre*, CR 2018, 198 (201).
211 Zur Kostenkalkulation bei agiler Programmierung *Ernst*, CR 2017, 285 (289).

dem Softwareersteller bei linearer Vorgehensweise die zu erwartenden Kosten des Projekts vorab zumindest grob zu kalkulieren.[212] Der Auftraggeber wird daher insbesondere die Kosten seines Vorhabens bereits vor Projektbeginn kennen, wenn ein sog. Festpreisvertrag vereinbart wird.[213] Der vereinbarte Festpreis stellt in diesem Fall die Vergütung für die Programmierleistung dar.[214]

Ein entscheidender Nachteil agiler Programmierung ist aus praktischer Sicht häufig die nur schwer erstellbare Kostenübersicht.[215] Aufgrund dessen, dass die Anforderungen an die Software nicht durch ein anfängliches Pflichtenheft definiert werden,[216] ist bei Abschluss des (agilen) Projektvertrages nur schwer kalkulierbar, welche Kosten der Auftraggeber bis zur Fertigstellung des Entwicklungsvorganges zu tragen haben wird.[217] Hierdurch schreckt die agile Vorgehensweise viele Auftraggeber ab, da diese befürchten müssen, mit Abschluss des Projektvertrages eine Art „Blankoscheck"[218] erteilt zu haben, dessen Folge letztlich hohe Projektkosten sind.[219]

b) Mögliche Lösungsansätze[220]

Eine Lösung für dieses zuvor erwähnte Problem könnte jedoch sein, dass Auftraggeber und Auftragnehmer die Kosten des Projekts gleichermaßen an das agile Modell anpassen und folglich diese Kosten „agil" berechnen.[221] So könnte beispielsweise der Sprint-Backlog zu Beginn jedes Sprints als eine Art „Mini-Leistungsbeschreibung"[222] herangezogen werden, sodass auf dessen Grundlage

---

212 *Opelt/Gloger/Pfarl/Mittermayr,* Der agile Festpreis, S. 38.
213 *Opelt/Gloger/Pfarl/Mittermayr,* Der agile Festpreis, S. 38 ff.
214 *Opelt/Gloger/Pfarl/Mittermayr,* Der agile Festpreis, S. 38.
215 Hierzu auch *Kühn/Ehlenz,* CR 2018, 139 (148 f.).
216 *Bortz,* MMR 2018, 287 (289).
217 *Redeker,* IT-Recht, Rn. 311b.
218 *Hoeren/Pinelli,* MMR 2018, 199 (201).
219 Vgl. *Redeker,* IT-Recht, Rn. 311b; *Frank,* CR 2011, 138 (140); *Koch,* ITRB 2010, 114 befürchtet, dass durch Agilität ein höheres Risiko zur Überziehung des Budgets besteht.
220 Siehe zur Vergütung auch ausführlich unter **D.III.3.**
221 Siehe für Weiteres bei *Kühn/Ehlenz,* CR 2018, 139 (148 ff); siehe auch *Opelt/Gloger/ Pfarl/Mittermayr,* Der agile Festpreis, S. 1 ff.; siehe auch Röhricht/GvW/Haas HGB, *A. Brandi-Dohrn,* Besondere Handelsverträge, Forschungs- und Entwicklungsverträge, Rn. 41 ff.; auch *Frank,* CR 2011, 138 (143) benennt weitere Vergütungsmöglichkeiten; zum agilen Festpreisvertrag auch *Söbbing,* ITRB 2019, 11.
222 Vgl. MAH IT-Recht, *von dem Bussche/Schelinski,* Teil 1. Rn. 448; *Schneider,* ITRB 2017, 231 (232).

für jeden einzelnen Sprint eine eigenständige (schätzungsweise) Kostenkalkulation erstellt werden kann (sog. *Pay-per-Sprint*-Vergütung[223]).[224] Diese wäre folglich abhängig von den festgelegten Anforderungen an das Produktinkrement am Ende des bevorstehenden Sprints.[225] Die Vergütung wäre mit Erreichen dieser Anforderungen fällig.[226]

Zwar wird der Auftraggeber hierdurch immer noch nicht vor Beginn des Gesamtprojekts über alle Kosten aufgeklärt, er kann jedoch in regelmäßigen Abständen vor jedem einzelnen Sprint die bevorstehenden Kosten kalkulieren (lassen).[227] Damit einhergehend ließen sich ebenfalls noch eine angemessene Zahlungsfrist oder ein angemessenes Zahlungsziel vereinbaren.[228] Darüber hinaus könnte der Auftraggeber sich eine außerordentliche oder ordentliche Kündigungsmöglichkeit einräumen lassen, wenn er mit der Kostenkalkulation nicht einverstanden ist und die weitere Verhandlung ergebnislos verläuft.[229]

Für einen solchen Fall der vorzeitigen Beendigung des Vertragsverhältnisses sollte jedoch bereits im Projektvertrag festgelegt werden, welchen Umfang die Software-Dokumentation zu diesem Beendigungszeitpunkt aufzuweisen hat.[230] Wie bereits erwähnt ist die Dokumentation wichtig für die Brauchbarkeit und Wartbarkeit von Software,[231] sodass der Auftraggeber für den Fall der vorzeitigen Projektbeendigung eine (dem Stand der Technik entsprechende) ausreichende Dokumentation erhält, auf deren Basis er das Projekt mit einem anderen Softwareentwickler fortführen kann.[232]

---

223 *Kühn/Ehlenz*, CR 2018, 139 (150).
224 MAH IT-Recht, *von dem Bussche/Schelinski*, Teil 1. Rn. 448; *Welkenbach*, CR 2017, 639 (644); *Lutz/Bach*, BB 2017, 3016 (3029); *Schneider*, ITRB 2017, 231 (232); gleichermaßen scheint *Ernst*, CR 2017, 285 (287) das Urteil des LG Wiesbaden, Urt. v. 30.11.2016, Az. 11 O 10/15 = MMR 2017, 561 zu deuten; kritisch zur Ausgestaltung der einzelnen Sprints als „*Mini-Werkverträge*" *Hengstler*, ITRB 2012, 113 (114); zu einer solchen Ausgestaltung von Teilprojektverträgen beim Rahmenvertragsmodell auch *Frank*, CR 2011, 138 (141).
225 MAH IT-Recht, *von dem Bussche/Schelinski*, Teil 1. Rn. 448.
226 *Kühn/Ehlenz*, CR 2018, 139 (150); *Schneider*, ITRB 2017, 231 (232).
227 MAH IT-Recht, *von dem Bussche/Schelinski*, Teil 1. Rn. 448.
228 Vgl. *Lutz/Bach*, BB 2017, 3016 (3019 f.).
229 In anderem Kontext empfiehlt auch *Lapp*, ITRB 2018, 263 (266) die Vereinbarung von Kündigungsmöglichkeiten.
230 Mit generellem Rat zur Festlegung der Dokumentation im IT-Vertrag *Schreiber-Ehle*, CR 2015, 469 (481).
231 Siehe oben unter **B.III.3.**
232 Vgl. *Sarre*, CR 201, 198 (205).

7. Fazit

Die Wahl von linearer oder agiler Programmierung ist somit abhängig vom einzelnen Projekt sowie den Vertragsparteien und deren Vorstellungen.[233] Beide Herangehensweisen haben hierbei Vorteile und Nachteile für den Entwicklungsprozess.

Einen praxisrelevanten Aspekt bietet die folgende durchaus diskussionswürdige These: *„Mit steigender Agilität sinkt die Qualität"*.[234] Nicht jeder teilt die Überzeugung, dass durch einen Einsatz von agilen Arbeitsweisen eine Qualität zu erzielen ist, die bei linearer Entwicklung zu erwarten wäre.[235] Kosten können nicht reduziert werden, ohne dass *„Abstriche beim Umfang und/oder der Qualität möglich"* seien.[236]

Es erscheint nach Ansicht des Verfassers jedoch nicht angebracht, diesen doch gewagten Thesen ohne weiteres Zutun beizupflichten. Von einer pauschalen Verurteilung agiler Programmierung wird diesseits ausdrücklich abgeraten, da Agilität nicht per se nachteilig ist, wie vorstehend erläutert. Ein Projekt kann ungeachtet der zugrunde liegenden Herangehensweise nur dann mit Aussicht auf Erfolg durchgeführt werden, wenn klare Vereinbarungen getroffen wurden und die Parteien das Projekt entsprechend dieser Vereinbarungen praktisch umsetzen. Insbesondere sei ferner darauf hingewiesen, dass auch das traditionelle Wasserfallmodell nicht frei von Kritik ist.[237]

Es ist vielmehr eine Frage des einzelnen Projekts, ob eine agile oder eine lineare Herangehensweise effektiver sein wird.[238]

---

233 Hierzu auch *Frank*, CR 2011, 138 (143 f.); kritisch zur Umstellung eines laufenden linearen Projekts auf agile Programmierung *Redeker*, ITRB 2013, 165 (167).
234 *Koch*, ITRB 2010, 114 (118).
235 Vgl. *Koch*, ITRB 2010, 114 (117 f.).
236 *Liesegang*, CR 2015, 541.
237 Unter anderem *Opelt/Gloger/Pfarl/Mittermayr*, Der agile Festpreis, S. 39 f.
238 Siehe bspw. die Anwendungsempfehlungen bei *Sarre*, CR 2018, 198 (201 ff.).

C. Vertragstypologisierung des Softwareentwicklungsvertrages

I. Einleitung und allgemeiner Problemaufriss

In vertraglicher Hinsicht ist ebenfalls zwischen den einzelnen Möglichkeiten der Softwareentwicklung zu unterscheiden.[239] Bereits kleinste Unterschiede in der Vertragsgestaltung können hierbei die juristische Betrachtungsweise erheblich ändern.[240] Wie schon vorab in der Gegenüberstellung von linearer und agiler Programmierung festgestellt, ist die vertragstypologische Einordnung von Softwareerstellungsverträgen ein kontrovers diskutiertes IT-rechtliches Problem.[241] Im Folgenden soll eine solche Vertragstypologisierung zum einen anhand des linearen sowie zum anderen anhand des agilen Softwareentwicklungsvertrages vorgenommen werden.

Es gilt auch trotz der besonderen Ausprägungen des IT-Rechts der schuldrechtliche *„Grundsatz der Vertragsfreiheit"*[242] (als Ausfluss des *Grundsatzes der Privatautonomie*[243]). Dieser wird allgemein hergeleitet aus §§ 311 Abs. 1, 241 Abs. 1 BGB und ermöglicht den Parteien absolute Freiheit in der Ausgestaltung ihrer Verträge, sofern hierbei nicht gegen allgemeine Grundsätze verstoßen wird. Solche normiert das Bürgerliche Gesetzbuch beispielsweise in § 134 BGB, *Gesetzliches Verbot*, § 138 BGB, *Sittenwidriges Rechtsgeschäft; Wucher* oder auch § 125 BGB, *Nichtigkeit wegen Formmangels*.

Problematisch ist jedoch, wie der Softwareentwicklungsvertrag allgemein rechtlich einzuordnen ist.[244] Das Bürgerliche Gesetzbuch wurde mit dem Ende des 19. Jahrhunderts ausgearbeitet und trat mit dem 01.01.1900 in Kraft.[245] Seinerzeit konnte sich noch niemand eine derartige Digitalisierung vorstellen.[246]

---

239 Siehe hierzu u.a. *Redeker*, IT-Recht, Rn. 296, 311a ff.; *Kühn/Ehlenz*, CR 2018, 139; *Ernst*, CR 2017, 185; *Fuchs/Meierhöfer/Morsbach/Pahlow*, MMR 2012, 427; *Kremer*, ITRB 2010, 283; *Lapp*, ITRB 2010, 69; *Koch*, ITRB 2010, 114.
240 Siehe beispielsweise *Hengstler*, ITRB 2012, 113 (116).
241 *Fuchs/Meierhöfer/Morsbach/Pahlow*, MMR 2012, 427 (428).
242 Palandt, *Grüneberg*, Überblick vor § 311, Rn. 3.
243 Palandt, *Ellenberger*, Überblick vor § 104, Rn. 1.
244 Dazu auch Redeker Hdb-IT, *Witte*, Teil 1, 1.4, A., Rn. 5 ff.; *Fuchs/Meierhöfer/Morsbach/Pahlow*, MMR 2012, 427 (428).
245 Palandt, *Grüneberg*, Einleitung, Rn. 4; *Söbbing*, ITRB 2017, 195.
246 Vgl. dazu auch Palandt, *Grüneberg*, Einleitung, Rn. 9; zum (aktuellen) Stand der Digitalisierung auch *Martina*, CR 2019, 339 (340).

Laut Grüneberg ist jedoch „*an die Stelle der bürgerlichen Gesellschaft des ausgehenden 19. Jahrhunderts die globalisierte Konsumgesellschaft des 21. Jahrhunderts*" getreten.[247] An Software und ihre Erstellung war noch kein Denken.[248] Aus diesem Grund wurden zu dieser Zeit auch keine Regelungen zu Softwareentwicklungsverträgen in das Gesetz eingearbeitet.[249]

Das Bürgerliche Gesetzbuch ist gekennzeichnet durch einen „*abstrahierend-generalisierenden Gesetzesstil*"[250]. Es ist daher Aufgabe des gesamten Rechtswesens, die individualvertraglichen Vereinbarungen zu Softwareentwicklungsverträgen sowie auch zu anderen privatautonom ausgestalteten Vereinbarungen unter die gesetzgeberisch ausgestalteten Vertragstypen des Bürgerlichen Gesetzbuchs zu subsumieren.[251]

Es steht hierbei bereits die Frage im Raum, ob das deutsche Recht überhaupt bereit ist für agile Arbeitsweisen, die den kodifizierten Vertragstypen des Bürgerlichen Gesetzbuchs nicht eindeutig zuzuordnen sind.[252] Verwiesen wird allen voran auf das strikte AGB-Recht in den §§ 305 ff. BGB, welches bereits dann Berücksichtigung findet, wenn vorformulierte Klauseln einbezogen werden, die der mehrmaligen Verwendung gedacht sind.[253] Eine solche mehrmalige Verwendung wird regelmäßig dann zu bejahen sein, wenn die mindestens dreimalige Verwendungsabsicht gegeben ist.[254]

Hinsichtlich einer Vertragstypologisierung ist dabei stets das Recht der Allgemeinen Geschäftsbedingungen zu beachten.[255] Nach § 307 Abs. 2 Nr. 1 BGB sind solche Regelungen, die den gesetzlichen Grundgedanken des jeweiligen Vertragstypen zuwiderlaufen unwirksam, wenn sie eine Partei (den Vertragspartner des Klausel-Verwenders) unangemessen benachteiligen.[256] Die Regelung wird

---

247 Palandt, *Grüneberg*, Einleitung, Rn. 9.
248 *Söbbing*, ITRB 2019, 48.
249 Dazu auch *Söbbing*, ITRB 2019, 48.
250 Palandt, *Grüneberg*, Einleitung, Rn. 7.
251 Vgl. dazu Palandt, *Grüneberg*, Einleitung, Rn. 34 ff.; zur steigenden Schwierigkeit einer solchen Subsumtion *Söbbing*, ITRB 2019, 48 f.
252 *Söbbing*, ITRB 2017, 195.
253 *Söbbing*, ITRB 2017, 195 f.; kritisch dazu auch *Kremer*, ITRB 2010, 283 (286); ebenfalls thematisiert bei *Bischof*, ITRB 2014, 117 (118); hierzu auch *Fuchs/Meierhöfer/Morsbach/Pahlow*, MMR 2012, 427 (428).
254 Palandt, *Grüneberg*, § 305 Rn. 9.
255 *Fuchs/Meierhöfer/Morsbach/Pahlow*, MMR 2012, 427 (428).
256 Hierzu auch *Fuchs/Meierhöfer/Morsbach/Pahlow*, MMR 2012, 427 (428).

sodann für unwirksam erklärt, wobei ihre Wirkung vollumfänglich entfällt.[257] Es gibt gerade keine sog. *geltungserhaltende Reduktion*.[258]

Um eine Unangemessenheit zu ermitteln ist es daher unerlässlich, zunächst die Vertragsart zu typologisieren. Im Folgenden soll daher erarbeitet werden, unter welche Vertragsart sowohl lineare als auch agile Softwareprojekte erfolgreich subsumierbar sind.

II. Der lineare Softwareentwicklungsvertrag

1. Problemdarstellung

Für die weitere Vertragstypologisierung ist zunächst grundlegend die rechtliche Einordnung eines linearen *Individual*softwareentwicklungsvertrages vorzunehmen. Ein solcher Vertrag wird geschlossen mit dem Ziel, eine Software nach Wunsch und Anspruch des Kunden bzw. Bestellers zu entwickeln.[259] Aufgrund dessen, dass es keinen eigenständigen „*Softwareentwicklungsvertrag*" innerhalb der bürgerlich-rechtlichen Vorschriften gibt, ist es somit notwendig, einen solchen Vertrag durch Auslegung gemäß §§ 133, 157 BGB unter die gesetzlich normierten Vertragstypen des Bürgerlichen Gesetzbuches zu subsumieren.[260] Sodann finden die speziellen Vorschriften des festgelegten Vertragstyps neben den allgemeinen gesetzlichen Regelungen Anwendung auf den Softwareentwicklungsvertrag.

Der *Bundesgerichtshof* berücksichtigt bei der Einordnung eines Vertrages die „*Besonderheiten der jeweiligen Vertragsgestaltung*"[261]. In Betracht kommt die Einordnung des linearen Softwareentwicklungsvertrages als Dienstvertrag, Werkvertrag oder auch Gesellschaftsvertrag.[262]

---

257 MüKoBGB, *Basedow*, § 306 Rn. 16.
258 MüKoBGB, *Basedow*, § 306 Rn. 16.
259 *Ernst*, CR 2017, 285 (288).
260 Vgl. hierzu auch **C.I.**
261 BGH, Urt. v. 04.11.1987, Az. VIII ZR 314/86 = NJW 1988, 406 (407) = CR 1988, 124 (126); relevant ist auch der Vertragsgegenstand, siehe Redeker Hdb-IT, *Witte*, Teil 1, 1.4, A., Rn. 2; *Lutz/Bach*, BB 2017, 3016 (3018).
262 Heussen/Hamm, *Prinz zu Löwenstein*, Teil B, 1. Abschnitt, § 40 Rn. 10 ff; dazu auch knapp *Hoeren*, NJW 2017, 1587 (1589); *Söbbing*, MMR 2010, 222 (223).

2. Dienstvertrag, § 611 BGB

Ein Dienstvertrag ist dann anzunehmen, wenn nicht ein konkreter Werkerfolg geschuldet wird, sondern lediglich die (Arbeits-)Leistung des Programmierers an sich.[263] Ist jedoch im Gegensatz hierzu ein konkreter Werkerfolg in Form einer bestimmten Softwareleistung geschuldet, ist das Werkvertragsrecht bei Verträgen über die (lineare) Erstellung von (Individual-)Software anzuwenden.[264] In Bezug auf diese vertragstypologische Einordnung existiert ein Meinungsstreit.

Eine Ansicht sieht im Dienstvertrag den richtigen Vertragstypus für lineare Softwareentwicklungsprojekte. Hierbei wird nicht auf die fertige Software als Werkerfolg abgestellt, sondern auf die (Entwicklungs-) Leistung des Programmierers an sich während der Softwareentwicklung.[265] Die Beziehung zwischen Auftraggeber und Auftragnehmer kann nach dieser Auffassung einen Arbeitsvertrag gemäß §§ 611, 611a BGB darstellen.[266]

Bereits aus praktischen Gesichtspunkten erscheint diese Ansicht jedoch zumindest fragwürdig. Einerseits wird es dem Auftraggeber nicht auf die Programmierungsleistung des Auftragnehmers ankommen, sondern auf eine fertig und funktionsfähig entwickelte Software als Ergebnis der Programmiertätigkeit.[267] Weiterhin würde man nur schwerlich annehmen dürfen, dass der Auftraggeber dem Auftragnehmer gegenüber wie ein Arbeitgeber einzustufen ist. Würde man eine solche Rollenverteilung annehmen, so müsste in letzter Konsequenz die Anwendung arbeitsrechtlicher Sondervorschriften zugelassen werden. Eine solche ist u.a. das Direktionsrecht des Arbeitgebers gemäß § 106 GewO, wonach der Arbeitgeber dem Arbeitnehmer gegenüber zur Weisungserteilung berechtigt ist. Berücksichtigt man jedoch den soeben skizzierten Gesamtkontext eines solchen Softwareentwicklungsprojekts, so gelangt man zu der Erkenntnis, dass das Auftraggeber-Auftragnehmer-Verhältnis gerade nicht durch einseitige Weisungsbefugnisse gekennzeichnet ist, sondern vielmehr darauf aufbaut, dass in (zumindest anfänglich umfangreicher) Kooperation ein Entwicklungsfundament in Form des Pflichtenhefts erstellt wird.[268] Dieses soll dann durch den

---

263 *Ernst*, CR 2017, 285 (288); vgl. *Söbbing*, MMR 2010, 222 (223).
264 *Redeker*, IT-Recht, Rn. 296.
265 Heussen/Hamm, *Prinz zu Löwenstein*, Teil B, 1. Abschnitt, § 40 Rn. 10.
266 Heussen/Hamm, *Prinz zu Löwenstein*, Teil B, 1. Abschnitt, § 40 Rn. 10.
267 Siehe bzgl. der Abgrenzung von Dienst- und Werkvertrag auch die grundsätzli-che Auffassung des LG Wiesbaden, Urt. v. 30.11.2016, Az. 11 O 10/15 = MMR 2017, 561 (562); dazu ferner Heussen/Hamm, *Prinz zu Löwenstein*, Teil B, 1. Abschnitt, § 40 Rn. 10.
268 Siehe oben unter **B.II.**

Programmierer zur gewünschten Software entwickelt werden. Einseitige Weisungen sind auch in dieser Entwicklungsphase zwischen den beiden Parteien nicht vorgesehen.

Eine Einordnung der Software*erstellung* als Dienstvertrag gemäß § 611 BGB überzeugt daher bereits aufgrund des Sinn und Zwecks sowie der Arbeitsweise einer solchen linearen Projektmethodik nicht. Das Dienstvertragsrecht ist lediglich anzuwenden, wenn reine Programmierarbeiten geschuldet sind, ohne zur Erbringung einer fertigen Software oder eines konkreten Erfolges verpflichtet zu sein.[269]

3. Werkvertrag, § 631 BGB

Die Rechtsprechung kategorisiert einen solchen Vertrag über die (lineare) Herstellung von Individualsoftware konstant seit über 40 Jahren typischerweise als Werkvertrag.[270] Häufig wird hierbei mit einer Ähnlichkeit zum Baurecht sowie den dort häufig zu berücksichtigenden Vergabe- und Vertragsordnungen für Bauleistungen (hierbei insb. die VOB/B[271])

---

269 *Redeker,* IT-Recht, Rn. 301.
270 Siehe bspw. BGH, Urt. v. 15.05.1990, Az. X ZR 128/88 = NJW 1990, 3008; BGH, Urt. v. 03.11.1992, Az. X ZR 83/90 = NJW 1993, 1063; BGH, Urt. v. 25.03.1993, Az. X ZR 17/92 = NJW 1993, 1972; siehe hierzu die Auffassung des BGH, Urt. v. 09.01.2001, Az. X ZR 58/00 = CR 2002, 93 (94); BGH, Urt. v. 16.12.2003, Az. X ZR 129/01 = NJW-RR 2004, 782; BGH MMR 2010, 398 (399); vgl. dazu auch das Urt. d. OLG Koblenz v. 12.11.2015, Az. 1 U 1331/13 = NJOZ 2016, 98 ff., welches die Frage nach der Vertragsart überhaupt nicht aufwirft, sondern ohne Diskussionsbedürfnis von einem Werkvertrag ausgeht (101); OLG Düsseldorf, CR 2015, 158, kritisch zu dieser Entscheidung des OLG Düsseldorf *Kremer/Sander,* jurisPR-ITR 18/2015, Anm. 5 unter D.; auch unstrittig hierzu OLG München, MMR 2010, 649 (650); siehe auch bei Auer-Reinsdorff/Conrad, *Conrad/Schneider,* Teil C. Software-, Hardware- und Providerverträge, § 11 „Erstellung v. Software", Ziffer II., Rn. 10 m. w. N.; auch *Redeker,* IT-Recht, Rn. 296 m. w. N.; Bräutigam, *Pour Rafsendjani,* Teil 3, C. Rn. 70.
271 Ausführlich zur VOB/B: siehe für eine rechtshistorische Darstellung (für den Zeitraum bis 1926) bei Ganten/Jansen/Voit, *Sacher,* VOB/B Einleitung Rn. 10 ff.; siehe zur Entstehung der VOB/B auch bei Ingenstau/Korbion, *Leupertz/von Wietersheim,* Einleitung Rn. 7 ff.; Jansen/Kandel/Preussner, *Jansen/Kandel/Preussner,* Vorwort zum BeckOK VOB/B; Nicklisch/Weick/Jansen/Seibel, *Jansen,* VOB/B Einführung Rn. 1; eine umfangreiche Darstellung der bisherigen Fassungen der VOB/B sowie die inhaltlichen Änderungen, die die jeweils neu veröffentlichte Fassung bewirkt hat, findet sich bei Kapellmann/Messerschmidt, *von Rintelen,* Einleitung Rn. 5-37; siehe weitergehend zur VOB/B auch *Kapellmann,* NZBau 2013, 537 (540); sowie *Kapellmann,* NZBau 2017, 635; sowie *Langen,* NZBau 2019, 10 (11); *Popescu,* BauR 2019, 317; ausführlich

argumentiert.²⁷² Begründet wird diese Auffassung jedoch allen voran mit der Risikoverteilung, die mit einer Einordnung als Werkvertrag einhergeht:²⁷³ Der Softwareersteller wird durch einen Werkvertrag zur Erbringung des konkreten Werkerfolges, d.h. zur Programmierung und Entwicklung der Software auf Grundlage der zuvor gemeinsam erstellten Spezifikationen, verpflichtet.²⁷⁴ Das Risiko, eine unzureichende und den Spezifikationen nicht entsprechende Software zu entwickeln, liegt somit beim Softwareentwickler.²⁷⁵ Üblicherweise sollte dieses Vertragsrisiko in der Praxis jedoch bei der Kalkulation einer Vergütung betriebswirtschaftlich berücksichtigt und entsprechend eingepreist worden sein.²⁷⁶

Der Werkvertrag wird häufig im Rahmen der Vertragstypologisierung vom Werklieferungsvertrag (§ 650 BGB n. F.) abgegrenzt.²⁷⁷

4. Gesellschaftsvertrag, § 705 BGB

In Betracht kommt vereinzelt jedoch auch die Ausgestaltung als Gesellschaftsvertrag.²⁷⁸ Eine Gesellschaft bürgerlichen Rechts gemäß § 705 BGB entsteht in den Fällen, in denen sich die Gesellschafter gegenseitig verpflichten, die Erreichung eines gemeinsamen Zweckes in der durch den Vertrag bestimmten Weise zu fördern, insbesondere die vereinbarten Beiträge zu leisten.

Eine ausdrückliche Einigung müssen die Parteien hierbei nicht treffen.²⁷⁹ Der Gesellschaftsvertrag ist formfrei und kann somit durch schlüssiges Verhalten der Vertragsparteien wirksam geschlossen werden.²⁸⁰ Der Gesellschaftsvertrag

---

zur Privilegierung der VOB/B *Ryll*, NZBau 2018, 187; eine kritische Untersuchung der „*Vereinbarung der VOB/B als Ganzes*" findet sich bei *Schmidt*, NJW-Spezial 2018, 236.
272 Siehe hierzu auch die Begründung im Urt. d. OLG Koblenz v. 12.11.2015, Az. 1 U 1331/13 = NJOZ 2016, 98 ff., welche mit regelmäßigen Verweisen ins Baurecht versehen ist (102 ff.); Auer-Reinsdorff/Conrad, *Conrad/Schneider*, Teil C. Software-, Hardware- und Providerverträge, § 11 „Erstellung v. Software", Ziffer II., Rn. 10 m. w. N.
273 *Fuchs/Meierhöfer/Morsbach/Pahlow*, MMR 2012, 427 (429).
274 *Redeker*, IT-Recht, Rn. 296; *Fuchs/Meierhöfer/Morsbach/Pahlow*, MMR 2012, 427 (429); siehe auch *Söbbing*, MMR 2010, 222 (223).
275 Siehe hierzu *Redeker*, IT-Recht, Rn. 321.
276 *Frank*, CR 2011, 138 (143); siehe hierzu auch bei *Fuchs/Meierhöfer/Morsbach/Pahlow*, MMR 2012, 427 (429).
277 Siehe dazu bspw. bei *Witte*, ITRB 2010, 44 f.
278 So bspw. auch *Heise/Friedl*, NZA 2015, 129 (136).
279 Vgl. MüKoBGB, *Schäfer*, § 705 Rn. 25 f.
280 Vgl. MüKoBGB, *Schäfer*, § 705 Rn. 25 f.

erscheint naheliegend, da Auftraggeber und Auftragnehmer bei Entwicklung einer Software letztlich dasselbe Ziel verfolgen. Die Fertigstellung der Software ist das gemeinsame Ziel beider Vertragspartner, mithin ein *gemeinsamer Zweck* im Sinne des § 705 BGB.[281] Der Auftraggeber hat ein Interesse an der fertigen Software, da er diese beispielsweise zu Zwecken der Führung, der Strukturierung, der Entwicklung oder auch im Vertrieb seines Unternehmens benötigt. Der Auftragnehmer hat seinerseits ein wirtschaftliches Interesse an der Fertigstellung der Software. Bei Vergütungsabreden entsteht spätestens mit der Fertigstellung der Software der Vergütungsanspruch des Auftragnehmers.

Denkbar ist eine Ausgestaltung der linearen Softwareentwicklung als Gesellschaftsvertrag zum einen in solchen Konstellationen, in denen der Auftraggeber in einem höheren Maß an der Entwicklung beteiligt wird als üblich. Den Auftraggeber treffen in jedem Softwareentwicklungsprojekt Mitwirkungspflichten, da eine Softwareentwicklung ohne Mitwirken des Auftraggebers nicht erfolgreich verlaufen kann.[282] Sollte der Auftraggeber jedoch über die üblichen Mitwirkungspflichten hinaus während der Entwicklung tätig werden ist fraglich, ob hiermit nicht auch eine Verschiebung der Verantwortlichkeiten einhergeht.[283] Im Werkvertrag ist der Auftragnehmer verantwortlich für die Herstellung des vereinbarten Werkerfolges. Ohne eine Herstellung des vereinbarten Werkes kann keine Abnahme gemäß § 640 Abs. 1 BGB erfolgen. Ohne eine Abnahme entsteht keine Fälligkeit des Werklohns, § 641 Abs. 1 S. 1 BGB.

Zum anderen kann ein Gesellschaftsvertrag dann die richtige Wahl sein, wenn es sich um ein Projekt handelt, bei dem die Vertragsparteien noch keine Kenntnis darüber haben, ob die Visionen überhaupt umsetzbar sein werden. Sollten die Vertragsparteien die Absicht haben gemeinsam einen Entwicklungsversuch zu unternehmen, dessen Aussicht auf Erfolg nicht absehbar ist, könnte eine Ausgestaltung als Gesellschaft bürgerlichen Rechts (etwa in Gestalt einer Gelegenheitsgesellschaft)[284] überzeugen.[285] Eine solche Konstellation spiegelt

---

281 Siehe hierzu auch *Heise/Friedl*, NZA 2015, 129 (136).
282 Siehe hierzu u. a. *Fuchs/Meierhöfer/Morsbach/Pahlow*, MMR 2012, 427 (430).
283 Siehe hierzu schon *Schneider*, in: *Nicklisch*, Der komplexe Langzeitvertrag (1987), S. 301 f.
284 Zur Gelegenheitsgesellschaft siehe MüKoBGB, *Schäfer*, § 705 Rn. 26; *Fuchs/Meierhöfer/Morsbach/Pahlow*, MMR 2012, 427 (430).
285 Vgl. dazu auch *Frank,* CR 2011, 138 (139).

weder das klassische Werkunternehmer-Besteller-Verhältnis wider, noch ist es ein dienstvertragliches Verhältnis im Sinne des § 611 BGB.[286]

Bei einem Gesellschaftsvertrag sind die Gesellschafter im Regelfall annähernd gleichberechtigt, d.h. sie sind gleichwertige Parteien. Ohne eine entsprechende vertragliche Vereinbarung ist die Verantwortlichkeit der Gesellschafter untereinander nicht aufgeteilt. Eine alleinige Verantwortlichkeit des Softwareentwicklers für den Entwicklungserfolg besteht nach der gesetzlichen Ausgestaltung der BGB-Gesellschaft nicht. Die Parteien können jedoch im Gesellschaftsvertrag entsprechende Vereinbarungen treffen.

Darüber hinaus fehlt es im Gesellschaftsrecht gemäß §§ 705 ff. BGB an einer gesetzlichen Mängelgewährleistung. Der Auftraggeber kann im Falle einer mangelhaften Leistung des Auftragnehmers keine Gewährleistungsrechte geltend machen. Auch solche müssten vertraglich vereinbart werden.

Es ist festzuhalten, dass die Ausgestaltung einer linearen Softwareentwicklung als Gesellschaftsvertrag möglich ist. Insbesondere dann, wenn die Vertragsparteien eine nahezu gleichwertige Stellung haben oder eine Entwicklung mit nicht absehbarem Ausgang anstrengen, erscheint eine solche Typologisierung überzeugend. Sofern beide Vertragspartner jedoch nicht auf gleicher Stufe stehen und wesentlich divergierende Verantwortlichkeiten haben, erscheint unter Berücksichtigung des konkreten Einzelfalles eine Typologisierung als Dienst- oder Werkvertrag naheliegender.

5. Zusammenfassung

Wie aus vorstehenden Darstellungen ersichtlich, ist die Frage der Vertragsart bei linearen Softwareentwicklungsverträgen für die Gerichte (sowohl ober- als auch höchstgerichtlich) nicht weiter allgemein klärenswert.

In der Literatur herrscht wegen einer möglichen Anwendbarkeit des Werklieferungsvertrages (§ 650 BGB n. F.) bis zuletzt Uneinigkeit über die richtige Vertragsart.[287] Eine Anwendbarkeit des § 650 BGB n. F. überzeugt jedoch nicht.[288]

---

286 Berücksichtige auch sie Besonderheit der sog. *„partiarischen Dienstverträge"*, MüKoBGB, *Schäfer,* Vor § 705 Rn. 111.
287 Dieser Auffassung ist bspw. *Schweinoch,* CR 2009, 637 (641); hierzu bereits ausführlich *Bräutigam/Rücker,* CR 2006, 361; *Schneider,* CR 2003, 317 (322); siehe zur Problematik der Anwendbarkeit des § 651 BGB na. F. auf Software auch Redeker Hdb-IT, *Witte,* Teil 1, 1.4, A., Rn. 10 ff.
288 Siehe hierzu BGH, Urt. v. 23.07.2009, Az. VII ZR 151/08 = BGH, NJW 2009, 2877; mit gleicher Auffassung schon *Bräutigam/Rücker,* CR 2006, 361.

Zum einen wird bei linearer Softwareentwicklung eine umfangreiche Planung vorgeschaltet, die es nach Auffassung des Bundesgerichtshofs ohne Weiteres ermöglicht das Werkvertragsrecht anzuwenden.[289] Zum anderen wird es dem Auftraggeber lediglich auf die funktionstüchtige Software ankommen. Es ist aus Sicht des Auftraggebers nicht erheblich, ob die Software eine Sache darstellt oder durch eine Verkörperung auf einem Datenträger Sacheigenschaft erlangt.[290] Die reine Funktionalität der Software ist für den Auftraggeber wichtig.

Es darf daher festgehalten werden, dass der „klassische" lineare Softwareentwicklungsvertrag für Individualsoftware einen Werkvertrag darstellt, auf den folglich die §§ 631 ff. BGB angewendet werden.[291] Im Einzelfall kann die Vereinbarung der Vertragsparteien jedoch dem Gesellschaftsvertrag gemäß § 705 BGB unterfallen.[292]

---

[289] Hierzu BGH, Urt. v. 23.07.2009, Az. VII ZR 151/08 = BGH, NJW 2009, 2877.
[290] Siehe zu diesem Streitstand u. a. bei BGH, Urt. v. 04.11.1987, Az. VIII ZR 314/86 = NJW 1988, 406 (408); BGH, Urt. v. 14.07.1993, Az. VIII ZR 147/92 = NJW 1993, 2436 (2437 f.); BGH, Urt. v. 15.11.2006, Az. XII ZR 120/04 = NJW 2007, 2394; BGH, Urt. v. 13.10.2015, Az. VI ZR 271/14 = NJW 2016, 1094 (1095); MüKoBGB, *Stresemann*, § 90 Rn. 25; Röhricht/GvW/Haas HGB, *A. Brandi-Dohrn*, Besondere Handelsverträge, Forschungs- und Entwicklungsverträge, Rn. 17; Staudinger, *Peters/Jacoby*, § 651 Rn. 16; Heussen/Hamm, *Prinz zu Löwenstein*, Teil B, 1. Abschnitt, § 40 Rn. 7; *Redeker*, IT-Recht, Rn. 297a; siehe hierzu auch bei *Bräutigam/Rücker*, CR 2006, 361 (363); *Junker*, NJW 1993, 824 (830); *König*, NJW 1993, 3131; a.A. *Müller-Hengstenberg/Kirn*, NJW 2007, 2370; *Redeker*, NJW 1992, 1739; *Schweinoch*, CR 2010, 1 (2); *Söbbing*, MMR 2010, 222 (223).
[291] Siehe bspw. BGH, Urt. v. 15.05.1990, Az. X ZR 128/88 = NJW 1990, 3008; BGH, Urt. v. 03.11.1992, Az. X ZR 83/90 = NJW 1993, 1063; siehe hierzu die Auffassung des BGH, Urt. v. 09.10.2001 = CR 2002, 93 (94); BGH, Urt. v. 16.12.2003, Az. X ZR 129/01 = NJW-RR 2004, 782; BGH, Urt. v. 04.03.2010, Az. III ZR 79/09 = MMR 2010, 398 (399); vgl. dazu auch das Urt. d. OLG Koblenz v. 12.11.2015, Az. 1 U 1331/13 = NJOZ 2016, 98 ff., welches die Frage nach der Vertragsart überhaupt nicht aufwirft, sondern ohne Diskussionsbedürfnis von einem Werkvertrag ausgeht (102); auch unstreitig hierzu OLG München, Urt. v. 23.12.2009, Az. 20 U 3515/09 = MMR 2010, 649 (650); vom Vorliegen eines Werkvertrages ist auch der Gesetzgeber überzeugt: siehe dazu Gesetzesbegründung der Bundesregierung, BT-Drucks. 18/8486, S. 50 f.; siehe auch bei Auer-Reinsdorff/Conrad, *Conrad/Schneider*, Teil C. Software-, Hardware- und Providerverträge, § 11 „Erstellung v. Software", Ziffer II., Rn. 10 m. w. N.; so auch *Redeker*, IT-Recht, Rn. 296; Bräutigam, *Pour Rafsendjani*, Teil 3, C. Rn. 70; *Fuchs/Meierhöfer/Morsbach/Pahlow*, MMR 2012, 427 (432).
[292] Siehe hierzu die Ausführungen unter **C.II.4.**

III. Der agile Softwareentwicklungsvertrag

1. Einführende Skizzierung des gegenwärtigen Streitstandes

Ähnlich gelagert ist die Problematik des Vertragstyps bei agiler Programmierung. Hinsichtlich einer Vertragstypologisierung von agilen Projekten ist bislang keine einheitliche Meinung vorherrschend. Bezüglich agiler Softwareentwicklungsverträge ist die Klärung der einschlägigen Vertragsart bisweilen gekennzeichnet durch viele unterschiedliche Lösungsansätze. Bislang hat sich jedoch noch nicht gänzlich überzeugend herauskristallisieren können, welche Vertragsart gerade hinsichtlich der Besonderheiten einer agilen Vorgehensweise beste Eignung verspricht.[293]

In der Diskussion um eine Einordnung agiler Softwareentwicklungsverträge wird gerne das Dienstvertragsrecht gemäß §§ 611 ff. BGB als geeignete Lösung präsentiert.[294] Überdies vertreten andere jedoch die Auffassung, dass das Werkvertragsrecht – etwa in Anlehnung an die Argumentation bzgl. linearer Programmierungsmethodik[295] – anzuwenden sei.[296] Ein häufig anzutreffender Vertragstyp ist in der Diskussion darüber hinaus der Werklieferungsvertrag gemäß § 650 BGB n. F. (§ 651 BGB a. F.),[297] sowie die Konstellation eines Rahmenvertrages, der sich aus dienst- und werkvertraglichen Elementen zusammensetzt.[298] Teilweise wird des Weiteren die Einordnung als Lizenzvertrag (Vertrag *sui generis* gemäß § 311 Abs. 1 i. V. m. § 241 Abs. 1 BGB, str.)[299] oder auch als Gesellschaftsvertrag gemäß §§ 705 ff. BGB diskutiert.[300]

Wie man an diesem knappen Überblick bereits erahnen kann, wurden im Lauf der letzten Jahre sehr unterschiedliche Lösungsansätze entwickelt, um einen solchen agilen Softwareentwicklungsvertrag hinreichend zu typologisieren. Ein Grund hierfür kann sicherlich sein, dass der Begriff „agil" bislang

---

293 Ausführliche Auseinandersetzungen hiermit u.a. bei *Fuchs/Meierhöfer/Morsbach/Pahlow*, MMR 2012, 427 ff.; *Frank*, CR 2011, 138 (140 ff.); eine abstrakte Typologisierung ablehnend *Lutz/Bach*, BB 2017, 3016 (3020).
294 *Fuchs/Meierhöfer/Morsbach/Pahlow*, MMR 2012, 427 (429); *Frank*, CR 2011, 138 (139 ff.); *Koch*, ITRB 2010, 119.
295 Siehe vertiefend hierzu unter **C.II.**
296 *Fuchs/Meierhöfer/Morsbach/Pahlow*, MMR 2012, 427 (432); pro Werkvertragsrecht auch *Lapp*, ITRB 2018, 263 (265).
297 *Fuchs/Meierhöfer/Morsbach/Pahlow*, MMR 2012, 427 (432).
298 *Frank*, CR 2011, 138 (141 f.).
299 *Fuchs/Meierhöfer/Morsbach/Pahlow*, MMR 2012, 427 (431).
300 *Fuchs/Meierhöfer/Morsbach/Pahlow*, MMR 2012, 427 (430 f.).

nicht einheitlich definiert werden konnte und somit unterschiedliche Interpretationsmöglichkeiten existieren.[301] Hierbei reichen die Ansätze von einem privatautonom entwickeltem Lizenzvertrag,[302] über gesetzlich normierte Dienst- und Werkvertragsinstitutionen bis hin zur gesellschaftsrechtlichen Ausformung des Vertrags.[303] Diese Uneinheitlichkeit der Lösungsfindung wird ferner befeuert durch bislang fehlende instanzgerichtliche Rechtsprechung.[304] Eine umfassende argumentative Klärung der Vertragsart durch ein Gericht existiert bisweilen nicht.[305] Insoweit bleibt eine derartige primäre Entscheidung vorerst abzuwarten. Aufgrund der zunehmenden Beliebtheit agiler Projektmethodik wird allerdings erwartet, dass sich in absehbarer Zeit ein Gericht umfassend mit den diskutierten Lösungsansätzen auseinandersetzen und eine erste gerichtliche Einordnung vornehmen wird.[306]

Die Klärung der Vertragsart agiler Softwareentwicklungsverträge ist daher weiterhin ein diskussionswürdiges Thema, welches jedoch nicht lediglich theoretischer oder rechtsdogmatischer Natur ist.[307] Vielmehr ist die Klärung dieser Frage auch für die Praxis von hoher Relevanz. So unterscheiden sich die dargestellten Lösungsansätze nicht nur in ihrer Vertragsart, sondern auch in den praktischen Rechtsfolgen, die sie bei den Vertragsparteien bewirken (können).

Ein Werkvertrag gibt dem Besteller Gewährleistungsrechte gegen den Werkunternehmer im Falle einer Schlechtleistung.[308] Bei mangelhafter Leistung kann der Besteller vom Werkunternehmer Nacherfüllung verlangen.[309] Als sekundäres

---

301 Siehe vertiefend hierzu unter **B.II.2.**
302 *Fuchs/Meierhöfer/Morsbach/Pahlow*, MMR 2012, 427 (431).
303 *Fuchs/Meierhöfer/Morsbach/Pahlow*, MMR 2012, 427 (429 ff.).
304 Die Entscheidung des LG Wiesbaden, Urt. v. 30.11.2016, Az. 11 O 10/15 = MMR 2017, 561 ist die erste zur Vertragstypologie eines IT-Projektvertrages unter Einsatz des SCRUM-Verfahrens, so *Wenn*, jurisPR-ITR 24/2017, Anm. 2 unter A.
305 Ausnahmen bilden hierbei zwar die Urteile des LG Wiesbaden, Urt. v. 30.11.2016, Az. 11 O 10/15 = MMR 2017, 561 sowie des OLG Frankfurt/M., Urt. v. 17.08.2017, Az. 5 U 152/16 = MMR 2018, 100; die Urteile setzen sich jedoch nicht argumentativ unter Berücksichtigung der unterschiedlichen Auffassungen mit der Vertragsart auseinander, sondern legen sich ohne nähere Begründung für Werkvertragsrecht fest (so das LG) oder lassen die Frage mangels Entscheidungsrelevanz komplett offen (so das OLG).
306 *Welkenbach*, CR 2017, 639 (645).
307 Zur Relevanz der Vertragsart im Allgemeinen *Redeker*, IT-Recht, Rn. 297.
308 Siehe dazu *Redeker*, IT-Recht, Rn. 338 ff.
309 *Redeker*, IT-Recht, Rn. 353 ff.

Gewährleistungsrecht stehen ihm Selbstvornahme, Rücktritt, Minderung oder Schadensersatz zur Verfügung.[310]

Bei Annahme eines Werklieferungsvertrages gemäß § 650 BGB n. F. (§ 651 BGB a. F.) würden kaufrechtliche Vorschriften zur Anwendung gelangen, § 650 S. 1 BGB n. F. (§ 651 S. 1 BGB a. F.).[311] Auch im Kaufrecht existiert ein gesetzliches Gewährleistungsrecht, welches dem Käufer gegenüber dem Verkäufer die Möglichkeit der Nacherfüllung bietet, § 437 Nr. 1 BGB. Sekundäre Gewährleistungsrechte sind auch hierbei der Rücktritt, die Minderung sowie der Schadensersatz, § 437 Nr. 2, 3 BGB. Trotz dessen sind kauf- und werkvertragliches Gewährleistungsrecht nicht identisch, sondern weisen Unterschiede auf.[312] Zu beachten ist beispielsweise, dass die kaufrechtlichen Gewährleistungsrechte in der Regel bereits nach zwei Jahren verjähren und nicht der Regelverjährung unterliegen, § 438 Abs. 1 Nr. 3 BGB, wohingegen die werkvertraglichen Gewährleistungsrechte gemäß § 634a Abs. 1 Nr. 3 BGB in der Regelfrist verjähren, somit nach drei Jahren, § 195 BGB.

Die Gewährleistungsrechte würden dem Auftraggeber bei den anderen möglichen Rechtsinstituten sogar komplett abgeschnitten werden. Nur beispielhaft genannt sei hierbei das Dienstvertragsrecht, welches keine Gewährleistungsrechte bietet, sondern bei Schlechtleistung allenfalls Schadensersatzansprüche gegen den Softwareersteller ermöglicht.[313] Darüber hinaus kennt das Dienstvertragsrecht – allen voran in der besonderen Ausgestaltung des Arbeitsrechts – einige Besonderheiten, die für Arbeitgeber-Arbeitnehmer-Konstellationen (u.a. durch Rechtsprechung) entwickelt wurden.[314]

Solche entscheidenden Unterschiede der Vertragsarten machen die auf den ersten Blick theoretisch gelagerte Problematik des Vertragstypus zu einer

---

310 *Redeker*, IT-Recht, Rn. 353 ff.
311 Siehe zur Anwendung des § 650 BGB n. F. auch BGH, Urt. v. 23.07.2009, Az. VII ZR 151/08 = BGH, NJW 2009, 2877; hierzu auch *Bräutigam/Rücker*, CR 2006, 361; zur Anwendung des § 650 BGB n. F. im Rahmen agiler Programmierung auch *Witte*, ITRB 2010, 44.
312 BeckOGK, *Lutzenberger*, § 631 Rn. 1813 f.; Nicklisch/Weick/Jansen/Seibel, *Jansen*, VOB/B Einführung Rn. 68 ff.; *Fuchs/Meierhöfer/Morsbach/Pahlow*, MMR 2012, 427 (428).
313 Heussen/Hamm, *Prinz zu Löwenstein*, Teil B, 1. Abschnitt, § 40 Rn. 12; hierzu ausführlich *Söbbing*, MMR 2010, 222 (223).
314 Nur beispielhaft Heussen/Hamm, *Prinz zu Löwenstein*, Teil B, 1. Abschnitt, § 40 Rn. 12 f.; von einer weitergehenden Darstellung arbeitsrechtlicher Besonderheiten wird an dieser Stelle mangels thematischer Relevanz abgesehen.

durchaus praxisrelevanten Fragestellung, welche für Auftraggeber und Auftragnehmer folgenträchtige Unterschiede in der rechtlichen Bewertung ihres Softwareentwicklungsprojektes bedeuten können. Im Folgenden soll daher genauer erörtert werden, welche Vertragsart sich im Hinblick auf agile Programmierung als geeignet herausstellt und hierbei den divergierenden Interessen der Vertragspartner am ehesten gerecht wird.

Wie schon im Rahmen der linearen Softwareerstellung festgestellt, überzeugt eine Anwendbarkeit des Werklieferungsvertrages gemäß § 650 BGB n. F. auch im Rahmen einer agilen Programmierung nicht.[315] Gerade unter Einsatz einer agilen Programmiermethode stellt die Planung und Konzeptionierung in Bezug zur Gesamtleistung einen überwiegenden Teil der Leistung dar.[316] Die Software ist als *„bloßes Substrat eines vorausgegangenen, während der gesamten Vertragslaufzeit unabdingbaren und daher dominierenden Planungsprozesses"* anzusehen.[317] Nach Auffassung des *Bundesgerichtshofs* ist in einem solchen Fall alleinig das Werkvertragsrecht anzuwenden.[318]

In der Literatur wird vereinzelt vorgebracht, dass ein agiler Softwareentwicklungsvertrag ein Lizenzvertrag sein könnte.[319] Ein solcher Ansatz erscheint nicht zielführend, da der Lizenzvertrag seinerseits ein Vertrag *sui generis* ist, der im Einzelfall unter die gesetzlichen Vertragstypen zu subsumieren ist.[320]

Darüber hinaus wird aus praktischer Sicht mit dem Stichwort „*Rahmenvertrag*" operiert.[321] Hierbei soll das Projekt insgesamt in verschiedene Phasen aufgeteilt werden (Phase des „Ausprobierens"/"Bemühens" sowie Phase der

---

315 Siehe zur Anwendung des § 650 BGB n. F. auch BGH, Urt. v. 23.07.2009, Az. VII ZR 151/08 = BGH, NJW 2009, 2877; hierzu auch *Bräutigam/Rücker*, CR 2006, 361; zur Anwendung des § 650 BGB n. F. im Rahmen agiler Programmierung auch *Witte*, ITRB 2010, 44.
316 *Witte*, ITRB 2010, 44 (47).
317 *Witte*, ITRB 2010, 44 (47).
318 Siehe dazu BGH, Urt. v. 23.07.2009, Az. VII ZR 151/08 = BGH, NJW 2009, 2877.
319 Siehe hierzu vor allem bei *Fuchs/Meierhöfer/Morsbach/Pahlow*, MMR 2012, 427 (431) bzgl. möglicher urheberrechtlicher Schwierigkeiten im Hinblick auf eine (Mit-)Urheberschaft der Projektparteien im Wege agiler Softwareentwicklung.
320 *Fuchs/Meierhöfer/Morsbach/Pah-low*, MMR 2012, 427 (431).
321 So bspw. Bräutigam, *Bräutigam*, Teil 13, B. Rn. 168; MAH IT-Recht, *von dem Bussche/Schelinski*, Teil 1. Rn. 100, 441 ff.; *von Schenck*, MMR 2019, 139 f.; *Kühn/Ehlenz*, CR 2018, 139 (141 f.); so wohl auch *Lutz/Bach*, BB 2017, 3016 (3018 f.); insb. *Frank*, CR 2011, 138; *Bischof*, ITRB 2014, 117 (118).

„Finalisierung")³²². Die erste Phase soll hierbei dienstvertraglicher Art sein.³²³ Der Vertrag wird jedoch im Bezug auf die einzelnen Entwicklungsschritte – d.h. bspw. auf die finale Herstellung der einzelnen Produktinkremente innerhalb eines Sprints beim SCRUM-Verfahren – derart ausgestaltet, dass diese einzelnen Produktinkremente rechtlich als *„Teilprojekte"* eingeordnet werden, die dann wiederum dem Werkvertragsrecht unterliegen sollen.³²⁴ Von einer solchen rahmenvertraglichen Konstellation soll im Folgenden jedoch abgesehen werden: Zum einen darf infrage gestellt werden, ob es überhaupt möglich ist, eine Softwareentwicklung in einzelne Schritte zu unterteilen, die rechtlich isoliert betrachtet werden können. Zum anderen erscheint es *„praxisfern"*³²⁵, ein einheitliches Softwareentwicklungsprojekt in dienst- und werkvertragliche Elemente aufzuteilen.³²⁶

Von einer weitergehenden Darstellung dieser Vertragstypen³²⁷ wird daher im Folgenden abgesehen.

Für eine agile Programmierung versprechen der Werkvertrag, der Dienstvertrag oder der Gesellschaftsvertrag die beste Eignung.³²⁸ Zu klären ist, ob sich ein agiler Softwareentwicklungsvertrag abstrakt unter einen der genannten Vertragstypen subsumieren lässt oder ob die Vertragsnatur im Einzelfall unter die jeweilige Vertragsart zu subsumieren ist.³²⁹

2. Werkvertrag, § 631 BGB

Wie bereits bzgl. linearer Softwareentwicklungsverträge thematisiert, könnte der Werkvertrag gemäß §§ 631 ff. BGB auch die geeignete Vertragsart für agile Softwareentwicklungsverträge darstellen.³³⁰ Aufgrund dessen, dass beide

---

322 Bräutigam, *Bräutigam*, Teil 13, B. Rn. 168; mit ähnlicher Empfehlung auch *Frank,* CR 2011, 138 (141).
323 Bräutigam, *Bräutigam*, Teil 13, B. Rn. 168; *Frank,* CR 2011, 138; ablehnend *Fuchs/Meierhöfer/Morsbach/Pahlow,* MMR 2012, 427 (430).
324 *Frank,* CR 2011, 138 (141).
325 *Fuchs/Meierhöfer/Morsbach/Pahlow,* MMR 2012, 427 (430).
326 *Fuchs/Meierhöfer/Morsbach/Pahlow,* MMR 2012, 427 (430).
327 Werklieferungsvertrag (§ 650 BGB n. F.), Lizenzvertrag sowie Rahmenvertrag.
328 Mit gleicher Auffassung auch *Heise/Friedl,* NZA 2015, 129; zur Abgrenzung von Dienst- und Werkvertrag auch *Lutz/Bach,* BB 2017, 3016.
329 Bei der Abgrenzung von Dienst- und Gesellschaftsvertrag ist bspw. die Besonderheit des *„partiarischen Dienstvertrages"* zu bedenken, MüKoBGB, *Schäfer,* Vor § 705 Rn. 111.
330 BeckOK BGB, *Voit,* § 631 Rn. 26 m. w. N.; Staudinger, *Peters/Jacoby,* Vorbem. zu §§ 631 ff. Rn. 78; Kilian/Heussen, *Czychowski/Siesmayer,* 1. Abschnitt, Teil 2., 20.4

Entwicklungsansätze dasselbe Ziel, d.h. die Konzeptionierung und Entwicklung von Individualsoftware, anstreben, könnte in beiden Fällen eine gleiche rechtlich Vertragseinordnung naheliegend sein. Bedacht werden sollte hierbei jedoch gerade die Eigenart der agilen Herangehensweise, die den Unterschied zur linearen Programmierung darstellt und daher auch in der juristischen Vertragstypologisierung hinreichend berücksichtigt werden muss. Im Folgenden ist somit eine umfangreiche Prüfung der Eignung von Werkvertragsrecht gemäß §§ 631 ff. BGB für agile Projekte vorzunehmen.

Im Werkvertragsrecht gelten neben den besonderen werkvertraglichen Vorschriften die allgemeinen schuldrechtlichen Regelungen, die die §§ 241 bis 432 BGB normieren. Aufgrund dessen schuldet der Werkunternehmer dem Besteller eine Leistung mittlerer Art und Güte, § 243 Abs. 1 BGB, sofern keine anderweitige Vereinbarung getroffen wurde.

Ein Problem des Werkvertrages ist, dass dieser eine ungleichmäßige Risikoverteilung zu Ungunsten des Softwareentwicklers (folglich des Werkunternehmers) bewirkt.[331] Durch die Gestaltung des Vertrages als Werkvertrag nach den §§ 631 ff. BGB würde der konkret durch die Parteien vereinbarte Werkerfolg geschuldet,[332] d.h. eine funktionierende Software nach Anspruch des Bestellers. Problematisch ist hierbei jedoch, dass gerade keine vorausgehende und umfassende Spezifikation des fertigen Werkes (in Form eines Pflichtenheftes) erfolgt.[333] Möglicherweise wird ein konkreter Werkerfolg daher nicht anfänglich definiert, sondern entwickelt sich erst im Laufe des Projekts selbst. Einige agile Arbeitsweisen (bspw. SCRUM) sind dabei jedoch zwingend auf die Beteiligung des Auftraggebers am Entwicklungsprozess ausgelegt,[334] sodass die Fertigstellung des Werkerfolges selbst dann vollständig in den Risikobereich des Auftragnehmers

---

Rn. 118; *Redeker*, IT-Recht, Rn. 311e; auf den Kölner Tagen IT-Recht 2019 war die werkvertragliche Einordnung von agiler Programmierung gleichfalls diskutiertes Thema, *Antoine*, CR 2019, R56; *Fuchs/Meierhöfer/Morsbach/Pahlow*, MMR 2012, 427 (433); auch *Kremer*, ITRB 2010, 283 (288); *Kühn/Ehlenz*, CR 2018, 139 unterbreiten Vertragsgestaltungs- und Formulierungsvorschläge für *agile Werkverträge für Scrum*, siehe hierbei insb. das Fazit (150); so wohl auch *Lapp*, ITRB 2010, 69 (70); dem Werkvertragsrecht zugeneigt *Lapp*, ITRB 2018, 263 (264); auch *Lutz/Bach*, BB 2017, 3016; *Schuster*, CR 2019, 345; so wohl auch *von Schenck*, MMR 2019, 139.
331 Redeker Hdb-IT, *Witte*, Teil 1, 1.4, A., Rn. 7.
332 Siehe zum Werkerfolg ausführlich Staudinger, *Peters/Jacoby*, § 631 Rn. 6 ff.
333 Es wird jedoch auch vertreten, dass ein nicht vollends konkretisierter Werkerfolg einer werkvertraglichen Einordnung nicht widerspricht, Staudinger, *Peters/Jacoby*, § 631 Rn. 7.
334 Siehe oben unter **B.III.**

fallen würde, wenn der Auftraggeber seine Mitwirkungspflicht verletzt oder dieser überhaupt nicht nachkommt.[335] Ohne Fertigstellung und anschließende Abnahme des fertigen Werkes wird aber in der Folge somit der Vergütungsanspruch des Werkunternehmers gemäß § 641 Abs. 1 S. 1 BGB nicht fällig.

Des Weiteren wird der Besteller beim Werkvertrag durch das gesetzliche Mängelgewährleistung bevorteilt, welche ihm bei Schlechtleistung des Werkunternehmers Gewährleistungsrechte gegen diesen einräumt.[336] Im Falle mangelhafter Leistung kann der Auftraggeber vom Auftragnehmer Nacherfüllung verlangen, § 635 BGB.[337] Sollte diese fehlschlagen oder dem Besteller unzumutbar sein, so kann der Besteller sekundäre Gewährleistungsrechte gegen den Werkunternehmer geltend machen, vgl. § 634 BGB.[338] Solche sind neben der Selbstvornahme gemäß § 637 BGB die Minderung gemäß § 638 BGB sowie Rücktritt und Schadensersatz gemäß § 636 BGB in Verbindung mit den allgemeinen schuldrechtlichen Vorschriften hierzu. Die Rügeobliegenheiten gemäß §§ 377, 378 HGB sind bei Werkverträgen nicht anzuwenden.[339]

Ein formularmäßiger Ausschluss der Gewährleistungsrechte ist in B2C-Geschäften gemäß § 309 Nr. 8 lit. b) BGB unwirksam. § 310 Abs. 3 Nr. 1 BGB unterstellt hierbei, dass die Allgemeinen Geschäftsbedingungen durch den Unternehmer gestellt wurden, es sei denn sie wurden vom Verbraucher in den Vertrag eingeführt.

Sofern es sich allerdings um einen Projektvertrag zwischen zwei Unternehmern (sog. B2B-Geschäft) handelt, ist aufgrund der Regelung in § 310 Abs. 1 S. 1 BGB die Anwendung des § 309 BGB insgesamt ausgeschlossen. Aufgrund dessen, dass der Handelsverkehr flexibel bleiben soll und Geschäftsleute alltäglich mit dem Abschluss umfangreicher Verträge vertraut sind, darf von diesen erwartet werden, dass sie nicht durch Klauselverbote (gemäß §§ 308, 309 BGB) geschützt werden müssen.[340] Zwar ist es auch möglich und nicht fernab aller

---

335 Siehe hierzu unter **D.III.1.**
336 Staudinger, *Peters/Jacoby*, vor § 631 Rn. 25; siehe zum Gewährleistungsrecht bei Staudinger, *Peters/Jacoby*, § 634 Rn. 1 ff.
337 Siehe hierzu Staudinger, *Peters/Jacoby*, § 634 Rn. 1, 6.
338 Siehe hierzu auch die Übersichtsgrafik bei Kuffer/Wirth, *Englert/Fuchs/Schalk/Schwartz*, 1. Kapitel, A., Rn. 260; sowie die weitergehenden Ausführungen aaO., Rn. 261 ff.; hierzu auch Staudinger, *Peters/Jacoby*, § 634 Rn. 1, 6.
339 Bräutigam, *Bräutigam*, Teil 13, B. Rn. 161 m. w. N.; andere Ansicht bei BGH, Urt. v. 14.07.1993, Az. VIII ZR 147/92 = NJW 1993, 2436.
340 Vgl. Staudinger, *Schlosser*, § 310 Rn. 2, 11; trotz dessen kann eine Klauselkontrolle über § 307 BGB angestellt werden, siehe hierzu Staudinger, *Schlosser*, § 310 Rn. 12.

Lebensnähe, dass ein Softwareentwickler zur Erstellung einer Software (mittels agiler Projektmethodik) durch einen Auftraggeber aufgesucht wird, der nicht Unternehmer gemäß § 14 Abs. 1 BGB ist. Es ist jedoch üblicherweise eher davon auszugehen, dass die Rolle des Auftraggebers ebenso einem Unternehmer gemäß § 14 Abs. 1 BGB zugeteilt ist. Insofern ist § 310 Abs. 1 S. 1 BGB zu beachten und die soeben dargestellte Bevorteilung des Auftraggebers durch einen erschwerten Ausschluss der Gewährleistungsrechte ist üblicherweise nicht gegeben. Auch im B2B-Geschäft kann allerdings im Einzelfall trotzdem eine Unwirksamkeit Allgemeiner Geschäftsbedingungen durch eine unangemessene Benachteiligung gemäß § 307 Abs. 2 Nr. 1 BGB vorliegen.

Vereinzelt wird überdies vorgebracht, dass die agile Softwareentwicklung durch den Verzicht auf vorher festgelegte Spezifikationen dem Leitbild des „klassischen" Werkvertrages widerspricht, sodass eine Anwendbarkeit des Werkvertragsrechts abzulehnen sei.[341] Begründet wird dies damit, dass der „klassische" Werkvertrag ausgezeichnet ist durch die vorherige Definition eines konkreten Werkerfolges.[342]

Die agile Vorgehensweise, bei der keine umfangreiche (und schriftliche) Werkerfolgsdefinition vorab erfolgt, sondern sich erst während der Entwicklung im Product-Backlog (beim SCRUM) eine dynamische Leistungsbeschreibung der Softwareanforderungen ergibt,[343] findet im *„klassischen"* Werkvertragsrecht letztlich keine eindeutige rechtliche Stütze. Eine derartige agile Herangehensweise hatte der Gesetzgeber bei der Ausgestaltung des Gesetzes vor 1900 nicht berücksichtigen können.[344]

Trotzdem wird in Abkehr von dieser gesetzlichen werkvertraglichen Ausgestaltung die Möglichkeit gesehen, agile Programmierung (insb. unter Einsatz von SCRUM) dem Werkvertragsrecht zu unterstellen.[345] Es handelt sich bei der Softwareerstellung um einen *komplexen Langzeitvertrag*.[346] Präzise Anforderungen an die Software können bei einer agilen Programmierung vorab nicht erstellt

---

341 Vgl. *Frank*, CR 2011, 138 (140 f.); andere Ansicht *Kühn/Ehlenz*, CR 2018, 139 (150).
342 *Frank*, CR 2011, 138 (140 f.).
343 *von Schenck*, MMR 2019, 139.
344 *Söbbing*, ITRB 2019, 48 f.
345 *Heise/Friedl*, NZA 2015, 129 (135 f.).
346 Grundlegend hierzu *Nicklisch*, in: Nicklisch, Der komplexe Langzeitvertrag (1987), S. 17 ff.; hierzu auch *Schneider*, in: Nicklisch, Der komplexe Langzeitvertrag (1987), S. 289 f.

werden.[347] Das Vorliegen von großen Ungewissheiten in Bezug auf das Projekt ist ein typischer Umstand *komplexer Langzeitverträge*.[348] Vereinzelt wird daher die bloße Produktvision herangezogen, um den Leistungsgegenstand der geplanten Entwicklung zu definieren.[349] Ziel dieser Produktvision soll die Umschreibung der „*übergeordneten Zwecke und Ziele des Projekts*"[350] sein. Uneinigkeit herrscht jedoch darüber, ob eine solche „*Produktvision*" ausreichend ist, um einen hinreichend bestimmten Werkerfolg im Sinne des § 631 BGB darzustellen.[351] Eine anfänglich fehlende *schriftlich* niedergelegte Spezifikation der Anforderungen (in Gestalt eines Lastenhefts) auf Auftraggeberseite bewirkt allerdings nicht automatisch, dass das Werkvertragsrecht ausgeschlossen ist.[352]

Diesbezüglich wird überzeugend vorgebracht, dass funktionale Beschreibungen[353] bereits ausreichend sein sollen, um einen Werkerfolg zu definieren.[354] Zulässig sind sogar solche funktionalen Leistungsbeschreibungen, durch die der Auftragnehmer die Pflicht zur richtigen Einschätzung und Umsetzung

---

347 *Fuchs/Meierhöfer/Morsbach/Pahlow*, MMR 2012, 427 (429) sprechen von einem Fehlen der „Feinspezifikation"; *von Schenck*, MMR 2019, 139 vertritt, dass eine Entwicklung dann agil ist, wenn ihr Ergebnis bei Beginn noch nicht klar ist.
348 *Nicklisch*, in: Nicklisch, Der komplexe Langzeitvertrag (1987), S. 19.
349 *Heise/Friedl*, NZA 2015, 129 (136); zur Produktvision auch *Hoeren/Pinelli*, MMR 2018, 199 (201); hierzu auch *von Schenck*, MMR 2019, 139, mit einer Empfehlung zur Beifügung der Produktvision als Anlage zum Softwareprojektvertrag, aaO. (142).
350 *Hoeren/Pinelli*, MMR 2018, 199 (201).
351 Dies bejahend *Lapp*, ITRB 2018, 263 (264); dies verneinend *Bortz*, MMR 2018, 287 (289).
352 So auch die Auffassung des LG Wiesbaden, Urt. v. 30.11.2016, Az. 11 O 10/15 = MMR 2017, 561 (562); MAH IT-Recht, *von dem Bussche/Schelinski*, Teil 1. Rn. 98; Staudinger, *Peters/Jacoby*, § 631 Rn. 7; *Fuchs/Meierhöfer/Morsbach/Pahlow*, MMR 2012, 427 (429); *Kremer*, ITRB 2010, 283 (286); kritisch zur Definition des Leistungsgegenstandes *Hengstler*, ITRB 2012, 113 (115); anderer Auffassung auch *Frank*, CR 2011, 138 (149).
353 Siehe zum funktionalen Mängelbegriff BGH, Urt. v. 08.11.2007, Az. VII ZR 183/05 = BGHZ 174, 110 = BGH, NJW 2008, 511; bestätigt durch BGH, Urt. v. 30.06.2011, Az. VII ZR 109/10 = NJW 2011, 2644 = BGH, NZBau 2011, 612 = BGH, BauR 2011, 1652; sowie BGH, Urt. v. 29.09.2011, Az. VII ZR 87/11 = NJW 2011, 3780 = BGH, NZBau 2011, 746; ablehnend Staudinger, *Peters/Jacoby,* vor § 631 Rn. 12; sowie an anderer Stelle nochmals Staudinger, *Peters/Jacoby*, § 633 Rn. 184a.
354 *Fuchs/Meierhöfer/Morsbach/Pahlow*, MMR 2012, 427 (429) weisen darauf hin, dass solche funktionalen Beschreibungen bei agiler Programmierung in Form sog. *user story* vorliegen; hierzu auch *von Schenck*, MMR 2019, 139.

aufgebürdet bekommt, um den Leistungserfolg ausreichend bestimmen zu können.[355] Solche Anforderungen wird der Auftraggeber in aller Regel vortragen können.[356]

Durch die einzelnen Sprint Backlogs wird mit jeder Iteration das Product Backlog fortgeschrieben.[357] Es gibt somit keinen vorab definierten Leistungsgegenstand, sondern einen Leistungsgegenstand, der mit fortschreitender Entwicklung näher definiert und fortgeschrieben wird.[358] Selbst eine klassische Softwareentwicklung unterliegt Änderungen des Leistungsgegenstandes durch sog. *Change-Request*-Verfahren.[359] An der werkvertraglichen Einordnung ändert dies dort jedoch auch nichts.[360]

Einer werkvertraglichen Einordnung steht auch nicht die Vergütung auf Grundlage des Zeitaufwandes entgegen. Nach Auffassung des *Bundesgerichtshofes* ist diese Art der Vergütung zwar „*untypisch*" für das Werkvertragsrechts, schließe dieses jedoch nicht aus.[361] Auch ein Werkunternehmer kann unter Berücksichtigung dieser höchstrichterlichen Entscheidung daher auf Basis des Zeitaufwandes Vergütung verlangen.[362]

Im Übrigen kann zur Begründung des Werkvertragsrechts auch der nachfolgende rationale Ansatz herangezogen werden: „*Es kommt auf die Herstellung dieses Produktes an, nicht etwa auf die zur Herstellung geleisteten Dienste, mit anderen Worten: Die Leistung ist erfolgsorientiert.*"[363] Es ist daher für die Vertragstypologisierung völlig irrelevant, ob die Erstellung der Software in einem linearen Verfahren erfolgt oder ob hierbei iterative Schritte durchgeführt werden. Am Ende der Programmierung soll eine funktionsfähige und den Vereinbarungen entsprechende Software an den Auftraggeber übergeben werden. Allein aufgrund des Fehlens einer anfänglichen Anforderungsspezifikation von einer

---

355 BeckOK BGB, *Voit*, § 631 Rn. 47; hierzu auch *Redeker*, IT-Recht, Rn. 311b.
356 hierzu auch *Redeker*, IT-Recht, Rn. 311e; andere Ansicht *Frank*, CR 2011, 138 (140); *Fuchs/Meierhöfer/Morsbach/Pahlow*, MMR 2012, 427 (429 f.).
357 *von Schenck*, MMR 2019, 139.
358 *von Schenck*, MMR 2019, 139 m. w. N.
359 *Frank*, CR 2011, 138 (139); *Fuchs/Meierhöfer/Morsbach/Pahlow*, MMR 2012, 427 (429); siehe dazu unter **D.III.2.**
360 Siehe hierzu ausführlich unter **C.II.3.**
361 BGH, Urt. v. 25.03.1993, Az. X ZR 17/92 = NJW 1993, 1972.
362 BGH, Urt. v. 25.03.1993, Az. X ZR 17/92 = NJW 1993, 1972; dem zustimmend *Bortz*, MMR 2018, 287 (288).
363 *Redeker*, IT-Recht, Rn. 296

Ungeeignetheit des Werkvertragsrechts auszugehen, erscheint diesseitig nicht nachvollziehbar.

Die Thematik lässt sich auf das Baurecht übertragen: es ist letztlich unerheblich, mit welcher Herangehensweise der Bauunternehmer (bspw. der Generalunternehmer[364]) vorgeht, um das Bauwerk für seinen Auftraggeber bzw. Bauherren zu erstellen. Es ist für das Gesamtergebnis wie auch den zugrundeliegenden Vertrag nicht von Erheblichkeit, mit welcher Organisation und Struktur er das Bauvorhaben zur Vollendung bringt. Der Bauunternehmer schuldet dem Bauherren ein mängelfreies Bauwerk, welches den vertraglichen Vereinbarungen sowie den gesetzlichen Regelungen entsprechend hergestellt wurde. Der Weg zu dieser Vertragserfüllung ist für die Vertragsart letztlich unerheblich

3. Dienstvertrag, § 611 BGB

Wie bereits im Rahmen linearer Softwareentwicklungsverträge dargestellt, könnte das Dienstvertragsrecht gemäß §§ 611 ff. BGB die geeignete Vertragsart sein, um agile Projekte zu typologisieren.[365] Argumentiert wird hierbei insbesondere damit, dass bei agilen Projekten gerade nicht ein vorab festgelegter Werkerfolg definierbar ist.[366] Vielmehr ist die Leistung des Programmierers als vertraglich geschuldete Tätigkeit zu berücksichtigen, sodass diese hierbei im Fokus der Softwareerstellung steht.[367]

Im Rahmen des Werkvertrages wurde festgestellt, dass dieser mehr Risiko für den Auftragnehmer birgt.[368] In Bezug auf die Risikoverteilung ist der Dienstvertrag jedoch ein Vertragstyp zu Gunsten des Auftragnehmers.[369] Bedingt dadurch, dass kein konkreter Werkerfolg definiert wurde, liegt keine detaillierte Spezifikation vor.[370] Das bedeutet, die Fälligkeit der Vergütung ist bereits dann

---

364 Siehe allgemein zum Generalunternehmereinsatz bei Messerschmidt/Voit, *Richter*, I. Teil D. Rn. 183 ff.
365 Siehe bspw. bei *Bortz*, MMR 2018, 287 (289); ablehnend *Frank*, CR 2011, 138 (139 f.); *Hengstler*, ITRB 2012, 113 (116); siehe auch *Hoeren*, NJW 2017, 1587 (1589); *Koch*, ITRB 2010, 114 (119); ablehnend *Lapp*, ITRB 2010, 69 (70); *Schneider*, ITRB 2017, 231; *Schneider*, CR 2016, 634 f.; *Welkenbach*, CR 2017, 639 (642 f.).
366 *Bortz*, MMR 2018, 287 (289); *Fuchs/Meierhöfer/Morsbach/Pahlow*, MMR 2012, 427 (428 f.); *Kühn/Ehlenz*, CR 2018, 139 (141); andere Ansicht *Lapp*, ITRB 2018, 263 (264).
367 Vgl. hierzu auch *Bortz*, MMR 2018, 287 (289).
368 Siehe oben unter **C.III.2.**
369 Redeker Hdb-IT, *Witte*, Teil 1, 1.4, A., Rn. 5; *Hoeren*, NJW 2017, 1587 (1589); *Fuchs/Meierhöfer/Morsbach/Pahlow*, MMR 2012, 427; *Witte*, ITRB 2010, 44 (47).
370 Zu diesem Unterschied zwischen agiler und linearer Programmierung *Fuchs/Meierhöfer/Morsbach/Pahlow*, MMR 2012, 427 (428).

geschuldet, wenn die Programmiertätigkeit erfolgt ist und nicht erst dann, wenn das konkrete Werk entwickelt und im Anschluss hieran durch den Auftraggeber abgenommen wurde.[371] Hinsichtlich des Vergütungsanspruchs sowie der Vergütungsfälligkeit ist das Dienstvertragsrecht daher wesentlich attraktiver für den Auftragnehmer als das Werkvertragsrecht.[372]

Um diese nachteiligen Eigenschaften des Dienstvertrages abzumildern bedürfte es vertraglicher Vereinbarungen zwischen den Parteien. Denkbar wäre zugunsten des Auftraggebers beispielsweise, dass keine sofortige Fälligkeit der Vergütung eintritt, sondern die Vergütung unter einer aufschiebenden Bedingung (§ 158 Abs. 1 BGB) vereinbart wird. Eine solche aufschiebende Bedingung könnte z. B. das Erreichen eines bestimmten Projektfortschritts sein oder auch die Vollendung eines *sprints* (beim SCRUM). Es besteht bei einer solchen Vereinbarung allerdings die Gefahr, dass eine solche aufschiebende Bedingung zur Erreichung eines bestimmten Entwicklungsfortschritts als Kriterium herangezogen wird, um an dieser Erfolgsbezogenheit orientiert das Vorliegen eines Werkvertrages zu begründen. Hieran lässt sich erkennen, dass eine Abgrenzung von Dienst- oder Werkvertrag bei agiler Programmierung im Einzelfall sehr schwierig sein kann.

Einen großen Vorteil für den Auftragnehmer und gleichzeitig einen nicht unwesentlichen Nachteil für den Auftraggeber stellt darüber hinaus das Fehlen der Gewährleistungsrechte beim Dienstvertrag dar.[373] Der Dienstvertrag – wie auch der Gesellschaftsvertrag (§ 705 BGB)[374] – gibt dem Auftraggeber keine Mängelansprüche gegen den Auftragnehmer. Wie bereits im Rahmen des Werkvertragsrechts dargestellt, gibt es lediglich im Falle einer Schlechtleistung „nur" Schadensersatzansprüche.[375] Ein Nachteil für den Auftraggeber ist hierbei allerdings, dass diese verschuldensabhängig sind, wohingegen die Gewährleistungsansprüche bei mangelhafter Leistung verschuldensunabhängig geltend gemacht werden können.[376] Hinzu kommt, dass die verschiedenen Gewährleistungsrechte dem Auftraggeber mehr Handlungsmöglichkeiten gegenüber dem Auftragnehmer geben. Der Auftraggeber ist durch die Gewährleistungsrechte somit nicht

---

371 Vgl. *Witte*, ITRB 2010, 44 (47).
372 Hierzu auch *Witte*, ITRB 2010, 44 (47).
373 Siehe hierzu auch *Lutz/Bach*, BB 2017, 3016.
374 Siehe hierzu unter **C.III.4.**
375 Heussen/Hamm, *Prinz zu Löwenstein*, Teil B, 1. Abschnitt, § 40 Rn. 12; Staudinger, *Peters/Jacoby*, vor § 631 Rn. 25; siehe auch oben unter **C.III.1.**
376 Staudinger, *Peters/Jacoby*, vor § 631 Rn. 25; zur Gewährleistung im Allgemeinen Staudinger, *Peters/Jacoby*, § 633 Rn. 1 ff.; hierzu auch *Schneider*, CR 2003, 317.

nur auf Schadensersatz beschränkt, sondern kann bei mangelhafter Leistung nach seiner Wahl auch Nacherfüllung verlangen oder eine Mangelbeseitigung in Selbstvornahme durchführen. Darüber hinaus hat er die Möglichkeit zur Minderung der Vergütung oder zum Rücktritt vom Vertrag.

Im Werkvertragsrecht stellt die Abnahme (§ 640 BGB) einen zentralen Moment für Werkunternehmer und Besteller dar.[377] Mit der Abnahme wird nicht nur die Vergütung fällig, § 641 BGB.[378] Vielmehr geht u. a. auch die Gefahr vom Werkunternehmer auf den Besteller über, §§ 644, 645 BGB.[379] Einen vergleichbar relevanten Zeitpunkt gibt es im Dienstvertrag nicht. Folge dessen ist zum einen die bereits beschriebene sofortige Fälligkeit der Vergütung nach Erbringung der Leistung. Zum anderen beinhaltet der Dienstvertrag keine Regelungen zur Gefahrtragung entsprechend §§ 644, 645 BGB. Sofern der Auftraggeber daher eine Gefahrtragung des Auftragnehmers bis zu einem bestimmten Moment wünscht, ist dies zwischen den Parteien vertraglich zu vereinbaren. Auch diesbezüglich besteht jedoch wieder die Gefahr, dass eine „Erweiterung" des Dienstvertrages um Elemente, die typprägend für das Werkvertragsrecht sind, dazu führen kann, dass der Vertrag insgesamt als Werkvertrag ausgelegt wird.

Für die Annahme eines Dienstvertrages spricht auf den ersten Blick beispielsweise, wenn eine Vergütung in festen Zeitabständen erfolgt. Sollten die Parteien beispielsweise die Vergütung nach Vollendung eines jeden Sprints vereinbaren, könnte dieser Zahlungsrhythmus den üblichen Zahlungsgepflogenheiten des Dienstvertrages entsprechen. Trotzdem ist eine Zahlung in festen Zeitabständen bei näherer Betrachtung kein überzeugendes Argument zugunsten des Dienstvertrages. Eine entsprechende Parteivereinbarung kann gleichermaßen konträr als erfolgsbezogene Vergütung verstanden werden: nach Abschluss eines jeden *Sprints* erfolgt die Vergütung dieses *Sprints*. Interpretiert man die wiederkehrenden Zahlungen in festen Zeitabständen daher in letztgenannter Art, wäre abermals das Werkvertragsrecht aufgrund der Erfolgsbezogenheit näher. Sieht man hingegen die Zahlung losgelöst vom jeweils durchgeführten *Sprint*, überzeugt das Dienstvertragsrecht, da die Vergütung dann nicht in Abhängigkeit zur Durchführung des *Sprints* steht.

Darüber hinaus überzeugt dieses Argument aus weiteren Gründen nicht: zum einen ist eine Vergütung nach festen Zeitabständen eine Zahlungsweise, die typischerweise bei Dauerschuldverhältnissen vorkommt. Nur beispielhaft genannt

---

377 Zu den Wirkungen der Abnahme ausführlich MüKoBGB, *Busche,* § 640 Rn. 51 ff.
378 Siehe hierzu vorstehend.
379 MüKoBGB, *Busche,* § 640 Rn. 51.

sei der Mietvertrag, der insbesondere in der besonderen Ausformung des Wohnraummietvertrages in § 556b Abs. 1 BGB den Zeitpunkt der Mietfälligkeit regelt. Ein Softwareentwicklungsvertrag ist jedoch kein Dauerschuldverhältnis.[380] Vielmehr handelt es sich hierbei um einen *komplexen Langzeitvertrag*.[381] Es ist daher nicht bloß die Regelmäßigkeit der Zahlungen heranzuziehen, sondern gleichermaßen das hinter der Vergütung stehende Gesamtgefüge. Die Vergütung eines solchen Langzeitvertrages ist wie der zugrundeliegende Vertrag häufig selbst *komplex*.[382]

Zum anderen ist eine Vergütung nach Zeitaufwand kein Merkmal, welches ausschließlich dem Dienstvertrag vorbehalten ist. Wie bereits benannt, ist durch den *Bundesgerichtshof* auch im Rahmen eines Werkvertrags die Vergütung nach Zeitaufwand anerkannt worden.[383] In einem solchen Fall zahlt der Auftraggeber jedoch an den Auftragnehmer auf Grundlage eines Vertrages, der einen konkreten Werkerfolg voraussetzt. Beim Dienstvertrag zahlt der Auftraggeber nach Zeitaufwand, ohne dass eine Verpflichtung des Auftragnehmers besteht ein konkret definiertes Werk zu schaffen. Das Risiko des Auftraggebers trotz Zahlung nicht die gewünschte Software zu erhalten ist somit beim Dienstvertrag mangels vorab definierten Programmierungserfolgs höher. Allein aufgrund der Zahlungsweise in regelmäßigen Abständen auf das Vorliegen eines Dienstvertrages zu schließen überzeugt daher nicht.

Darüber hinaus ist bei einer Ausgestaltung als Dienstvertrag zu bedenken, dass auch eine mögliche Anwendbarkeit der Regelungen des *Arbeitnehmerüberlassungsgesetzes (AÜG)* zu berücksichtigen ist.[384] Wenn der Softwareentwicklungsvertrag zwischen Auftraggeber und Auftragnehmer einen Dienstvertrag darstellt, besteht ein erhöhtes Risiko, dass das Vertragsverhältnis als Arbeitnehmerüberlassung ausgelegt wird.[385] Während einer Softwareentwicklung unter SCRUM beteiligt sich auch der Auftraggeber in erhöhtem Maß an der Entwicklung. Anders als bei klassischer Softwareentwicklung erfolgt daher keine isolierte Kooperation von Auftragnehmer und seinem Entwicklungsteam. Es findet auch eine unmittelbare Zusammenarbeit von Auftraggeber und Entwicklungsteam statt. Der Auftraggeber ist interessiert daran die Fertigkeiten und Kenntnisse

---

380 *Nicklisch*, in: Nicklisch, Der komplexe Langzeitvertrag (1987), S. 18.
381 *Nicklisch*, in: Nicklisch, Der komplexe Langzeitvertrag (1987), S. 18.
382 *Nicklisch*, in: Nicklisch, Der komplexe Langzeitvertrag (1987), S. 20.
383 BGH, Urt. v. 25.03.1993, Az. X ZR 17/92 = NJW 1993, 1972.
384 Siehe hierzu ausführlich *Heise/Friedl*, NZA 2015, 129.
385 *Heise/Friedl*, NZA 2015, 129 (135).

der Entwickler für sich zu nutzen.[386] Zu beachten ist bei dieser Kooperation von Auftraggeber und Entwicklungsteam jedoch, dass der Auftraggeber[387] sich gegenüber den Mitarbeitern des Auftragnehmers nicht „wie ein Arbeitgeber" verhält.[388] Hierzu zählt insbesondere die Erteilung von Weisungen entsprechend § 106 GewO.[389] Es ist diesbezüglich nennenswert, dass einseitige Weisungsbefugnisse nicht mit dem kooperativen Ansatz von SCRUM vereinbar sind.[390] SCRUM verzichtet auf hierarchische Strukturen, die einer einseitigen Weisungsbefugnis (bspw. § 106 GewO) notwendigerweise zugrunde liegen.

Anders sind nach Auffassung des *Bundesarbeitsgerichts* jedoch solche Weisungen zu beurteilen, die sich auf das konkrete Werk begrenzen.[391] Der Auftraggeber ist zur Weisung ermächtigt, solange seine Weisungen „*auf das konkrete Werk*"[392] bezogen bleiben und nicht die Art und Weise oder die Umstände der Arbeitsleistung zur Herstellung des Werkes betreffen.[393] Der Auftraggeber ist somit nicht komplett ohne Weisungsrechte gegenüber dem Auftragnehmer sowie dessen Erfüllungsgehilfen.[394] Nach Auffassung des *Bundesarbeitsgerichts* und des *Landesarbeitsgerichts Hamm* ist eine Arbeitnehmerüberlassung sogar gänzlich ausgeschlossen, wenn die Weisungen des Auftraggebers nicht über das konkrete Werk hinausgehen.[395]

Nach allgemeiner Auffassung erfolgt die Vertragstypologisierung eines Softwareentwicklungsvertrages durch Auslegung der Parteivereinbarungen.[396] Gerade bei einer agilen Softwareentwicklung unter Einsatz von SCRUM ist darauf zu achten, dass sich vertragliche Vereinbarungen und tatsächliche Durchführung nicht wesentlich voneinander unterscheiden.[397] Dies gilt insbesondere,

---

386 *Heise/Friedl*, NZA 2015, 129 (135).
387 Hierzu zählen alle Personen und Mitarbeiter des Auftraggebers, die Entscheidungs- und Führungskompetenzen haben, vgl. *Heise/Friedl*, NZA 2015, 129 (132).
388 *Heise/Friedl*, NZA 2015, 129 (132).
389 *Heise/Friedl*, NZA 2015, 129 (132 f.).
390 *Fuchs/Meierhöfer/Morsbach/Pahlow*, MMR 2012, 427 (429) stellen eine Kompetenz zur Weisungserteilung sogar gänzlich in Frage; zur Weisungsgebundenheit und einem Weisungsrecht bei SCRUM auch *Kühn/Wulff*, CR 2018, 417 (419 f.).
391 *Heise/Friedl*, NZA 2015, 129 (133 f.) m. w. N.
392 Siehe hierzu LAG Hamm, Urt. v. 24.07.2013, Az. 3 Sa 1749/12; *Heise/Friedl*, NZA 2015, 129 (134) m. w. N.
393 *Heise/Friedl*, NZA 2015, 129 (134) m. w. N.
394 *Heise/Friedl*, NZA 2015, 129 (134) m. w. N.
395 BAG, Urt. v. 18.01.2012, Az. 7 AZR 723/10; LAG Hamm, Urt. v. 24.07.2013, Az. 3 Sa 1749/12.
396 *Heise/Friedl*, NZA 2015, 129 (132).
397 *Heise/Friedl*, NZA 2015, 129 (133).

wenn man die Entscheidung des *Landesarbeitsgerichts Baden-Württemberg*[398] heranzieht. Hiernach sind nicht nur die Vereinbarungen der Parteien maßgeblich für die Beurteilung des zugrundeliegenden Vertragsverhältnisses, sondern auch die praktische Durchführung dieser Vereinbarungen.[399] Sollte SCRUM daher in praktischer Abweichung von den vertraglichen Vereinbarungen durchgeführt werden, könnte trotz dieser Vereinbarungen bei Vorliegen entsprechender Anhaltspunkte eine Arbeitnehmerüberlassung vorliegen.[400]

Die Gefahr, dass der Softwareentwicklungsvertrag in eine Arbeitnehmerüberlassung umgedeutet wird, ist bei einem Dienstvertrag somit wesentlich höher als bei einem Werkvertrag.[401] Der Dienstvertrag und die Arbeitnehmerüberlassung weisen eine *„typologische Nähe"* auf.[402] Sollten die Vertragsparteien die Durchführung auf Grund eines Dienstvertrages wünschen, ist folglich eine sorgfältige Vertragsgestaltung im Hinblick auf die Anwendbarkeit des Arbeitnehmerüberlassungsgesetzes vorzunehmen.[403] Diese Vereinbarungen sind vor dem Hintergrund der Rechtsauffassung des *Landesarbeitsgerichts Baden-Württemberg* dann sorgfältig umzusetzen.[404]

Dies alles berücksichtigend würde eine dienstvertragliche Typologisierung – im Unterschied zur werkvertraglichen Einordnung – somit überwiegend zu Lasten des Auftraggebers gehen.[405] Das Fehlen von Gewährleistungsrechten und die sofortige Fälligkeit der Vergütung sind für den Auftraggeber Nachteile gegenüber dem Werkvertragsrecht. Entsprechende Vereinbarungen wären bei Abschluss eines Dienstvertrages gesondert zu treffen, wobei die bereits aufgezeigte Gefahr besteht, dass der Dienstvertrag aufgrund dieser gesonderten *„werkvertragstypischen"* Vereinbarungen insgesamt dem Werkvertragsrecht unterstellt wird.

Das Dienstvertragsrecht erscheint lediglich dann geeigneter Vertragstyp zu sein, wenn es lediglich auf die Dienstleistung an sich ankommt, d.h. eine Art Wissens- oder Dienstleistungstransfer stattfinden soll.[406] Darüber hinaus kann

---

398 LAG Baden-Württemberg, Urt. v. 01.08.2013, Az. 2 Sa 6/13 = NZA 2013, 1017.
399 LAG Baden-Württemberg, Urt. v. 01.08.2013, Az. 2 Sa 6/13 = NZA 2013, 1017; hierzu auch *Heise/Friedl*, NZA 2015, 129.
400 *Heise/Friedl*, NZA 2015, 129 (132); aaO. (135).
401 Zur Abgrenzung von Arbeitnehmerüberlassungsvertrag und Werkvertrag ausführlich Schüren/Hamann, *Hamann*, § 1 Rn. 117 ff.; *Heise/Friedl*, NZA 2015, 129 (135).
402 *Heise/Friedl*, NZA 2015, 129 (135).
403 Siehe mit ausführlichem Rat hierzu auch *Heise/Friedl*, NZA 2015, 129.
404 *Heise/Friedl*, NZA 2015, 129 (135).
405 *von Schenck*, MMR 2019, 139.
406 *Wenn*, jurisPR-ITR, 24/2017, Anm. 2 unter D.

die Anwendbarkeit des Arbeitnehmerüberlassungsgesetzes bei unsorgfältiger Vertragsgestaltung oder abweichender praktischer Durchführung zum Fallstrick für die Vertragsparteien werden. Auch die hiermit verbundenen Folgen einer Anwendbarkeit des Arbeitnehmerüberlassungsgesetzes müssen die Parteien somit berücksichtigen.[407]

Insbesondere wenn sich aus den Parteivereinbarungen ergeben sollte, dass eine Erfolgsbezogenheit der Leistung angestrebt wird, erscheint das Dienstvertragsrecht ungeeignet.[408] In einem solchen Fall ist das Werkvertragsrecht anzuwenden.[409]

4. Gesellschaftsvertrag, § 705 BGB

Weiterhin wird versucht, den agilen Softwareentwicklungsvertrag über die Vorschriften der Gesellschaft bürgerlichen Rechts gemäß §§ 705 ff. BGB zu typologisieren.[410]

Bei der Typologisierung des Softwareentwicklungsvertrages argumentieren die Befürworter des Gesellschaftsvertrages vor allem damit, dass die Erstellung der Software durch intensive gemeinsame Planungs- und Entwicklungsarbeiten, d.h. durch kooperatives Zusammenwirken von Auftraggeber und Auftragnehmer während des Projektzeitraumes, erfolgt.[411] Eine Typologisierung als Gesellschaftsvertrag (etwa in der Form einer Gelegenheitsgesellschaft)[412] würde somit

---

407 Mit Empfehlungen hierzu *Heise/Friedl*, NZA 2015, 129.
408 *Wenn*, jurisPR-ITR, 24/2017, Anm. 2 unter D.; *Fuchs/Meierhöfer/Morsbach/Pahlow*, MMR 2012, 427 (430).
409 Siehe hierzu oben unter **C.III.2.**
410 *Kühn/Ehlenz*, CR 2018, 139 (142); *Heise/Friedl*, NZA 2015, 129 (136 f.); kritisch *Fuchs/ Meierhöfer/Morsbach/Pahlow*, MMR 2012, 427 (430); ausführlich hierzu *Frank*, CR 2011, 138 (139); *Lapp*, ITRB 2010, 69 (70); *Koch*, ITRB 2010, 114 (119); *Kremer*, ITRB 2010, 283 (288); für das sog. Prototyping empfiehlt *Söbbing* die Ausgestaltung eines BGB-Gesellschaftsvertrages, MMR 2010, 222 (226 f.).
411 *Hoeren*, NJW 2017, 1587 (1589); so bspw. bei *Heise/Friedl*, NZW 2015, 129 (136); kritisch *Fuchs/Meierhöfer/Morsbach/Pahlow*, MMR 2012, 427 (430); *Frank*, CR 2011, 138 (139); *Lapp*, ITRB 2010, 69 (70); LG Wiesbaden, Urt. v. 30.11.2016, Az. 11 O 10/15 = MMR 2017, 561 sieht hingegen bei agiler Programmierung (SCRUM) keinen Anlass von den üblichen Verantwortungsbereichen abzusehen, d. h. Ausführungshoheit des AN und Konzeptionshoheit des AG (siehe hierzu auch schon unter **B.III.**); hierzu auch *Kremer*, ITRB 2010, 283 (286) m. w. N.
412 Zur Gelegenheitsgesellschaft siehe MüKoBGB, *Schäfer*, § 705 Rn. 26; *Fuchs/Meierhöfer/Morsbach/Pahlow*, MMR 2012, 427 (430).

das dritte Grundprinzip des *Agilen Manifests* (*„Zusammenarbeit mit dem Kunden mehr als Vertragsverhandlung"*) unterstreichen.[413]

Die Entwicklung einer Software stellt das gemeinsame Ziel des Entwicklungsprozesses und hinsichtlich des Gesellschaftsvertrages den *„gemeinsamen Zweck"* dar, den § 705 BGB fordert.[414] Auftraggeber und Auftragnehmer werden durch einen Gesellschaftsvertrag zu (regelmäßig gleichberechtigten) Gesellschaftern, vgl. § 705 BGB. Fraglich ist dabei allerdings, ob eine Kooperation zur Softwareentwicklung ausreichend ist, um einen gemeinsamen Zweck im Sinne des § 705 BGB darzustellen.[415]

Wie bereits dargestellt, ist die agile Programmierung unter Einsatz von SCRUM auf Kooperation und Zusammenarbeit von Auftraggeber und Auftragnehmer ausgelegt und setzt diese zwingend voraus.[416] Es wird vertreten, dass es gewichtigere Argumente erfordert, um die (konkludente) Gründung einer BGB-Gesellschaft zu bewirken.[417] Dies gilt insbesondere dann, wenn Auftraggeber und Auftragnehmer nicht „auf Augenhöhe"[418] kooperieren und es folglich an einer Gleichberechtigung fehlt. Nennenswert ist allerdings, dass § 705 BGB selbst keine Ansprüche an diesen gemeinsamen Zweck stellt. Ausreichend für diesen „gemeinsamen Zweck" ist jeder erlaubte, dauernde oder vorübergehende Zweck, sofern er irgendwie durch vermögenswerte Leistungen gefördert werden kann.[419] Auch ideelle Zwecke werden hiervon umfasst.[420] Die Herstellung einer Sache als gemeinsamer Leistungserfolg der Gesellschafter kann bereits als *gemeinsamer Zweck* genügen.[421] Auch eine einmalige Zusammenarbeit hindert hieran nichts.[422] Die Vereinbarung zur kooperativen Entwicklung einer Software kann somit ohne Weiteres ausreichend sein, um einen „gemeinsamen Zweck" gemäß § 705 BGB darzustellen.

---

413 *Frank*, CR 2011, 138 f.; *Heise/Friedl*, NZA 2015, 129 (136 f.); eine Übersicht der Prinzipien des Agilen Manifests finden sich unter https://agilemanifesto.org/iso/de/manifesto.html (zul. abgerufen am 24.11.2019).
414 Kritisch hierzu *Hoeren*, NJW 2017, 1587 (1589); siehe auch *Heise/Friedl*, NZW 2015, 129 (136); *Lapp*, ITRB 2010, 69 (70).
415 *Fuchs/Meierhöfer/Morsbach/Pahlow*, MMR 2012, 427 (430).
416 Siehe oben unter **B.III.1.**
417 *Hoeren*, NJW 2017, 1587 (1589); *Fuchs/Meierhöfer/Morsbach/Pahlow*, MMR 2012, 427 (430).
418 *Fuchs/Meierhöfer/Morsbach/Pahlow*, MMR 2012, 427 (430).
419 MüKoBGB, *Schäfer*, § 705 Rn. 144; vgl. Staudinger, *Reuter*, § 705 Rn. 18.
420 MüKoBGB, *Schäfer*, § 705 Rn. 144; vgl. Staudinger, *Reuter*, § 705 Rn. 18.
421 MüKoBGB, *Schäfer*, § 705 Rn. 144.
422 MüKoBGB, *Schäfer*, § 705 Rn. 144.

Weiterhin könnte gegen die Annahme eines Gesellschaftsvertrages der rechtliche Charakter des (Software-)Entwicklungsvertrages sprechen: Ein Softwareentwicklungsvertrag ist auf einen Leistungsaustausch gerichtet.[423] Es wird vertreten, dass die Normen der bürgerlichen Gesellschaft gemäß §§ 705 ff. BGB nicht heranzuziehen sind, wenn der Leistungsaustausch die Elemente des Gesellschaftsvertrags überlagert.[424] Von einem solchen „Überlagern" ist beispielsweise dann auszugehen, wenn man die Produktvision als ausreichend definierten Erfolg ansieht und in der Folge eine Anwendbarkeit des Werkvertragsrechts möglich wäre. Allerdings ist diesbezüglich zu berücksichtigen, dass die Vereinbarung eines möglichen Leistungsaustausches zwischen den Parteien nicht zwangsläufig die Anwendbarkeit des Gesellschaftsrechts ausschließt. Vielmehr sind die konkreten Vereinbarungen im Einzelfall zu berücksichtigen.

Aus diesen Vereinbarungen kann sich bei entsprechender Ausgestaltung im Einzelfall ergeben, dass zwischen den Parteien zwar Leistungen ausgetauscht werden sollen, aber die Parteien trotzdem eine gesellschaftsvertragliche Verbindung anstreben. Es bleibt zu berücksichtigen, dass der Softwareentwicklungsvertrag ein *komplexer Langzeitvertrag* ist, der über den reinen (punktuellen) Austausch von Leistungen hinaus geht. Ein solcher *komplexer Langzeitvertrag* entspricht eher einer *relational transaction*, bei welcher die Parteien rechtlich wesentlich enger verbunden sind als bei einem bloßen Austausch ihrer Leistungen (sog. *discrete contracts*).[425] Für diese notwendige Nähe- und Vertrauensbeziehung der Vertragsparteien spricht auch der unvermeidbare Wissensaustausch zwischen Auftraggeber und Auftragnehmer. Im Rahmen einer kooperativen Zusammenarbeit ist es unumgänglich, dass sich die Vertragsparteien über betriebsinterne Abläufe und vertrauliche Informationen austauschen. Im Regelfall werden zur Sicherung der Vertraulichkeit dieses Wissensaustauschs Vertraulichkeitsvereinbarungen unterzeichnet.[426] Dass bei einer Softwareentwicklung ein Austausch von Leistungen (hier: die Programmiertätigkeit) gegen Geld erfolgt, spricht im Übrigen nicht gegen das Vorliegen eines *komplexen Langzeitvertrages*.[427] Der Leistungsaustausch zwischen den Projektparteien bewirkt somit nicht automatisch, dass das Gesellschaftsrecht ausgeschlossen ist.

---

423 Bräutigam, *Bräutigam*, Teil 13, B. Rn. 167; *Fuchs/Meierhöfer/Morsbach/Pah-low*, MMR 2012, 427 (430).
424 MüKoBGB, *Schäfer*, Vor § 705 Rn. 104.
425 *Nicklisch*, in: Nicklisch, Der komplexe Langzeitvertrag (1987), S. 18 m. w. N.
426 Vgl. hierzu *Lapp*, ITRB 2010, 69 (71).
427 *Nicklisch*, in: Nicklisch, Der komplexe Langzeitvertrag (1987), S. 20.

Denkbar ist ein gesellschaftsrechtlicher Ansatz insbesondere in Entwicklungsbereichen, bei denen eine Realisierbarkeit der skizzenhaften Anforderungen an die zu entwickelnde Software nicht abgesehen werden kann.[428] Es erscheint plausibel, dass sich Auftraggeber und Auftragnehmer bei fehlender Absehbarkeit eines Entwicklungserfolges in Form einer BGB-Gesellschaft binden und gemeinsam das Projekt (bspw. ein Pilotprojekt) durchführen.[429] Hierbei liefert der Auftraggeber beispielsweise die Ideen und den ersten technischen Ansatz. Der Auftragnehmer hingegen verfügt über das technische Know-How zur Umsetzung der entsprechenden schemenhaften Ansätze und über die nötigen Kapazitäten (Personal, Hard- und Software, u.a.) zu dieser Umsetzung. Die zu erbringenden Beiträge der einzelnen Gesellschafter können völlig unterschiedlich sein.[430] Bei der Vereinbarung der Beiträge haben die Gesellschafter einen großen Gestaltungsspielraum.[431] Naheliegend ist die Annahme eines Gesellschaftsvertrages folglich insbesondere, wenn die Parteien während der Entwicklung gleichrangige Partner sein sollten.[432]

Durch den Gesellschaftsvertrag treffen die Gesellschafter die festgelegten Gesellschafterpflichten, vgl. §§ 706 ff. BGB.[433] Im Rahmen einer Softwareentwicklung auf Grundlage eines Gesellschaftsvertrages ist die Hauptpflicht der Gesellschafter die Mitwirkung am Projekt.[434] Hierzu zählt insbesondere die (Mit-)Entscheidung durch verbindliche Aussagen, die Teilnahme an gemeinsamen Treffen sowie eine Protokollierungs- und Berichtspflicht.[435] Die Pflichten der jeweiligen Gesellschafter sind im Einzelfall anhand der Vereinbarungen der Vertragsparteien zu ermitteln, §§ 133, 157 BGB.

Gegen den Gesellschaftsvertrag spricht aus Auftraggebersicht, dass er sich im Falle einer mangelhaften Software, d.h. im Falle einer Schlechtleistung, an den Auftragnehmer wenden möchte.[436] Das ist jedoch bei einer Ausgestaltung des

---

428 Bräutigam, *Bräutigam*, Teil 13, B. Rn. 167.
429 Vgl. Bräutigam, *Bräutigam*, Teil 13, B. Rn. 167; *Frank*, CR 2011, 138 (139).
430 MüKoBGB, *Schäfer*, § 706, Rn. 10 ff.
431 MüKoBGB, *Schäfer*, § 706, Rn. 10 ff.
432 Bräutigam, *Bräutigam*, Teil 13, B. Rn. 167; *Frank*, CR 2011, 138 (139); vgl. dazu auch *Hoeren*, NJW 2017, 1587 (1589).
433 Siehe für Empfehlungen zur Ausgestaltung von Gesellschafterpflichten *Frank*, CR 2011, 138 (139)
434 *Heise/Friedl*, NZA 2015, 129 (136).
435 *Frank*, CR 2011, 138 (139).
436 dazu auch *Frank*, CR 2011, 138 (139); *Fuchs/Meierhöfer/Morsbach/Pahlow*, MMR 2012, 427 (430).

Vertrages als bürgerlich-rechtliche Gesellschaft überhaupt nicht möglich, da die §§ 705 ff. BGB keine Mängelgewährleistung ermöglichen.[437] Individualvertraglich sind von den Vertragsparteien bei der Ausgestaltung des Gesellschaftsvertrages nur die allgemeinen Grenzen der Vertragsgestaltung zu berücksichtigen. Der Auftraggeber kann somit bei der Ausgestaltung des Gesellschaftsvertrages dafür Sorge tragen, dass ihm im Falle mangelhafter Leistung entsprechende „Mängelrechte" eingeräumt werden.[438] Im Übrigen verbleibt es bei Pflichtverletzungen des Auftragnehmers beim gesetzlichen Schadensersatzrecht. Ein Fehlen von Gewährleistungsrechten stellt den Auftraggeber daher nicht gänzlich anspruchslos. Es entfällt bloß die verschuldensunabhängige Einstandspflicht des Auftragnehmers.[439]

Überzeugend erscheint aus Sicht des Auftraggebers ebenfalls nicht, dass die erstellte Software nach gesetzgeberischem Grundgedanken in das gemeinsame Gesellschaftsvermögen (Gesamthandsvermögen) übergeht,[440] § 718 BGB. Dem ist jedoch zum einen entgegenzuhalten, dass § 718 BGB dispositiv ist, d.h. die Vorschrift kann durch vertragliche Vereinbarung abbedungen oder modifiziert werden.[441] Auch diesbezüglich obliegt dem Auftraggeber die geschickte Ausgestaltung des Gesellschaftsvertrages, um die für ihn nachteiligen Vorschriften des Gesellschaftsvertrages durch geeignetere Vereinbarungen zu ersetzen.[442]

Zum anderen ist diesbezüglich jedoch nennenswert, dass die Software bloß dann in das Gesamthandsvermögen der BGB-Gesellschaft fällt, wenn diese als BGB-*Außen*gesellschaft ausgestaltet sein sollte.[443] Die BGB-*Außen*gesellschaft stellt ein eigenes Rechtssubjekt dar, welches mit eigenen Rechten und Pflichten am Rechtsverkehr teilnimmt.[444] 2001 wurde durch den *Bundesgerichtshof* entschieden, dass die BGB-*Außen*gesellschaft (teil-)rechtsfähig ist.[445] Bei einer BGB-Gesellschaft zur Softwareentwicklung ist jedoch allenfalls von der Gründung einer BGB-*Innen*gesellschaft auszugehen. Die BGB-*Innen*gesellschaft tritt nicht nach außen auf, bildet somit keine eigene Rechtspersönlichkeit und ist – anders

---

437 *Frank*, CR 2011, 138 (139).
438 *Frank*, CR 2011, 138 (139).
439 *Frank*, CR 2011, 138 (139).
440 hierzu *Frank*, CR 2011, 138 (139); hierzu auch *Fuchs/Meierhöfer/Morsbach/Pahlow*, MMR 2012, 427 (430); *Heise/Friedl*, NZW 2015, 129 (136).
441 MüKoBGB, *Schäfer*, § 718, Rn. 10; vgl. *Frank*, CR 2011, 138 (139).
442 dazu auch *Frank*, CR 2011, 138 (139).
443 MüKoBGB, *Schäfer*, § 718 Rn. 10 f.
444 BGH, Urt. v. 29.01.2001, Az. II ZR 331/00 = BGHZ 146, 341 = BGH, NJW 2001, 1056.
445 BGH, Urt. v. 29.01.2001, Az. II ZR 331/00 = BGHZ 146, 341 = BGH, NJW 2001, 1056.

als die BGB-Außengesellschaft – nicht (teil-)rechtsfähig.[446] Gegenüber Dritten tritt somit bloß ein Gesellschafter der BGB-*Innen*gesellschaft im eigenen Namen auf.[447] Anders als bei der BGB-*Außen*gesellschaft verpflichtet dieser nach außen auftretende Gesellschafter die übrigen Gesellschafter nicht gegenüber Dritten.[448] Mangels (Teil-)Rechtsfähigkeit bildet die BGB-Innengesellschaft somit auch kein Gesamthandsvermögen.[449] Die entwickelte Software fällt daher nicht in ein Gesamthandsvermögen.

Dies berücksichtigend entstehen auch keine Probleme bei einer Beendigung dieser BGB-*Innen*gesellschaft.[450] Bei Beendigung der BGB-*Außen*gesellschaft erfolgt eine sog. Auseinandersetzung (§ 730 ff. BGB), d.h. das Gesellschaftsvermögen wird bei Fehlen anderslautender Vereinbarungen gemäß den §§ 730 ff. BGB verwertet. Denknotwendig entfällt eine solche Auseinandersetzung jedoch in den Fällen, in denen erst gar kein Gesamthandsvermögen entstanden ist.[451] Die §§ 730 ff. BGB sind somit bei BGB-Innengesellschaften nur vereinzelt anwendbar.[452]

Bedenken ergeben sich auch nicht unter dem Gesichtspunkt der persönlichen Gesellschafterhaftung, da die BGB-Innengesellschaft nicht rechtsfähig ist. § 128 HGB ist analog nur für rechtsfähige Personengesellschaften anwendbar,[453] da die Vorschrift eine Haftung der Gesellschafter für *„Verbindlichkeiten der Gesellschaft"* vorschreibt. Ohne Rechtsfähigkeit kann die BGB-Innengesellschaft keine Verbindlichkeiten eingehen, sodass § 128 HGB analog nicht anwendbar ist.

Zusammengefasst ist daher festzuhalten, dass es nicht abwegig erscheint einen Gesellschaftsvertrag als geeignete Vertragsart einer agilen Softwareentwicklung anzusehen.[454] Aus dogmatischen Aspekten ist diese Ansicht nach diesseitigem Verständnis auch nicht abzulehnen, weil hierdurch die Schwelle des in § 705 BGB vorausgesetzten *„gemeinsamen Zweckes"* herabgesetzt werden könnte. Der gemeinsame Zweck des § 705 BGB ist weit gefasst, sodass es keine Probleme

---

446 MüKoBGB, *Schäfer,* § 705 Rn. 275 ff.
447 MüKoBGB, *Schäfer,* § 705 Rn. 279.
448 MüKoBGB, *Schäfer,* § 705 Rn. 276, 279.
449 MüKoBGB, *Schäfer,* § 705 Rn. 276; MüKoBGB, *Schäfer,* § 718 Rn. 10.
450 *Kremer,* ITRB 2010, 283 (288) empfiehlt die Vermeidung eines Gesellschaftsvertrages, um unerwünschte Auswirkungen einer Auseinandersetzung zu vermeiden.
451 Siehe hierzu MüKoBGB, *Schäfer,* § 730 Rn. 6.
452 Siehe hierzu MüKoBGB, *Schäfer,* § 730 Rn. 6.
453 MüKoHGB, *Schmidt,* § 128 Rn. 4.
454 *Fuchs/Meierhöfer/Morsbach/Pahlow,* MMR 2012, 427 (430 f.); *Hengstler,* ITRB 2012, 113 (115).

bereitet insbesondere umfangreichere Projekt (gerade in Entwicklungsbereichen durch Kooperation mehrerer Unternehmen) als Gesellschaftsvertrag auszugestalten. Auch die kurzen Laufzeiten von SCRUM-Projekten hindern eine Anwendbarkeit des Gesellschaftsrechts nicht.[455]

Der Gesellschaftsvertrag ist trotz seiner vorstehend aufgezeigten Eignung häufig nicht unbedingt gewollter Vertragstyp der Vertragspartner.[456] Die Gründe hierfür sind unter anderem steuerrechtlicher Natur.[457] Bei entsprechender Ausgestaltung der Parteivereinbarungen kann das konkludente Entstehen einer BGB-Gesellschaft jedoch die Folge sein, auch wenn die Parteien dies nicht bedacht haben sollten.

Es ist somit bei der Vertragsgestaltung stets zu beachten, dass eine Typologisierung als Gesellschaftsvertrag in Form einer Gelegenheitsgesellschaft oder einer stillen Gesellschaft des bürgerlichen Rechts erfolgen kann.[458]

5. Zusammenfassung

Unter Berücksichtigung der umfassenden Rechtsansichten bezüglich agiler Softwareentwicklungsverträge, die in diesem Abschnitt der Arbeit dargestellt wurden, darf im Rahmen dieser Zusammenfassung zunächst festgehalten werden, dass die Agilität des Programmiervorgangs ganz offensichtlich zu kreativen Lösungsansätzen in der juristischen Literatur und den rechtlichen Diskussionen angeregt hat.[459] Ein Grund hierfür scheint nach Ansicht des Verfassers vor allem zu sein, dass der Begriff „agile" für viele mangels halbwegs einheitlicher Definition (noch) nicht vollumfänglich greifbar ist und deshalb zu Unsicherheiten in der rechtlichen Betrachtung führt.[460]

---

455 *Heise/Friedl*, NZA 2015, 129 (136).
456 *Kremer*, ITRB 2010, 283 (288) m. w. N.; *Lapp*, ITRB 2010, 69 (70).
457 *Lapp*, ITRB 2010, 69 (70).
458 Zur Gelegenheitsgesellschaft MüKoBGB, *Schäfer*, § 705 Rn. 26; zur stillen Gesellschaft des bürgerlichen Rechts MüKoBGB, *Schäfer*, § 705 Rn. 286 ff.
459 *Frank*, CR 2011, 138 äußert diesbezüglich sein Unverständnis, da die Konstellationen, bei denen Unwissenheit über das Ergebnis und der Wunsch nach umfassender Vertragsgestaltung bestehen, auch aus anderen Bereichen bekannt sind und dort zufriedenstellend gelöst werden. Hierbei nennt er insbesondere Forschungs- und Entwicklungsverträge.
460 Siehe hierzu beispielsweise den Beitrag von *Barke/Zehlike* unter dem Titel: „Mit Scrum mehr Chancengleichheit in der Softwareentwicklung", in: projektManagementaktuell, Ausgabe 2.2016, S. 58, wonach selbst innerhalb eines Unternehmens durch jedes Team eigene Interpretationen zu den Regeln agiler Methoden angestellt werden; *von Schenck*, MMR 2019, 139 (140) weist auch darauf hin, dass sie Scrum Leitlinien

Es erscheint fernliegend, einen agilen Softwareentwicklungsvertrag einheitlich für alle denkbaren Einzelfälle typologisieren zu können. Vielmehr ist die Vertragsgestaltung im Einzelfall zu berücksichtigen. Wie vorstehend dargestellt, gibt es überzeugende Argumente für jeden in Betracht kommenden Vertragstypen. Nahezu ausnahmslos lässt sich für jedes Argument zugunsten des einen Vertrages mindestens ein konträres Argument anführen, das einen anderen Vertragstypen geeigneter erscheinen lässt. Das typisch juristische Bestreben danach, einen agilen Softwareentwicklungsvertrag *einheitlich* unter einen Vertragstypen subsumieren zu können, wird jedoch keine abstrakt zufriedenstellenden Lösungen vorbringen können. Die juristische Praxis wird daher bereits bei der kautelarjuristischen Tätigkeit und erst recht in der späteren Rechtsfindung gerade im Hinblick auf agile Projekte ein besonderes Augenmerk auf die vertraglichen Vereinbarungen im jeweiligen Einzelfall legen müssen.

Wie das Urteil des *Landgerichts Wiesbaden* zeigt, wird die Entstehung einer BGB-Gesellschaft vereinzelt überhaupt nicht berücksichtigt.[461] Darüber hinaus scheint ein (Grund-)Verständnis für IT-rechtliche Besonderheiten zu fehlen. In der Berufungsinstanz hat das *Oberlandesgericht Frankfurt/Main* eine ausdifferenzierte Abgrenzung der denkbaren Vertragsarten mangels Entscheidungsrelevanz gar nicht vorgenommen.[462] Eine gerichtliche Positionierung zur vertragstypologischen Einordnung eines agilen Softwareentwicklungsvertrages steht somit derweil noch aus. Einem ersten (allgemeingültigen Grundsatz-)Urteil darf daher weiter mit Spannung entgegengesehen werden.

Die agile Vorgehensweise bewirkt nicht, dass die Vertragstypologisierung gänzlich anders ausfällt als bei linearer Programmierung.[463] Eine vorzugsweise Einordnung agiler Verträge als Werkvertrag kann allerdings nicht in der Deutlichkeit festgestellt werden wie dies bei linearer Softwareentwicklung der Fall ist.[464]

Im Ergebnis bleibt daher bei einer Vertragstypologisierung bloß die Möglichkeit der Entscheidung im Einzelfall. Es ist somit im konkreten Fall anhand der Erklärungen der Parteien auszulegen, ob ein Werk-, Dienst- oder Gesellschaftsvertrag geschlossen wurde.

---

nicht immer exakt eingehalten werden; siehe auch *Kühn/Ehlenz*, CR 2018, 139 (142), wonach SCRUM je nach Entwickler unterschiedlich angewendet wird.
461 LG Wiesbaden, Urt. v. 30.11.2016, Az. 11 O 10/15 = MMR 2017, 561.
462 OLG Frankfurt/M., Urt. v. 17.08.2017, Az. 5 U 152/16 = MMR 2018, 100.
463 Siehe zu linearer Softwareentwicklung unter **C.II.5.**
464 Siehe zu linearer Softwareentwicklung unter **C.II.5.**

IV. Probleme des Werkvertragsrechts

1. Problemstellung im Allgemeinen

Bei einem Vertrag über die lineare Softwareentwicklung nach dem Wasserfallmodell handelt es sich um einen Werkvertrag.[465] Auch eine Softwareentwicklung unter Einsatz agiler Programmierung kann wie vorstehend dargestellt bei entsprechenden Vereinbarungen dem Werkvertragsrecht unterstellt werden.[466]

Problematisch ist hierbei, dass das Werkvertragsrecht die Besonderheiten des IT-Rechts nicht berücksichtigt.[467] Das Werkvertragsrecht ist im Wesentlichen noch in der ursprünglichen Fassung von 1900 ausgestaltet. In den Jahrzehnten seit Inkrafttreten des Bürgerlichen Gesetzbuches wurde das Werkvertragsrecht in der Folge bloß punktuell verändert. Die vorgenommenen Änderungen waren überwiegend dem Bauvertragsrecht zuzuordnen.

Das *Bauhandwerkersicherungsgesetz*[468], welches am 01.05.1993 in Kraft getreten ist, war der erste Ansatz einer Einführung bauvertraglicher Regelungen.[469] Der nächste Schritt sollte durch das taggleich sieben Jahre später, d.h. am 01.05.2000, in Kraft getretene *Gesetz zur Beschleunigung fälliger Zahlungen*[470] gemacht werden.[471] Es schloss sich das *Gesetz zur Modernisierung des Schuldrechts*[472] an, welches für das komplette Schuldrecht, insbesondere Leistungsstörungsrecht und Kaufrecht, erhebliche Änderungen bewirkte.[473] Betroffen war auch das Werkvertragsrecht, wenngleich es nicht im Fokus der Modernisierung stand. Das *Gesetz zur Modernisierung des Schuldrechts* trat am 01.01.2002 in Kraft.[474] Durch die Umstrukturierung und Überarbeitung des Werkvertragsrechts wurden zwangsläufig auch Bauverträge erfasst.[475]

Am 01.01.2009 trat mit dem *Forderungssicherungsgesetz*[476] ein weiteres Gesetz in Kraft, welches bauvertragsrechtliche Probleme lösen

---

465 Siehe oben unter **C.II.5.**
466 Siehe oben unter **C.III.5.**
467 *Hoeren*, NJW 2017, 1587 (1589); mit gleicher Auffassung (bzgl. unzureichender Regelung des Privaten Baurechts) *Kapellmann*, NZBau 2013, 537 (540).
468 BGBl. I 1993 S. 509.
469 ibr-online-Kommentar Bauvertragsrecht, *Kniffka*, Einf. vor § 631 Rn. 10.
470 BGBl. I 2000 S. 330.
471 ibr-online-Kommentar Bauvertragsrecht, *Kniffka*, Einf. vor § 631 Rn. 11.
472 BGBl. I 2001 S. 3138.
473 ibr-online-Kommentar Bauvertragsrecht, *Kniffka*, Einf. vor § 631 Rn. 12.
474 ibr-online-Kommentar Bauvertragsrecht, *Kniffka*, Einf. vor § 631 Rn. 12.
475 Vgl. ibr-online-Kommentar Bauvertragsrecht, *Kniffka*, Einf. vor § 631 Rn. 12.
476 BGBl. I 2008, S. 2022.

sollte.[477] Diesem Ziel wurde das Gesetz jedoch nur bedingt gerecht.[478] Am Ende dieser gesetzgeberischen Lösungsversuche steht aktuell das am 01.01.2018 in Kraft getretene *Gesetz zur Reform des Bauvertragsrechts [...]*[479].[480] Seit dem 01. Januar 2018 beinhaltet das Bürgerliche Gesetzbuch zahlreiche Neuregelungen, die entweder an die Stelle bisheriger Regelungen getreten sind oder aber komplett neu hinzugefügt wurden. Die Reform hat durch die Einführung neuer Vertragstypen mit eigenständigen Regelungen für das Werkvertragsrecht zahlreiche inhaltliche wie auch systematische Veränderungen bewirkt.[481] Ferner wurden durch das Gesetz zur Reform des Bauvertragsrechts auch einige allgemein werkvertragliche Regelungen neu gefasst oder komplett neu hinzugefügt.[482]

---

477 ibr-online-Kommentar Bauvertragsrecht, *Kniffka*, Einf. vor § 631 Rn. 14.
478 Vgl. ibr-online-Kommentar Bauvertragsrecht, *Kniffka*, Einf. vor § 631 Rn. 14.
479 BGBl. I 2017 S. 969; siehe zur Gesetzgebung u. a. Gesetzesentwurf der Bundesregierung, BT-Drucks. 18/8486, S. 1 ff.; sowie Beschlussempfehlung und Bericht des Ausschusses für Recht und Verbraucherschutz (6. Ausschuss), BT-Drucks. 18/11437, S. 1 ff.; siehe zur *Reform des Bauvertragsrechts [...]* weitergehend u.a. bei *Dammert/Lenkeit/Oberhauser/Pause/Stretz*, Das neue Bauvertragsrecht, S. 1 ff.; *Althaus*, NZBau 2019, 15; *Bachem/Bürger*, NJW 2018, 118; *Blomeyer/Zimmermann*, NZBau 2017, 703; *Deckers*, ZfBR 2017, 523; *Dischke/Ritter*, BauR 2018, 727; *Ehrl*, DStR 2017, 2395; *Englert/Englert*, NZBau 2017, 579; *Fuchs*, NZBau 2015, 675; *Glöckner*, VuR 2016, 123; *Glöckner*, VuR 2016, 163; *Grziwotz*, NZBau 2019, 218; *Kapellmann*, NZBau 2017, 635; *Kapellmann/Fuchs*, NZBau 2017, 185; *Karczewski*, NZBau 2018, 328; *Kimpel*, NZBau 2019, 41; *Langen*, NZBau 2015, 658; *Langen*, NZBau 2019, 10; *Langen*, BauR 2019, 303; *Leinemann*, NJW 2017, 3113; *Matthies/Hark*, juris-PrivBauR 5/2019, Anm. 4; *Motzke*, NZBau 2017, 251; *Oberhauser*, NZBau 2019, 3; *Orlowski*, ZfBR 2016, 419; *Pause*, IBR 2017, 1047 (nur online); *Pause*, NZBau 2017, 698; *Pause*, ZfBR 2018, 211; *Pause*, NZBau 2018, 185; *Pionteck*, jM 2018, 403; *Popescu*, BauR 2019, 317; *Putzier*, NZBau 2018, 131; *Reiter*, JA 2018, 161; *Reiter*, JA 2018, 241; *Retzlaff*, NZBau 2019, 29; *Rodemann*, BauR 2019, 374; *Roth-Neuschild*, ITRB 2017, 261; *Ryll*, NZBau 2018, 187; *Schmidt*, NJW-Spezial 2017, 684; *Schmidt*, NJW-Spezial 2018, 236; *Schmidt*, NJW-Spezial 2018, 428; *Schwenker/Wessel*, MDR 2017, 1093; *Tschäpe/Werner*, ZfBR 2018, 215; *Weise*, NJW-Spezial 2018, 300; *Wirwohl*, DS 2017, 233; *Zander*, BWNotZ 2017, 115; *Zimmermann*, BauR 2019, 159.
480 ibr-online-Kommentar Bauvertragsrecht, *Kniffka*, Einf. vor § 631 Rn. 15.
481 Gesetzesentwurf der Bundesregierung, BT-Drucks. 18/8486, S. 7 ff., 24 ff., 46 ff.; siehe hierzu unter anderem *Kimpel*, NZBau 2019, 41; *Reiter*, JA 2018, 161; *Leinemann*, NJW 2017, 3113; *Ehrl*, DStR 2017, 2395; *Schmidt*, NJW-Spezial 2017, 684; *Schwenker/Wessel*, MDR 2017, 1093; *Zander*, BWNotZ 2017, 115; *Orlowski*, ZfBR 2016, 419; *Glöckner*, VuR 2016, 123; *Glöckner*, VuR 2016, 163.
482 Gesetzesentwurf der Bundesregierung, BT-Drucks. 18/8486, S. 46 ff.

2. Problemstellung in Bezug auf Softwareentwicklungsverträge

Das Werkvertragsrecht ist darauf ausgerichtet alle erfolgsbezogenen Verträge zu erfassen.[483] Dieses Merkmal der Erfolgsbezogenheit grenzt den Werkvertrag vom Dienstvertrag ab.[484] Probleme ergeben sich jedoch dann, wenn sich moderne Methoden oder Techniken dem „traditionellen" Werkvertragsrecht entziehen und auftretende Probleme durch die dort vorgesehenen Regelungen nur unzureichend gelöst werden können.

Wie bereits beschrieben stellt eine agile Programmierung (insbesondere unter Einsatz von SCRUM) einen solchen Problemfall dar. Die iterative Entwicklung von Software unter Mitwirkung des Auftraggebers lässt sich nicht komplett überzeugend unter die Vorschriften zum Werkvertrag subsumieren.[485] Es kann daher im Zweifel empfehlenswerter sein eine agile Programmierung auf dienst- oder gesellschaftsvertraglicher Basis durchzuführen.

Die Gründe für eine punktuell fehlende Eignung des Werkvertragsrechts für agile Programmierung sind vielfältig. Einzelne ausgewählte Problemfelder werden im Folgenden überblicksweise dargestellt. In Kapitel **D.** werden diese bestehenden Probleme umfassend aufgezeigt. Anschließend erfolgt ein Blick ins private Baurecht. Es soll herausgearbeitet werden, ob und wie entsprechende Probleme in baurechtlichen Konstellationen gelöst wurden. Unter Berücksichtigung dieser Erkenntnisse ist hieran anknüpfend zu klären, ob Lösungsansätze des privaten Baurechts herangezogen werden können, um bestehende Probleme für Softwareentwicklungsverträge zu lösen.

Das Werkvertragsrecht ist nach dem folgenden Grundgedanken ausgestaltet: der Besteller wendet sich an den Werkunternehmer. Diesem schildert er seinen gewünschten Werkerfolg. Der Werkunternehmer willigt ein und verpflichtet sich somit diesen gewünschten Werkerfolg eigenverantwortlich herbeizuführen.

Etwaige **Mitwirkungspflichten des Bestellers** zur Herbeiführung des Werkerfolges kennt das Werkvertragsrecht in seiner gesetzlichen Ausgestaltung nicht. §§ 642, 643 BGB zeigen zwar, dass der Gesetzgeber die mögliche Mitwirkung des Bestellers bedacht hat. Konkrete *Pflichten* werden für den Besteller durch diese Vorschriften allerdings nicht begründet. Eine moderne Entwicklung unter Einsatz agiler Programmierung ist auf Kooperation ausgelegt. Kooperation setzt eine Mitwirkung des Auftraggebers an der Entwicklung bereits begrifflich

---

483 MüKoBGB, *Busche*, § 631 Rn. 1.
484 MüKoBGB, *Busche*, § 631 Rn. 16 f.
485 Siehe oben unter **C.III.2.** & **C.III.5.**

voraus.[486] Nicht zuletzt heißt es im *Agilen Manifest*: „*Zusammenarbeit mit dem Kunden mehr als Vertragsverhandlung.*" Die Vereinbarung konkreter Mitwirkungspflichten ist aufgrund fehlender Regelungen hierzu im Werkvertragsrecht folglich durch die Parteien bei der Vertragsgestaltung im Einzelfall zu berücksichtigen. Durch hohe Mitwirkungspflichten des Auftraggebers kann jedoch die Einzelfallbetrachtung dazu führen, dass das Gesamtgepräge des Vertrages eher dem Gesellschaftsvertrag und weniger dem Werkvertrag zuzuordnen ist.

Darüber hinaus ist die (agile) Softwareentwicklung geprägt durch **Änderungen** während des laufenden Herstellungsprozesses. Gerade eine agile Programmierung unter Einsatz von SCRUM ist von Beginn an darauf ausgelegt, dass Änderungen in der laufenden Entwicklung vorgenommen werden. Diese Änderungen sind nicht die Ausnahme, sondern die gewollte Regel. Bei agiler Programmierung ist zu Beginn eines Projektes schon der Werkerfolg selbst nicht konkret definierbar. Es besteht bloß eine Produktvision (die in *User Storys* zerlegt werden kann)[487].[488] Der „Werkerfolg" entwickelt sich dynamisch während der fortschreitenden Entwicklung.

Sieht man in der reinen Produktvision schon einen hinreichend konkretisierten Werkerfolg, bedürfte es notwendigerweise Regelungen zum Änderungsmanagement, wenn sich diese Produktvision im Laufe der Entwicklung weiterentwickelt und verändert. Das allgemeine Werkvertragsrecht beinhaltet keine Vorschriften, die eine (einseitige) Änderung des vereinbarten Werkerfolges bewirken können.

Des Weiteren kennt das Werkvertragsrecht keine unterschiedlichen **Vergütungsmodelle.** Die Vergütung ist ausschließlich in § 632 BGB berücksichtigt. Absatz 1 bestimmt, dass eine Vergütung als stillschweigend vereinbart gilt, wenn die Herstellung des Werkes den Umständen nach nur gegen eine Vergütung zu erwarten ist. Wie genau sich eine Vergütung errechnet und auf welcher Basis abzurechnen ist, ergibt sich aus dem Gesetz nicht. Die Vergütung unterliegt daher in ihrer Ausgestaltung den Vereinbarungen der Parteien. Eine Festpreisabrede ist im Rahmen agiler Programmierung nur schwer umsetzbar, da für den Softwareentwickler eine Preisermittlung ohne Orientierung am Inhalt eines

---

486 Zur Mitwirkung des Auftraggebers bei „*komplexen Langzeitverträgen*" *Schneider*, in: *Nicklisch*, Der komplexe Langzeitvertrag (1987), S. 289 f.; sowie *Schlotke*, in: *Nicklisch*, Der komplexe Langzeitvertrag (1987), S. 377 ff.
487 *Hoeren/Pinelli*, MMR 2018, 199 (201).
488 Siehe hierzu *Hoeren/Pinelli*, MMR 2018, 199 (201).

Pflichtenheftes kaum realisierbar sein wird.[489] Für die Vergütung eines agilen Softwareprojektes haben sich daher diverse Vergütungsmodelle entwickelt.[490]

Wie einleitend genannt, wurden durch die *Reform des Bauvertragsrechts [...]* auch allgemein werkvertragliche Vorschriften verändert.[491] Hiervon umfasst sind insbesondere die **Abschlagszahlungen** (§ 632a BGB n. F.), die **fiktive Abnahme** (§ 640 BGB n. F.) sowie die **Kündigung aus wichtigem Grund** (§ 648a BGB n. F.). Bei einer werkvertraglichen Ausgestaltung werden die vorgenommenen Änderungen der allgemein werkvertraglichen Regelungen auch Auswirkungen auf Softwareentwicklungsverträge haben. Es ist aufzuzeigen, ob und in welcher Weise die Änderungen dieser Vorschriften Softwareentwicklungsverträge beeinflussen werden. Hierzu ist eine Gegenüberstellung von alter Rechtslage (bis 31.12.2017) und neuer Rechtslage (ab 01.01.2018) vorzunehmen. Anhand dieser Gegenüberstellung lässt sich erkennen, ob die Neuregelungen der vorgenannten Vorschriften Softwareentwicklungsverträge künftig positiv oder negativ beeinflussen werden. Auch bezüglich möglicher IT-rechtlicher Probleme mit diesen Vorschriften werden Lösungsansätze des privaten Baurechts herangezogen.

---

489 Vgl. Handbuch EDV-Recht, *Schneider*, Q. „Erstellung von Software – das Softwareprojekt", Rn. 335.
490 Siehe hierzu vertiefend *Opelt/Gloger/Pfarl/Mittermayr*, Der agile Festpreis, S. 1 ff.
491 Siehe oben unter **C.IV.1.**

D. Der agile Softwareentwicklungsvertrag unter Berücksichtigung privatbaurechtlicher Besonderheiten

I. Einleitung

Kapitel D. knüpft an die vorstehend überblicksweise genannten Problemstellungen des Werkvertragsrechts für Softwareentwicklungsverträge an. Vorausgehend wurden einzelne Probleme ausgewählt, die das Werkvertragsrecht für (agile) Softwareentwicklungsverträge ungeeignet erscheinen lassen. Bereits benannt wurden hierbei die Mitwirkungspflichten des Auftraggebers, das Änderungsmanagement, die Vereinbarung einer Vergütung sowie aus dem Bereich des allgemeinen Werkvertragsrechts die Abschlagszahlungen (§ 632a BGB n. F.), die fiktive Abnahme (§ 640 Abs. 2 S. 1 BGB n. F.) und die Kündigung aus wichtigem Grund (§ 648a BGB n. F.).

Sofern sich ein (agiler) Softwareentwicklungsvertrag im Einzelfall unter den Werkvertrag subsumieren lässt, bedarf es passender Lösungsansätze für diese bestehenden Problemfelder. Es ist in einem solchen Fall naheliegend, rechtsdogmatisch bestehende Lösungsansätze aus anderen Rechtsgebieten heranzuziehen und den Versuch anzustellen, ob diese Ansätze auch für das IT-Vertragsrecht denkbar sind. Vereinzelt wird dem IT-Vertragsrecht eine Nähe zum (privaten) Baurecht unterstellt.[492] Auf den ersten Blick ist nicht ohne Weiteres ersichtlich, dass das IT-Vertragsrecht und das Bauvertragsrecht zahlreiche gemeinsame Berührungspunkte haben.

Auch der Bauvertrag wird als *„komplexer Langzeitvertrag"* gesehen, der nicht bloß auf den einmaligen punktuellen Leistungsaustausch gerichtet ist, sondern eine wesentlich engere Bindung der Vertragsparteien bewirkt.[493] *„Komplexe*

---

492 Zur Geltendmachung von Gewährleistungsrechten vor Abnahme in IT-Projekten unter Berücksichtigung baurechtlicher Rechtsprechung *Antoine/Schneider*, ITRB 2018, 183; zur Vergleichbarkeit von Baurecht und IT-Recht *Heydn*, CR 2018, 621 f.; *Hoeren*, Gedächtnisschrift für Manfred Wolf (2011), S. 61 ff.; *Hoeren*, CR 2017, 281; *Hoeren*, NJW 2017, 1587 (1589); siehe hierzu in Bezug auf agile Programmierung und die Reform des Bauvertragsrechts auch *Hoeren/Pinelli*, MMR 2018, 199; siehe auch *Ihde*, CR 1999, 409; dies im Hinblick auf SCRUM tendenziell eher ablehnend *Kühn/Ehlenz*, CR 2018, 139.

493 *Nicklisch,* in: Nicklisch, Der Komplexe Langzeitvertrag (1987), S. 18 f., 365 ff.; vgl. dazu auch die entsprechende Auffassung von *Kniffka*, wonach auch ein Bauvertrag als

Langzeitverträge" sind in ihrem Ausnahmecharakter zu verstehen, damit Probleme eines ihnen zugrundeliegenden Projektes adäquat gelöst werden können.[494] Der Bauvertrag wurde bis zum 31.12.2017 als besonderer Fall des Werkvertrages gemäß § 631 BGB anerkannt und unter diese Vorschrift subsumiert.[495] Seit dem 01. Januar 2018 wird der Bauvertrag in § 650a BGB als eigenständiger Vertragstyp geregelt.[496] Seinem Wortlaut nach ist ein Bauvertrag gemäß § 650a Abs. 1 S. 1 BGB ein *"Vertrag über die Herstellung, die Wiederherstellung, die Beseitigung oder den Umbau eines Bauwerks, einer Außenanlage oder eines Teils davon."*

In seinem Wesen ist der Bauvertrag somit ein Vertrag mit werkvertraglichem Charakter, der aufgrund seines Langzeitcharakters durch eigene Regelungen auf die speziellen bauvertraglichen Besonderheiten zugeschnitten wurde.[497] Das bedeutet, dass die allgemein werkvertraglichen Regeln auch auf den Bauvertrag gemäß § 650a BGB anzuwenden sind, soweit sich nicht speziellere Regelungen in den §§ 650a ff. BGB finden.[498] Dies wird ebenso deutlich durch die Gesetzessystematik:[499] § 650a BGB wurde als Kapitel 2 unter den Untertitel 1 ("Werkvertrag") eingefügt. Kapitel 1 hingegen beinhaltet die allgemeinen Vorschriften des Werkvertragsrechts.[500]

Ein weiteres Argument zur Heranziehung baurechtlicher Wertungen ist der vergleichsweise große Verfahrensanteil (privat-)baurechtlicher Rechtsstreitigkeiten vor den ordentlichen Gerichten.[501] Es gibt daher eine Fülle an baurechtlicher

---

„Langzeit-Systemvertrag" zu verstehen ist, ibr-online-Kommentar Bauvertragsrecht, *Kniffka*, Einf. vor § 631 Rn. 36; *Hoeren*, NJW 2017, 1587 (1589).
494 Siehe dazu auch *Nicklisch*, in: *Nicklisch,* Der komplexe Langzeitvertrag (1987), S. 365 ff.
495 Vgl. *Zander,* BWNotZ 2017, 115.
496 Gesetz v. 28.04.2017 – Bundesgesetzblatt Teil I 2017 Nr. 23 04.05.2017 S. 969; Gesetzesentwurf der Bundesregierung, BT-Drucks. 18/8486, S. 52 ff.
497 Siehe dazu ausführlich im Gesetzesentwurf der Bundesregierung, BT-Drucks. 18/8486, S. 52 ff.
498 Siehe dazu ausführlich im Gesetzesentwurf der Bundesregierung, BT-Drucks. 18/8486, S. 52 ff.
499 Siehe dazu auch bei *Zander,* BWNotZ 2017, 115 (117).
500 Gesetzesentwurf der Bundesregierung, BT-Drucks. 18/8486, S. 12, 26, 46.
501 Siehe hierzu Statistisches Bundesamt, Statistisches Jahrbuch 2018, S. 316; ein entsprechender Internetauftritt ist ferner zu finden unter dieser URL: https://www.destatis.de/DE/Publikationen/StatistischesJahrbuch/Justiz.pdf?__bl-ob=publicationFile (zuletzt abgerufen am 24.11.2019); für die umfassende Darstellung der Geschäftsentwicklung (auch betreffend anderer Sachgebiete) in den Jahren 2014 bis 2016 siehe ebenso unter vorbenannter Quelle.

Rechtsprechung. Hiermit geht eine Vielzahl baurechtlicher Literatur einher,[502] die auf Grundlage dieser Rechtsprechung Lösungsansätze für die Baupraxis entworfen hat oder die Rechtsprechung wegen Verkennung bestehender Lösungen (kritisch) kommentiert. Die umfangreichen Änderungen und Neuregelungen durch das *Gesetz zur Reform des Bauvertragsrechts [...]* begründen sich zum Zwecke einer Rechtsvereinheitlichung unter anderem durch diese vielzählig ergangene und teils divergierende Rechtsprechung.[503]

Die *Reform des Bauvertragsrechts* hat für das gesamte Werkvertragsrecht zahlreiche Änderungen und Neuregelungen bewirkt.[504] Es wurden nicht nur neue Vertragstypen in das Bürgerliche Gesetzbuch samt zugehöriger Vorschriften eingefügt. Auch die allgemein werkvertraglichen Vorschriften wurden vereinzelt abgeändert. Für das IT-Vertragsrecht ergeben sich durch die Reform der Abschlagszahlungen (§ 632a BGB n. F.), der Abnahme (§ 640 BGB n. F.) sowie der Einführung einer Kündigung aus wichtigem Grund (§ 648a BGB n. F.) möglicherweise relevante Änderungen. Ob und in welchem Umfang diese Änderungen und (Neu-)Regelungen Einfluss auf Softwareentwicklungsverträge, insbesondere das agile Programmieren, nehmen, soll in der nachstehenden Diskussion herausgestellt werden.[505]

II. Entwicklung des Bauvertragsrechts (im Überblick)

Bevor der Versuch angestellt wird, bestehende Probleme des IT-Vertragsrechts durch privat-baurechtliche Ansätze und Konstellationen zu lösen, ist es notwendig die Entwicklung sowie die Gepflogenheiten des Bauvertragsrechts knapp darzustellen.

Das Bauvertragsrecht bildet seit jeher einen Schwerpunkt im Bereich des Werkvertragsrechts.[506] Problematisch war hierbei jedoch, dass im Werkvertragsrecht nicht zwischen der Art und dem Umfang des herzustellenden Werkes differenziert wurde.[507] Beim Werkvertrag geht es um die Erbringung eines

---

502 Siehe zur Vielzahl dieser Literatur auch die Anmerkung im Gesetzesentwurf der Bundesregierung, BT-Drucks. 18/8486, S. 1, 24.
503 Gesetzesentwurf der Bundesregierung, BT-Drucks. 18/8486, S. 1, 24.
504 Gesetzesentwurf der Bundesregierung, BT-Drucks. 18/8486, S. 1 ff., 24 ff.; vgl. *Hoeren*, NJW 2017, 1587 (1589).
505 Siehe dazu unter **D.III.4., D.III.5. & D.III.6.**
506 Siehe auch bei *Zander*, BWNotZ 2017, 115, der den Bauvertrag bzw. die Herstellung eines Bauwerks als werkvertraglichen Prototyp bewertet.
507 Vgl. *Zander*, BWNotZ 2017, 115.

vereinbarten Werkerfolges.[508] Aufgrund dieser Erfolgsbezogenheit erbringt der Werkunternehmer erst seine Verpflichtung, wenn der konkrete Erfolg einer Tätigkeit erbracht ist.[509] An diesem Merkmal des Erfolges orientiert wurde somit das Abgrenzungskriterium von Werk- und Dienstvertrag festgelegt.[510] Es wurden für das Volumen des herzustellenden Erfolges jedoch keine gesetzlichen Unterscheidungen vorgenommen, sodass das Werkvertragsrecht auf alle erfolgsorientierten Verträge anzuwenden ist.[511]

Regelungen, die ausschließlich für baurechtliche Besonderheiten gelten, wurden bloß rudimentär in wenigen Vorschriften berücksichtigt: Einerseits wurde die Verjährung bei Bauwerken in § 638 BGB a. F. auf fünf Jahre verlängert, andererseits eröffnete § 648 BGB a. F. dem Bauhandwerker die Möglichkeit der Eintragung einer Sicherungshypothek.[512] Darüber hinaus beinhaltete § 632a Abs. 2 BGB a. F. die Definition des Bauträgers sowie eine besondere Vorschrift für Abschlagszahlungen in Bauträger-Konstellationen.[513]

Die Kernproblematik des Werkvertragsrechts erschließt sich treffend anhand eines simplen, aber aussagekräftigen Beispiels:

> *„Der historische Gesetzgeber ging zwar davon aus, dass die Regelungen über Werkverträge auch Bauverträge erfassten, hielt es aber nicht für erforderlich, solche Verträge als selbstständigen Typus zu regeln. Für die Ausgestaltung des Werkvertragsrechts waren Verträge über die Besohlung von Schuhen oder das Schneidern eines Anzuges ebenso typprägend wie Verträge über die Errichtung von Bauwerken."*[514]

Zu kritisieren ist bei einer solchen Vereinheitlichung werkerfolgsorientierter Verträge daher allen voran, dass dabei verkannt wird, dass Immobilien hochpreisige Wirtschaftsgüter darstellen, deren Erwerb, Finanzierung oder Bau üblicherweise den Großteil der wirtschaftlichen Mittel des Auftraggebers/Erwerbers vereinnahmen.[515] Eine Vergleichbarkeit von Bauvorhaben mit Werkverträgen

---

508 MüKoBGB, *Busche*, § 631 Rn. 1.
509 MüKoBGB, *Busche*, § 631 Rn. 1.
510 MüKoBGB, *Busche*, § 631 Rn. 16 f.
511 Vgl. MüKoBGB, *Busche*, § 631 Rn. 1 f.
512 *Glöckner*, VuR 2016, 123; BeckOGK, *Merkle*, BGB § 650a Rn. 3; siehe dazu auch bei Kapellmann/Messerschmidt, *von Rintelen*, 3. Teil, Einleitung Rn. 42.
513 Vgl. Gesetzesentwurf der Bundesregierung, BT-Drucks. 18/8486, S. 27.
514 *Glöckner*, VuR 2016, 123; diese Auffassung von *Glöckner* wurde auch themati-siert bei *Reiter*, JA 2018, 161.
515 Vgl. dazu auch die Ausführungen im Gesetzesentwurf der Bundesregierung, BT-Drucks. 18/8486, S. 1; vgl. hierzu auch die Anmerkungen bei *Glöckner*, VuR 2016, 123 (124) betreffend die Statistik des Statistischen Bundesamtes (diese ist zu finden unter der URL: https://www.destatis.de/DE/ZahlenFakten/GesellschaftStaat/

(auch finanziell weit) kleineren Umfangs oder solchen Werkverträgen des alltäglichen Lebens (wie im obigen Beispiel das Besohlen von Schuhen oder auch das Schneidern eines Anzuges) dürfte daher kaum überzeugen.[516] Zwar ist auch im Kaufrecht unabhängig vom Wert der Kaufsache dasselbe Recht anzuwenden. Allerdings ist im Bauvertragsrecht eine komplexe Spezialmaterie zu sehen, die nicht bloß auf den *„punktuellen Austausch"*[517] von Leistung und Gegenleistung gerichtet ist, sondern in den meisten Fällen eine gemeinsame Kooperation während des meist langwierigen Bauprozesses zwischen Auftraggeber und Auftragnehmer erfordert.[518] Der Bauvertrag ist ein *„komplexer Langzeitvertrag"*.[519] Um diesen Ansprüchen des Baurechts gerecht zu werden, wurden in den letzten Jahrzehnten mehrere Änderungen des Werkvertragsrechts vorgenommen.[520] Zur Lösung bestehender Probleme trugen diese Änderungen in der Regel nicht bei.[521]

Gerade aufgrund des Langzeitcharakters von Bauprojekten ist durch die Beteiligten für eine umfassende Vertragsgestaltung zu sorgen, durch die das Risiko von Rechtsstreitigkeiten nach Möglichkeit auf ein Minimum reduziert wird.[522] Das Werkvertragsrecht der Bürgerlichen Gesetzbuches alleine wird der Komplexität von Bauprojekten nicht gerecht.[523] In Bauverträgen wird daher

---

EinkommenKonsumLebensbedingungen/VermoegenSchulden/Tabellen/GeldImmobVermSchulden_EVS.html; zuletzt abgerufen am: 24.11.2019): ausweislich der Statistik sind ca. zwei Drittel des Gesamtvermögens privater Haushalte in Immobilien angelegt; auch nach Ansicht von *Busche* bildet die Baubranche den „Schwerpunkt" des Werkvertragsrechts, MüKoBGB, *Busche*, § 631 Rn. 2.
516 Siehe dazu auch bei Nicklisch/Weick/Jansen/Seibel, *Jansen*, VOB/B Einführung Rn. 10.
517 Siehe hierzu bei Kapellmann/Messerschmidt, *von Rintelen*, 3. Teil, Einleitung Rn. 42; ibr-online-Kommentar Bauvertragsrecht, *Kniffka*, Einf. vor § 631 Rn. 3; bei Nicklisch/Weick/Jansen/Seibel, *Jansen*, VOB/B Einführung Rn. 10 heißt es „punktueller Austausch".
518 ibr-online-Kommentar Bauvertragsrecht, *Kniffka*, Einf. vor § 631 Rn. 4.
519 *Nicklisch,* in: Nicklisch, Der Komplexe Langzeitvertrag (1987), S. 18 f.; vgl. dazu auch die entsprechende Auffassung von *Kniffka*, wonach auch ein Bauvertrag als „Langzeit-Systemvertrag" zu verstehen ist, ibr-online-Kommentar Bauvertragsrecht, *Kniffka*, Einf. vor § 631 Rn. 36; Hoeren, NJW 2017, 1587 (1589).
520 Siehe hierzu die Auflistung unter **C.IV.1.**
521 Vgl. ibr-online-Kommentar Bauvertragsrecht, *Kniffka,* Einf. vor § 631 Rn. 14.
522 *Priebe*, DS 2014, 208 (215).
523 Gesetzesentwurf der Bundesregierung, BT-Drucks. 18/8486, S. 24; *Kapellmann*, NZBau 2013, 537 (540).

regelmäßig die Vergabe- und Vertragsordnung für Bauleistungen Teil B (sog. VOB/B)[524] einbezogen.[525]

Die Vergabe- und Vertragsordnung für Bauleistungen Teil B beinhaltet solche Regeln, die den üblichen Besonderheiten von Bauverträgen gerecht werden sollen.[526] Die Regelungen der VOB/B sollen die für Bauverträge bloß lückenhaften werkvertraglichen Regelungen ergänzen.[527] Die Besonderheiten des Baurechts sollen in einem für beide Vertragsparteien ausgeglichenen Klauselwerk verschriftlicht werden.[528] Hierbei umfassen die Klauseln der VOB/B nicht nur ausdrückliche Kündigungsrechte für Auftraggeber und Auftragnehmer, sondern legen auch besondere Rechte und Pflichten für die Vertragsbeteiligten fest, die in ihrer Ausgestaltung dem Werkvertragsrecht des Bürgerlichen Gesetzbuchs gänzlich fremd sind.[529] Die VOB/B ist kein eigenständiges Gesetz.[530] Die VOB/B

---

[524] Siehe für eine rechtshistorische Darstellung (für den Zeitraum bis 1926) bei Ganten/Jansen/Voit, *Sacher*, VOB/B Einleitung Rn. 10 ff.; siehe zur Entstehung der VOB/B auch bei Ingenstau/Korbion, *Leupertz/von Wietersheim*, Einleitung Rn. 7 ff.; Jansen/Kandel/Preussner, *Jansen/Kandel/Preussner*, Vorwort zum BeckOK VOB/B; Nicklisch/Weick/Jansen/Seibel, *Jansen*, VOB/B Einführung Rn. 1; eine umfangreiche Darstellung der bisherigen Fassungen der VOB/B sowie die inhaltlichen Änderungen, die die jeweils neu veröffentlichte Fassung bewirkt hat, findet sich bei Kapellmann/Messerschmidt, *von Rintelen*, Einleitung Rn. 5-37; siehe weitergehend zur VOB/B auch *Kapellmann*, NZBau 2013, 537 (540); sowie *Kapellmann*, NZBau 2017, 635; sowie *Langen*, NZBau 2019, 10 (11); *Popescu*, BauR 2019, 317; ausführlich zur Privilegierung der VOB/B *Ryll*, NZBau 2018, 187; eine kritische Untersuchung der „*Vereinbarung der VOB/B als Ganzes*" findet sich bei *Schmidt*, NJW-Spezial 2018, 236.
[525] Siehe zur Einbeziehung von Klauselwerken bei „*komplexen Langzeitverträgen*" auch *Nicklisch*, in: Nicklisch, Der komplexe Langzeitvertrag (1987), S. 21.
[526] Kapellmann/Messerschmidt, *von Rintelen*, 3. Teil, Einleitung Rn. 42.
[527] Vgl. Kapellmann/Messerschmidt, *von Rintelen*, 3. Teil, Einleitung Rn. 42.
[528] Vgl. Ganten/Jansen/Voit, *Sacher*, VOB/B Einleitung Rn. 6.
[529] Die Regelungen der VOB/B umfassen beispielsweise besondere Vorschriften zur Ausführung (§ 4 VOB/B), zu Ausführungsfristen (§ 5 VOB/B) sowie zu eigenen Kündigungsrechten für den Auftraggeber (§ 8 VOB/B) und den Auftragnehmer (§ 9 VOB/B). Darüber hinaus wird durch die VOB/B die Abnahme (§ 12 VOB/B) sowie die Fälligkeit der Vergütung (§ 14 VOB/B) gegenüber der werkvertraglichen Ausgestaltung abgewandelt.
[530] Ganten/Jansen/Voit, *Sacher*, VOB/B Einleitung Rn. 34 f.; Kapellmann/Messerschmidt, *von Rintelen*, 3. Teil, Einleitung Rn. 38 ff., 44 ff.; Nicklisch/Weick/Jansen/Seibel, *Jansen*, VOB/B Einführung Rn. 7.

ist ein vorgefertigtes Klauselwerk für Bauverträge.[531] Die Regelungen der VOB/B werden mittlerweile klar als allgemeine Geschäftsbedingungen aufgefasst.[532] Dies wird allen voran durch § 310 Abs. 1 S. 3 BGB bestätigt, der durch das *Forderungssicherungsgesetz*[533] am 01.01.2009 angefügt wurde und alle Verträge ab dem 01.01.2009 erfasst.[534]

Auf der Grundlage dieser baurechtlichen Besonderheiten (insb. der hierzu ergangenen Rechtsprechung) sollen Lösungsansätze für die vorbenannten bestehenden Probleme bei Softwareentwicklungsverträgen herausgearbeitet werden.

III. Ausgewählte Problemfelder

1. Mitwirkungspflichten des Auftraggebers

Wie bereits benannt, beinhaltet das Werkvertragsrecht des Bürgerlichen Gesetzbuchs keine Vorschriften, die Mitwirkungs*pflichten* des Auftraggebers berücksichtigen.[535] Seinen Grund findet dies darin, dass der Werkvertrag in seiner Ausgestaltung bloß auf den punktuellen Austausch von Leistungen gerichtet ist.[536] Die Erstellung eines Werkes über einen längeren Zeitraum durch Kooperation der Parteien entspricht nicht den gesetzgeberischen Leitgedanken des Werkvertrages.[537] Eine Mitwirkung des Bestellers wird lediglich in § 642 BGB berücksichtigt. § 642 BGB beinhaltet jedoch keine einklagbare (Haupt- oder Nebenleistungs-) Pflicht des Bestellers zur Mitwirkung, sondern ist als Obliegenheit ausgestaltet.[538]

---

531 Ganten/Jansen/Voit, *Sacher*, VOB/B Einleitung Rn. 38 ff.; Jansen/Kandel/Preussner, *Jansen/Kandel/Preussner*, VOB/B § 1 Abs. 1 Rn. 1 f.; vgl. Kapellmann/Messerschmidt, *von Rintelen*, 3. Teil, Einleitung Rn. 38 ff., 44 ff.

532 Ganten/Jansen/Voit, *Sacher*, VOB/B Einleitung Rn. 38 ff.; vgl. Kapellmann/Messerschmidt, *von Rintelen*, 3. Teil, Einleitung Rn. 38 ff., 44 ff.; Nicklisch/Weick/Jansen/Seibel, *Jansen*, VOB/B Einführung Rn. 7.

533 Gesetz zur Sicherung von Werkunternehmeransprüchen und zur verbesserten Durchsetzung von Forderungen (Forderungssicherungsgesetz – FoSiG), 23.10.2008, BGBl. I S. 2022, 2582.

534 Art. 1 Nr. 1 lit. d. des Gesetzes zur Sicherung von Werkunternehmeransprüchen und zur verbesserten Durchsetzung von Forderungen (Forderungssicherungsgesetz – FoSiG), 23.10.2008, BGBl. I S. 2022, 2582.

535 Siehe oben unter **C.IV.2.**

536 *Nicklisch*, in: Nicklisch, Der komplexe Langzeitvertrag (1987), S. 21.

537 Vgl. hierzu auch *Ihde*, CR 1999, 409 (410).

538 *Müglich/Lapp*, CR 2004, 801 (802) m. w. N.; siehe ausführlich zu § 642 BGB und dem daraus resultierenden Auswirkungen für IT-Projekte *Schuster*, CR 2016, 627.

Komplexe Langzeitverträge sind jedoch auf Mitwirkung des Auftraggebers ausgelegt.[539] Eine Durchführung *komplexer Langzeitverträge* ohne Kooperation der Vertragsparteien oder Mitwirkung des Auftraggebers ist nicht möglich.[540] Eine Softwareentwicklung ist komplex und langfristig. Gerade die agile Programmierung (insb. unter Einsatz von SCRUM) setzt das kooperative Zusammenwirken der Vertragspartner voraus.[541] Ein Fehlen von Mitwirkungspflichten wird daher zwangsläufig zu Problemen führen, wenn die Parteien eine agile Programmierung vereinbart haben.

Seit dem 01.01.2018 beinhaltet das Werkvertragsrecht erstmals eine Vorschrift die Mitwirkungspflichten begründet. Durch das *Gesetz zur Reform des Bauvertragsrechts*[542] wurde die Kündigung aus wichtigem Grund in § 648a BGB n. F. eingeführt.[543] Absatz 4 der Vorschrift beinhaltet ein Recht zur gemeinsamen Feststellung des Leistungsstandes, das von beiden Vertragsparteien geltend gemacht werden kann.[544] Beide Vertragsparteien haben daher einen Anspruch darauf, dass der andere Teil an dieser Feststellung „*mitwirkt*", § 648a Abs. 4 S. 1 BGB n. F. Es handelt sich bei dieser Vorschrift somit um die bislang einzige gesetzlich normierte Mitwirkungs*pflicht* innerhalb der §§ 631 ff. BGB.

a) Problemstellung

IT-Projekte scheitern häufig daran, dass die Projektparteien die Aufgaben des Auftraggebers und des Auftragnehmers nicht klar umschrieben haben und eine Zusammenarbeit der Parteien deshalb nicht erfolgreich verläuft.[545] Es entsteht

---

539 Vgl. *Nicklisch*, in: Nicklisch, Der komplexe Langzeitvertrag (1987), S. 20; zu den Mitwirkungspflichten des Auftraggebers in IT-Projekten *Schneider*, in: Nicklisch, Der Komplexe Langzeitvertrag (1987), S. 289 ff.; sowie *Schlotke*, in: *Nicklisch*, Der komplexe Langzeitvertrag (1987), S. 377 ff.; siehe auch bei *Fuchs/Meierhöfer/Morsbach/Pahlow*, MMR 2012, 427 (429 f.).
540 Vgl. *Nicklisch*, in: Nicklisch, Der komplexe Langzeitvertrag (1987), S. 20.
541 Siehe oben unter **B.III.**
542 BGBl. I 2017 S. 969; siehe zur Gesetzgebung u. a. Gesetzesentwurf der Bundesregierung, BT-Drucks. 18/8486, S. 1 ff.; sowie Beschlussempfehlung und Bericht des Ausschusses für Recht und Verbraucherschutz (6. Ausschuss), BT-Drucks. 18/11437, S. 1 ff.
543 Siehe vertiefend hierzu unter **D.III.6.**
544 Siehe hierzu auch *Hoeren/Pinelli*, MMR 2018, 199 (203 f.).
545 Auer-Reinsdorff/Conrad, *Conrad/Witzel*, Teil C. Software-, Hardware- und Providerverträge, § 18 „IT-Projektmanagement", Ziffer II., Rn. 13 f.; *Müglich/Lapp*, CR 2004, 801 (804) m. w. N.; *Müller-Hengstenberg/Krcmar*, CR 2002, 549 (550 f.) nennen weitere Ursachen für das Scheitern von IT-Projekten; sofern die öffentliche Hand einen

schnell der Irrglaube auf Seiten des Auftraggebers, dass er durch die Zahlung der Vergütung das seinerseits Notwendige getan hat.[546] Bei der Herstellung von Individualsoftware geht es allerdings nicht bloß darum, eine funktionierende Software zu erstellen, die den Wünschen des Anwenders entspricht. Vielmehr ist es notwendig, diese Software unter Berücksichtigung der konkreten Gegebenheiten an den jeweiligen Anwender anzupassen. Hierfür benötigt der Softwareentwickler jedoch (u. a. geschäftsinterne) Informationen des Auftraggebers.[547]

Probleme entstehen dann, wenn der Auftraggeber diese notwendigen Informationen nicht herausgibt oder sonstige notwendige Mitwirkungsleistungen nicht erbringt. Aufgrund dessen, dass § 642 BGB als reine Obliegenheit ausgestaltet ist, kann der Auftragnehmer bei fehlender Mitwirkung seines Vertragspartners lediglich eine angemessene Entschädigung bei Annahmeverzug des Auftraggebers gemäß §§ 642, 293 ff. BGB verlangen.[548] Darüber hinaus hat er die Möglichkeit von seinem Kündigungsrecht gemäß § 643 BGB Gebrauch zu machen.[549] Die Verletzung der Mitwirkung gemäß § 642 BGB eröffnet dem Auftragnehmer allerdings keine Schadensersatzansprüche gegen den Auftraggeber.[550] Des Weiteren hat der Auftragnehmer keine Möglichkeit die Mitwirkung des Auftraggebers klageweise durchzusetzen.[551]

Diese Rechtslage wird insbesondere für IT-Projekte kritisiert.[552] Problematisch ist hierbei insbesondere, dass der Auftragnehmer bei fehlender Mitwirkung des Auftraggebers schlimmstenfalls die Entwicklung unterbrechen oder abbrechen muss, da diese ohne die benötigten Informationen nicht fortgesetzt werden kann. Falls ein Fertigstellungstermin vereinbart ist, hat der Auftragnehmer

---

Softwareentwicklungsvertrag mit dem Auftragnehmer schließt, sind u.a. die EVB-IT (Ergänzende Vertragsbedingungen) zu berücksichtigen. Hierbei handelt es sich um vorformulierte *„Einkaufs-AGB für Systemverträge"*, worunter auch die Erstellung (und Überlassung) von Individualsoftware für die öffentliche Hand verstanden wird. Die Mitwirkungspflichten des Auftraggebers werden in Ziff. 12 EVB-IT Mustervertrag abschließend geregelt. Die EVB-IT sowie hiermit verbundene Besonderheiten werden im Folgenden außer Betracht gelassen; siehe hierzu ausführlich bei Kilian/Heussen, *Müglich*, 1. Abschnitt, Teil 19, „Vertragsbedingungen der öffentlichen Hand EVB-IT", Rn. 1 ff.; dazu auch aaO., Teil 19, IV., 5. Rn. 112 ff.

546 *Müglich/Lapp*, CR 2004, 801 (804).
547 Vgl. dazu Kilian/Heussen, *Müglich*, 1. Abschnitt, Teil 19, IV., 5., c) Rn. 127.
548 *Ihde*, CR 1999, 409 (413); *Müglich/Lapp*, CR 2004, 801 (802) m. w. N.
549 *Ihde*, CR 1999, 409 (413); *Müglich/Lapp*, CR 2004, 801 (802) m. w. N.
550 *Müglich/Lapp*, CR 2004, 801 (802) m. w. N.
551 *Ihde*, CR 1999, 409 (413) m. w. N.
552 *Müglich/Lapp*, CR 2004, 801 (802) m. w. N.

Verzögerungen der Fertigstellung zu verantworten. Dass der Auftraggeber seinerseits Obliegenheiten verletzt, ist für diese Verspätung zunächst irrelevant. Die Möglichkeiten des Auftragnehmers auf die unterlassene Mitwirkung des Auftraggebers zu reagieren sind in §§ 642, 643 BGB abschließend geregelt. Die Kündigung des Vertragsverhältnisses gemäß § 643 BGB wird für den Auftragnehmer nur selten attraktiv sein. Folge einer solchen Kündigung durch den Auftragnehmer ist, dass der Auftraggeber verpflichtet ist den vereinbarten Werklohn abzüglich der ersparten Aufwendungen des Auftragnehmers zu zahlen, § 643 BGB i. V. m. § 648 S. 2 BGB n. F.[553] Die Durchführung des Vertrages wird für den Auftragnehmer im Regelfall die wirtschaftlich attraktivere Option darstellen.[554]

Da es wie vorstehend aufgezeigt an entsprechenden gesetzlichen Vorschriften zu ausdrücklichen Auftraggeber-Mitwirkungspflichten fehlt, sind die Parteien in der IT-Praxis darauf angewiesen entsprechende *Pflichten* in ihren Vertrag aufzunehmen.[555] Häufig sind Mitwirkungspflichten des Auftraggebers in Verträgen nicht ausdrücklich als solche bezeichnet. In einem solchen Fall sind die einzelnen Regelungen des Vertrags nach den allgemeinen Grundsätzen auszulegen, §§ 133, 157 BGB.[556] Zu beachten ist im Rahmen einer solchen Auslegung, dass diese die Vereinbarungen der Parteien nicht wesentlich erweitern darf, sondern interessengerecht zu erfolgen hat.[557]

Auszulegen ist hierbei nicht nur, ob die entsprechende Mitwirkung überhaupt eine Pflicht oder eine Obliegenheit darstellt.[558] Vielmehr ist weitergehend ebenso auszulegen, ob die Mitwirkungs*pflicht* als Haupt- oder Nebenleistungspflicht vereinbart wurde.[559] Zur Ermittlung dessen ist nicht bloß auf den Vertragstext zu achten. Auch „*die Entstehungsgeschichte des Vertrages einschließlich der äußeren Begleitumstände*" kann hierfür von Relevanz sein.[560] Die Vereinbarung von Mitwirkungspflichten des Auftraggebers als Hauptleistungspflicht wird durch Auslegung nur dann anzunehmen sein, wenn sich ein solcher Parteiwille ohne jeden Zweifel ermitteln lässt.[561] Die Komplexität eines Projekts reicht für sich

---

553 Vgl. BGH, Urt. v. 15.05.1990, Az. X ZR 128/88 = BGH, NJW 1990, 3008; siehe auch Kniffka/Koeble, *Kniffka*, 8. Teil, C. I. Rn. 20.
554 Vgl dazu *Müller-Hengstenberg/Krcmar*, CR 2002, 549 (554 f.).
555 Siehe hierzu auch Kilian/Heussen, *Wieczorek*, 1. Abschnitt, Teil 3. 32.5 Rn. 19.
556 *Müglich/Lapp*, CR 2004, 801 (802) m. w. N.
557 *Müglich/Lapp*, CR 2004, 801 (802) m. w. N.
558 Vgl. *Müglich/Lapp*, CR 2004, 801 (802).
559 Vgl. *Müglich/Lapp*, CR 2004, 801 (802); siehe hierzu auch *Schneider*, ITRB 2008, 261.
560 *Müglich/Lapp*, CR 2004, 801 (802).
561 *Müglich/Lapp*, CR 2004, 801 (802).

genommen nicht aus, um die Mitwirkung des Auftraggebers als Hauptleistungspflicht anzusehen.[562]

Mitwirkungspflichten des Auftraggebers werden daher aller Voraussicht nach lediglich dann als Hauptleistungspflichten anzusehen sein, wenn eine unzweideutige vertragliche Vereinbarung vorliegt und auch die Durchführung des Vertrages entsprechend erfolgt.[563] Die praktische Umsetzung der vertraglichen Vereinbarungen wird im Hinblick auf die Entscheidung des *Landesarbeitsgerichts Baden-Württemberg* auch künftig aller Voraussicht nach ein zu berücksichtigender Anhaltspunkt bei der Auslegung eines Vertrages sein.[564]

Schon die ausführliche Vertragsgestaltung ist und bleibt daher für die Parteien eine wichtige Aufgabe. Es ist anzuraten, dass die Parteien bestenfalls alle Pflichten unmissverständlich in den Vertrag aufnehmen und somit Transparenz hinsichtlich der einzelnen Pflichten schaffen.[565] Auftragnehmer versuchen vereinzelt im Wege der Vertragsgestaltung möglichst detaillierte Mitwirkungspflichten des Auftraggebers in den Vertrag aufzunehmen.[566] Hierdurch halten sie sich die Möglichkeit offen bei Scheitern des Projekts oder im Falle von Schlechtleistungen auf die Verletzung der Auftraggeber-Mitwirkungspflichten verweisen zu können.[567] Bei der Durchsetzbarkeit dieser Vereinbarungen ist jedoch im Einzelfall zu ermitteln, ob der Auftragnehmer durch diese Aufnahme von Auftraggeber-Mitwirkungspflichten möglicherweise das fehlende Wissen des Auftraggebers ausgenutzt hat, um einen eigenen rechtlichen Vorteil zu erlangen.[568] Sollte dies bejaht werden, dürfte ein Verstoß *„gegen die sich aus § 242 BGB ergebende Fairnesspflicht"* vorliegen.[569] Den Auftragnehmer trifft gegenüber seinem Vertragspartner eine Beratungs- und Aufklärungspflicht, wenn er erkennbar größere Fachkenntnis als sein Vertragspartner hat.[570] Es soll vermieden werden,

---

562 So *Müglich/Lapp*, CR 2004, 801 (802) m. w. N.
563 *Müglich/Lapp*, CR 2004, 801 (802) m. w. N.
564 LAG Baden-Württemberg, Urt. v. 01.08.2013, Az. 2 Sa 6/13 = NZA 2013, 1017; hierzu auch *Heise/Friedl*, NZA 2015, 129.
565 *Müglich/Lapp*, CR 2004, 801 (804).
566 Mit zahlreichen Beispielen hierzu *Schneider*, in: Nicklisch, Der Komplexe Langzeitvertrag (1987), S. 30 f.2; *Müglich/Lapp*, CR 2004, 801 (803).
567 *Müglich/Lapp*, CR 2004, 801 (803).
568 Vgl. *Müglich/Lapp*, CR 2004, 801 (803).
569 *Müglich/Lapp*, CR 2004, 801 (803).
570 *Schneider*, in: Nicklisch, Der Komplexe Langzeitvertrag (1987), S. 302; vgl. dazu *Ihde*, CR 1999, 409 (411 f.); *Müglich/Lapp*, CR 2004, 801 (803).

dass ein Wissensgefälle ausgenutzt wird, um eine bessere Rechtsposition herbeizuführen.

Problematisch erscheint bei allem Vorgenannten, dass die denkbaren Mitwirkungspflichten eines Auftraggebers vielzählig sind und im Zweifel vor Projektbeginn im Rahmen der Vertragsverhandlungen gar nicht genau definiert und abgeschätzt werden können. Nicht jedes IT-Projekt ist gleich. Wie bereits gezeigt existieren gewichtige Unterschiede in der praktischen Umsetzung zwischen linearer und agiler Programmierung.[571] Die agile Programmierung erfordert eine weitaus intensivere Mitwirkung des Auftraggebers als eine lineare Programmierung. Die Vereinbarung von Mitwirkungspflichten ist daher zunächst eine Frage des konkreten Einzelfalles. Trotzdem gibt es einzelne Mitwirkungen des Auftraggebers, die in Softwareentwicklungsprojekten häufiger anzutreffen sind.

Im Rahmen linearer Softwareentwicklung war beispielsweise lange strittig, ob die Erstellung eines Pflichtenheftes durch den Auftraggeber oder den Auftragnehmer geschuldet ist.[572] Mittlerweile ist anerkannt, dass den Auftraggeber die Pflicht zur Erstellung eines Pflichtenheftes trifft.[573] Der Auftragnehmer ist hierbei allerdings verpflichtet die notwendigen Bedürfnisse zur Erstellung eines brauchbaren Pflichtenheftes zu ermitteln und dem Auftraggeber mit Hilfe bei der Erstellung des Pflichtenheftes zur Seite zu stehen.[574] Die Erstellung eines solchen Pflichtenheftes obliegt zwar daher zunächst dem Auftraggeber alleine, er kann jedoch die Mitwirkung des Auftragnehmers beanspruchen.[575] Dies dürfte vor allem dann gelten, wenn wie bereits benannt ein erhebliches Wissens- und Erfahrungsgefälle zwischen den Parteien besteht.[576]

Es wurde bereits klargestellt, dass die Möglichkeiten konkreter Mitwirkungspflichten eines IT-Projektes vielzählig und eine Frage des Einzelfalls sind. Neben

---

571 Siehe oben unter **B.IV.**
572 Siehe hierzu auch *Ihde*, CR 1999, 409 (410).
573 OLG Köln, Urt. v. 25.06.1993, Az. 19 U 216/92 = NJW-RR 1993, 1529 = CR 1994, 213; OLG Köln, Urt. v. 26.08.1994, Az. 19 U 278/93 = NJW-RR 1995, 1460 = CR 1995, 16; OLG Köln, Urt. v. 29.07.2005, Az. 19 U 4/05 = OLGR Köln 2005, 642; dazu auch *Ihde*, CR 1999, 409 (410).
574 OLG Köln, Urt. v. 18.06.1993, Az. 19 U 215/92 = NJW-RR 1993, 1528 = CR 1993, 624 = OLGR Köln 1993, 237; OLG Köln, Urt. v. 06.03.1998, Az. 19 U 228/97 = NJW-RR 1999, 51 = CR 1998, 459; OLG Köln, Urt. v. 29.07.2005, Az. 119 U 4/05 = OLGR 2005, 642.
575 OLG Köln, Urt. v. 18.06.1993, Az. 19 U 215/92 = NJW-RR 1993, 1528 = CR 1993, 624 = OLGR Köln 1993, 237; OLG Köln, Urt. v. 06.03.1998, Az. 19 U 228/97 = NJW-RR 1999, 51 = CR 1998, 459.
576 Siehe hierzu auch OLG Köln, Urt. v. 29.07.2005, Az. 19 U 4/05 = OLGR Köln 2005, 642.

der Erstellung des Pflichtenheftes sind andere übliche Mitwirkungen u. a. „*das Stellen eines geeigneten Projektmanagers oder anderen Personals, das Stellen der notwendigen Rechnerkapazität, die Lieferung geforderter Daten, die Zurverfügungstellung der notwendigen Räume sowie im Bedarfsfall die rechtzeitige Schulung der Mitarbeiter des Auftraggebers*".[577] Soll heißen: Die zu entwickelnde Software wird vom Auftraggeber später in dessen Betrieb und Organisation genutzt. Es ist daher keine Seltenheit, dass ein überwiegender Teil der Programmierleistung innerhalb des Auftraggeber-Betriebes erfolgt.[578] Der Auftragnehmer ist daher darauf angewiesen, dass er den Betrieb des Auftraggebers betreten und über die dort eingerichtete IT-Technik verfügen kann.[579] Wichtig ist hierbei häufig, dass der Auftragnehmer auf die Betriebs-Infrastruktur zugreifen kann und idealerweise durch Mitarbeiter des Auftraggebers Unterstützung erhält.[580] Auch diesbezüglich ist die Problematik der (illegalen) Arbeitnehmerüberlassung zu berücksichtigen.[581]

Von hoher Bedeutsamkeit ist „*die Weitergabe von Informationen über betriebsinterne Strukturen und Abläufe des Auftraggebers*".[582] Dies erschließt sich schon aus dem Grundansatz der Erstellung einer Individualsoftware: ohne Kenntnisse über (Betriebs-)Interna des Auftraggebers kann der Auftragnehmer keine speziell auf dessen Bedürfnisse zugeschnittene Software entwickeln. Der Softwareentwicklungsvertrag als *komplexer Langzeitvertrag* ist geprägt von Vertrauen der Parteien.[583] Eine Pflicht des Auftraggebers zur Herausgabe der notwendigen Daten und Informationen sollte daher ebenso zwischen den Vertragsparteien vereinbart werden. Trotzdem empfiehlt es sich gesonderte Geheimhaltungsvereinbarungen zu unterzeichnen.[584]

Auch im (privaten) Baurecht ist eine vergleichbare Mitwirkung des Auftraggebers nötig, um das Projekt erfolgreich umsetzen zu können.[585] Es ist aufzuzeigen,

---

577 Kilian/Heussen, *Müglich*, 1. Abschnitt, Teil 19, IV., 5., c) Rn. 127; dazu auch *Schneider*, in: Nicklisch, Der Komplexe Langzeitvertrag (1987), S. 303.
578 *Müglich/Lapp*, CR 2004, 801 (805).
579 *Müglich/Lapp*, CR 2004, 801 (805).
580 *Müglich/Lapp*, CR 2004, 801 (805).
581 *Müglich/Lapp*, CR 2004, 801 (805); siehe zum Arbeitnehmerüberlassungsgesetz und SCRUM auch unter **C.III.3.**
582 *Müglich/Lapp*, CR 2004, 801 (805).
583 *Nicklisch*, in: Nicklisch, Der komplexe Langzeitvertrag (1987), S. 20.
584 *Müglich/Lapp*, CR 2004, 801 (805).
585 *von Craushaar*, BauR 1987, 14.

wie die Mitwirkungspflichten des Auftraggebers dort definiert und durchgesetzt werden.

b) Lösungsansätze des Baurechts?

Wie bereits benannt, handelt es sich auch bei einem Bauvertrag um einen *komplexen Langzeitvertrag*.[586] Dem Bauvertrag liegt das sog. Kooperationsmodell zugrunde.[587] Das bedeutet, dass eine vertrauensvolle Zusammenarbeit der Vertragsbeteiligten notwendig ist, um die praktische Durchführung des Bauvertrages überhaupt erst zu ermöglichen.[588] Dies begründet sich in den *„komplexen organisatorischen, bautechnischen und bauablauftechnischen Verzahnungen und wechselseitigen Abhängigkeiten"*,[589] die in der alltäglichen Baupraxis üblich sind. Eine solche Zusammenarbeit setzt allerdings voraus, dass beide Vertragsparteien zur Mitwirkung am Gelingen des Projekts verpflichtet sind.[590] Dieses Kooperationsverhältnis mit beiderseitigen Verpflichtungen ergibt sich aus *„Treu und Glauben und dem dazu gehörenden Redlichkeitsgebot im Geschäftsverkehr (§§ 242, 157 BGB)"*.[591]

Im Bauvertragsrecht liegt ein Schwerpunkt darauf, die Mitwirkung des Auftraggebers nicht bloß als Obliegenheit des Gläubigers (§ 642 BGB) einzuordnen, sondern die Maßnahmen gleichermaßen als Mitwirkungs*pflicht* des Schuldners auszugestalten.[592] Auch im Bauvertragsrecht haben die Parteien die Möglichkeit Haupt- oder Nebenleistungspflichten frei zu vereinbaren. Die Parteivereinbarungen sind auch in einem solchen Fall nach den allgemeinen Grundsätzen auszulegen, §§ 133, 157 BGB. Bei Fehlen gesonderter Vereinbarungen ist auf die gesetzlichen Vorschriften abzustellen. Wie bereits aufgezeigt, beinhaltet das Werkvertragsrecht des Bürgerlichen Gesetzbuches keine Mitwirkungs*pflichten* des Auftraggebers.[593] Aufgrund dessen werden solche Pflichten im (privaten) Baurecht in der VOB/B konkretisiert.[594] Die Regelungen der VOB/B werden

---

586 Siehe oben unter D.I.
587 Siehe dazu Ganten/Jansen/Voit, *Hartung*, Vorb. § 3 VOB/B Rn. 9.
588 Ganten/Jansen/Voit, *Hartung*, Vorb. § 3 VOB/B Rn. 9; so auch *Nicklisch*, in: Nicklisch, Der komplexe Langzeitvertrag (1987), S. 20.
589 Ganten/Jansen/Voit, *Hartung*, Vorb. § 3 VOB/B Rn. 9.
590 Ganten/Jansen/Voit, *Hartung*, Vorb. § 3 VOB/B Rn. 9.
591 Ganten/Jansen/Voit, *Hartung*, Vorb. § 3 VOB/B Rn. 9.
592 Kniffka/Koeble, *Kniffka*, 8. Teil, Rn. 18 f.
593 Siehe oben unter C.IV.2. und D.III.1.
594 Ganten/Jansen/Voit, *Hartung*, Vorb. § 3 VOB/B Rn. 9; siehe zur VOB/B oben unter D.II.

mittlerweile klar als allgemeine Geschäftsbedingungen aufgefasst.[595] Voraussetzung für eine Anwendbarkeit der VOB/B ist somit, dass die Parteien diese wirksam in den Vertrag einbezogen haben. Mitwirkungspflichten des Auftraggebers finden sich insbesondere in § 3 Abs. 1-4 VOB/B sowie § 4 Abs. 1 Nr. 1, Abs. 4 VOB/B.[596] Diese Mitwirkungspflichten sind für den VOB/B-Bauvertrag vorgesehen, gelten über §§ 242, 157 BGB allerdings auch für den BGB-Bauvertrag.[597] § 4 VOB/B dient dazu, Rechte und Pflichten beider Vertragsparteien möglichst zu konkretisieren, wobei die dort genannten Pflichten nicht abschließend sind, sondern bloß besonders wesentliche Pflichten des Auftraggebers darstellen.[598]

Im privaten Baurecht haben sich einzelne Pflichten des Auftraggebers bei Durchführung des (BGB-)Bauvertrages herausgebildet:[599]

Der Auftraggeber ist nach ständiger Rechtsprechung des *Bundesgerichtshofes* verpflichtet dem Auftragnehmer die maßgeblichen Planungsunterlagen auszuhändigen.[600] Der Auftraggeber hat dem Auftragnehmer die zuverlässigen Pläne zur Verfügung zu stellen,[601] bspw. die Planungen des Architekten aber auch die Bewehrungs- und Schalpläne.[602] Für Verzögerungsschäden aufgrund einer Mangelhaftigkeit der Pläne kann der Auftraggeber dem Auftragnehmer haften, §§ 280 Abs. 1, 2, 286 BGB.[603]

Des Weiteren wird eine Koordinierungspflicht des Auftraggebers angenommen, wenn dem nicht die Vereinbarungen des Einzelfalles entgegenstehen.[604] Das bedeutet, dass der Auftraggeber verpflichtet ist die *„Entscheidungen zu treffen,*

---

595 Ganten/Jansen/Voit, *Sacher*, VOB/B Einleitung Rn. 38 ff.; vgl. Kapellmann/Messerschmidt, *von Rintelen*, 3. Teil, Einleitung Rn. 38 ff., 44 ff.; Nicklisch/Weick/Jansen/Seibel, *Jansen,* VOB/B Einführung Rn. 7.
596 Ganten/Jansen/Voit, *Hartung*, Vorb. § 3 VOB/B Rn. 10; siehe hierzu auch den Überblick über die baubezogenen Mitwirkungspflichten bei Ganten/Jansen/Voit, *Hartung*, Vorb. § 3 VOB/B Rn. 30.
597 Ganten/Jansen/Voit, *Hartung*, Vorb. § 3 VOB/B Rn. 89 m. w. N.; siehe hierzu auch *von Craushaar*, BauR 1987, 14 m. w. N.
598 Kapellmann/Messerschmidt, *Merkens,* § 4 VOB/B, Rn. 2.
599 Siehe hierzu auch bei ibr-online-Kommentar Bauvertragsrecht, *Kniffka*, § 631 Rn. 636 ff.
600 BGH, Urt. v. 29.11.1971, Az. VII ZR 101/70 = BGH, NJW 1972, 447; BGH, Urt. v. 27.06.1985, Az. VII ZR 23/84 = NJW 1985 2475 = BGHZ 95, 128; BGH, Urt. v. 21.10.1999, Az. VII ZR 185/98 = NJW 2000, 1336.
601 BGH, Urt. v. 21.10.1999, Az. VII ZR 185/98 = NJW 2000, 1336.
602 ibr-online-Kommentar Bauvertragsrecht, *Kniffka*, § 631 Rn. 641.
603 BGH, Urt. v. 21.10.1999, Az. VII ZR 185/98 = NJW 2000, 1336 (1337) m. w.N.
604 ibr-online-Kommentar Bauvertragsrecht, *Kniffka*, § 631 Rn. 636.

die für die reibungslose Ausführung des Baus unentbehrlich sind, wozu auch die Abstimmung der Leistungen der einzelnen Unternehmer während der Bauausführung („Koordinierungspflicht") gehört".[605] Die Koordinierung ist (ähnlich wie die Planung) eine Vorstufe zur Bauausführung, wie durch §§ 3, 4 VOB/B deutlich wird.[606] Während der Bauausführung ist jedoch gleichermaßen das Zusammenwirken der einzelnen Gewerke zu koordinieren, sodass diese Aufgabe nach der Grundkonzeption der VOB/B dem Planenden zugewiesen wird, dem der Gesamtüberblick über das Bauvorhaben unterstellt wird.[607] Nach der VOB/B ist der Planende der Auftraggeber.[608] In der Baupraxis wird diese planerische und überwachende Tätigkeit üblicherweise einem Architekten oder Ingenieur übertragen.[609] Der überwachende Architekt oder Ingenieur ist dem Bauherren als Erfüllungsgehilfe gemäß § 278 BGB zuzurechnen.[610]

Durch die Verpflichtung *„diejenigen Entscheidungen zu treffen, die für die reibungslose Ausführung des Baues erforderlich sind"*[611], soll der Auftraggeber dazu verpflichtet werden die Fortführung des Baues durch das Treffen von Entscheidungen zu bewirken. Der Bau soll nicht zum Erliegen kommen, weil der Auftraggeber keine Entscheidung trifft. Aus diesem Grund soll der Auftragnehmer die Möglichkeit haben eine Entscheidung durch den Auftraggeber klageweise durchsetzen zu können.

Auch die Benennung von Ausführungsterminen (vgl. § 5 Abs. 2 VOB/B) kann eine Mitwirkungspflicht des Auftraggebers und keine reine Obliegenheit darstellen.[612]

Des Weiteren ist eine Mitwirkungspflicht des Auftraggebers, dass er dem Auftragnehmer Zutritt zur Baustelle gewährt. Ein Zutrittsrecht des Auftragnehmers ergibt sich nicht aus § 4 Abs. 1 Nr. 2 VOB/B, da dort bloß ein Zutrittsrecht des Auftraggebers zu *„Arbeitsplätzen, Werkstätten und Lagerräumen, wo die vertragliche*

---

605 BGH, Urt. v. 29.11.1971, Az. VII ZR 101/70 = NJW 1972, 447 (448) m. w. N.
606 Ganten/Jansen/Voit, *Junghenn*, § 4 Abs. 1 VOB/B, Rn. 11.
607 Ganten/Jansen/Voit, *Junghenn*, § 4 Abs. 1 VOB/B, Rn. 11.
608 Ganten/Jansen/Voit, *Junghenn*, § 4 Abs. 1 VOB/B, Rn. 11.
609 Ganten/Jansen/Voit, *Junghenn*, § 4 Abs. 1 VOB/B, Rn. 14.
610 So u. a. Ganten/Jansen/Voit, *Junghenn*, § 4 Abs. 1 VOB/B, Rn. 14 f. m. w. N.; a.A. BGH, Urt. v. 27.06.1985, Az. VII ZR 23/84 = NJW 1985, 2475 („Vorunternehmer"-Urteil I); sowie BGH, Urt. v. 21.10.1999, Az. VII ZR 185/98 = NJW 2000, 1336 („Vorunternehmer"-Urteil II).
611 BGH, Urt. v. 27.06.1985, Az. VII ZR 23/84 = NJW 1985, 2475.
612 BGH, Urt. v. 30.09.1971, Az. VII ZR 20/70 = NJW 1972, 99; ibr-online-Kommentar Bauvertragsrecht, *Kniffka*, § 631 Rn. 636.

Mitwirkungspflichten des Auftraggebers

Leistung oder Teile von ihr hergestellt oder die hierfür bestimmten Stoffe und Bauteile gelagert werden" bestimmt wird. Ein Zutrittsrecht des Auftragnehmers zur Baustelle ist jedoch schon unter Heranziehung des Treu und Glauben Grundsatzes (§ 242 BGB) zu bejahen, da der Auftragnehmer durch den verweigerten Zutritt an der Erbringung seiner vertraglichen Verpflichtung gehindert werden würde. Das Redlichkeitsgebot aus §§ 242, 157 BGB[613] sowie das hieraus resultierende Kooperationsverhältnis zwischen Auftraggeber und Auftragnehmer wäre nicht mehr gewahrt, wenn der Auftraggeber dem Auftragnehmer (willkürlich) den Zutritt zur Baustelle verweigern könnte. Gleiches ergibt sich auch, wenn man den Rechtsgedanken des § 4 Abs. 4 VOB/B heranzieht:[614] wenn der Auftraggeber schon verpflichtet ist dem Auftragnehmer unentgeltlich die Benutzung oder Mitbenutzung notwendiger Lager- und Arbeitsplätze auf der Baustelle (lit. a)) sowie die vorhandenen Zufahrtswege (lit. b)) zu überlassen, dann muss er erst recht verpflichtet sein dem Auftragnehmer den Zutritt zur Baustelle selbst zu gewähren.

Sähe man hierin eine bloße Obliegenheit gemäß § 642 BGB wäre die Folge, dass der Auftraggeber durch die Verweigerung des Zutritts in Annahmeverzug gemäß §§ 293 ff. BGB geriete. Zwar könnte der Auftragnehmer hierauf gestützt den Vertrag kündigen (§ 643 BGB) und Vergütung nach Maßgabe des § 645 BGB verlangen. Interessengerechter ist vielmehr jedoch die Einordnung als einklagbare Pflicht, da der Auftragnehmer durch eine solche Zutrittsverweigerung an der Erbringung seiner Vertragspflichten gehindert wird. Gestützt auf diese *Pflicht*verletzung kann der Auftragnehmer Schadensersatzansprüche gegen den Auftraggeber geltend machen.

Nach Auffassung des *Bundesgerichtshofes* handelt es sich auch um eigenständige Mitwirkungspflichten des Auftraggebers, wenn die Parteien vereinbaren, dass der Auftraggeber seinerseits (Vor-)Leistungen („Eigenleistungen") des Bauvorhabens übernimmt.[615] Hierzu verwies der *Bundesgerichtshof* in den Entscheidungsgründen auf ein Urteil des *Oberlandesgerichts Celle*[616]. In dem Rechtsstreit vor dem *Oberlandesgericht Celle* war unter anderem über die Verpflichtung des Auftraggebers zum Bau einer Behelfsbrücke zu entscheiden. Der Auftraggeber hatte eine entsprechende Verpflichtung zum Bau der Brücke übernommen. Die

---

613 Siehe hierzu bereits vorstehend.
614 Ausführlich dazu Ganten/Jansen/Voit, *Junghenn*, § 4 VOB/B Rn. 1 ff.
615 BGH, Urt. v. 21.10.1999, Az. VII ZR 185/98 = NJW 2000, 1336; ibr-online-Kommentar Bauvertragsrecht, *Kniffka*, § 631 Rn. 640 m. w. N.
616 OLG Celle, Urt. v. 15.10.1992, Az. 22 U 191/91 = BauR 1994, 629.

Fertigstellung dieser Behelfsbrücke verzögerte sich jedoch, sodass die vereinbarten Ausführungsfristen überzogen wurden. Das *Oberlandesgericht Celle* war der Auffassung, dass Ausführungsfristen nicht nur für den Auftragnehmer, sondern auch für den Auftraggeber verbindlich seien. Es bestand daher für den Auftraggeber die Pflicht die Behelfsbrücke zum vereinbarten Zeitpunkt wie vertraglich vorgesehen zur Verfügung zu stellen. Falls der Auftraggeber diese Verpflichtung nicht selbst erbringt, sondern sich hierzu eines anderen Unternehmers bedient, ist dieser andere Unternehmer Erfüllungsgehilfe gemäß § 278 BGB dessen Verschulden dem Auftraggeber zugerechnet wird.[617] Die Mehrkosten des Auftragnehmers infolge dieser Verzögerung waren vom Auftraggeber gemäß § 6 Abs. 6 VOB/B zu ersetzen.

c) Übertragbarkeit

In der baurechtlichen Literatur und Rechtsprechung ist die Thematik der Auftraggeber-Mitwirkungspflichten wie aufgezeigt seit Jahrzehnten präsent. Einzelne Mitwirkungspflichten des Auftraggebers ergeben sich bereits aus den Vorschriften der VOB/B.[618] Diese sind jedoch zunächst nicht isoliert verallgemeinerungsfähig, da die VOB/B darauf ausgelegt ist ein Gleichgewicht zwischen Rechten und Pflichten beider Vertragsparteien herzustellen.[619] Durch die Rechtsprechung des *Bundesgerichtshofes* wurden ausgewählte Maßnahmen jedoch als derart relevant für die praktische Durchführung des Bauvertrages erachtet, dass diese als allgemeine Mitwirkungs*pflichten* des Auftraggebers anerkannt sind.[620] Es handelt sich daher nicht bloß um Obliegenheiten des Auftraggebers, wenn die Maßnahmen „*unmittelbar die Baustellenversorgung und den Fortgang des Bauleistungsprozesses*" betreffen.[621]

In der einleitenden Problemstellung wurde bereits aufgezeigt, dass hinsichtlich der Erstellung eines Pflichtenheftes ungeklärt war, ob dies eine Pflicht des Auftraggebers darstelle. Im privaten Baurecht werden die Mitwirkungspflichten des Auftraggebers zur Herausgabe von Plänen und anderen Dokumenten an den Auftragnehmer beispielsweise in § 3 Nr. 1 VOB/B und § 9 VOB/B festgelegt.[622]

---

617 Siehe hierzu auch BGH, Urt. v. 01.10.1991, Az. X ZR 128/89 = BeckRS 1991, 31061987.
618 Ganten/Jansen/Voit, *Hartung*, Vorb. § 3 VOB/B Rn. 10; siehe hierzu auch den Überblick über die baubezogenen Mitwirkungspflichten bei Ganten/Jansen/Voit, *Hartung*, Vorb. § 3 VOB/B Rn. 30.
619 Vgl. Ganten/Jansen/Voit, *Sacher*, VOB/B Einleitung Rn. 6.
620 Siehe oben unter **D.III.1.b)**.
621 ibr-online-Kommentar Bauvertragsrecht, *Kniffka*, § 631 Rn. 641.
622 *Ihde*, CR 1999, 409 (411) m. w. N.

Diese Vorschriften der VOB/B sind ein Ausfluss der Obliegenheit des § 642 BGB.[623] Sie sind als Mitwirkungs*pflichten* ausgestaltet, die der Auftragnehmer somit klageweise durchsetzen kann.[624] Das Pflichtenheft ist als Anforderungsspezifikation der zugrundeliegende „Plan" der zu erstellenden Software. Eine Vergleichbarkeit der vor Bauausführung erstellten Baupläne mit einem Pflichtenheft dürfte zu bestätigen sein.[625] Die Erstellung eines Pflichtenheftes ist unter Berücksichtigung dessen daher nicht bloß eine Obliegenheit des Auftraggebers, sondern dessen Pflicht.[626] Fehlt ein Pflichtenheft, ist die Software entsprechend dem Stand der Technik bei einem mittleren Ausführungsstandard geschuldet.[627]

Die Umsetzung dessen, was das Pflichtenheft beinhaltet, geschieht oftmals in den Räumlichkeiten des Auftraggebers.[628] Der Auftragnehmer ist daher häufig darauf angewiesen die Räumlichkeiten des Auftraggebers zu betreten, um die Entwicklung der Software fortzusetzen. Die Konstellation, dass der Auftraggeber dem Auftragnehmer den Zutritt zu seinen Räumlichkeiten verweigert, ist vergleichbar mit einer Zutrittsverweigerung zur Baustelle. Zumindest in den Fällen, in denen der Auftragnehmer die Software nicht vollumfänglich ohne die Notwendigkeit des Zutritts zu den Räumlichkeiten des Auftraggebers erstellen kann, ist in der Zutrittsgewährung keine Verletzung einer Obliegenheit zu sehen, sondern eine Verletzung einer Pflicht. Durch diese Zutrittsverweigerung behindert der Auftraggeber einseitig den Fortgang des Leistungsprozesses.[629] Wie in der vorgestellten baurechtlichen Konstellation würde es dem Auftraggeber gegenüber dem Auftragnehmer große Willkür ermöglichen, wenn er frei den Zutritt erlauben oder verweigern könnte. Auf der Rechtsfolgenseite erscheint eine Ausgestaltung als Obliegenheit daher gegenüber dem Auftragnehmer nicht interessengerecht, da die ihm zustehenden Rechte aus §§ 643, 645 BGB nicht auf einer Stufe mit einem möglichen Schadensersatzanspruch stehen.[630] § 642

---

623 Ganten/Jansen/Voit, *Hartung*, Vorb. § 3 VOB/B Rn. 31; *Ihde*, CR 1999, 409 (411) m. w. N.
624 Vgl. *Ihde*, CR 1999, 409 (411) m. w. N.
625 So nach Auffassung von *Ihde*, CR 1999, 409 (411).
626 Zur Frage des Mitverschuldens eines Auftraggebers, wenn der Auftragnehmer seine Prüfungs- und Hinweispflichten nur fahrlässig verletzt BGH, Urt. v. 11.10.1990, Az. VII ZR 228/89 = NJW-RR 1991, 276; *Ihde*, CR 1999, 409 (411).
627 OLG Düsseldorf, Urt. v. 18.07.1997, Az. 22 U 3/97 = CR 1997, 732 = NJW-RR 1998, 345.
628 Siehe oben unter **D.III.1.a)**.
629 Vgl. ibr-online-Kommentar Bauvertragsrecht, *Kniffka*, § 631 Rn. 641.
630 Kniffka/Koeble, *Kniffka*, 8. Teil Rn. 19; siehe zum Entschädigungsanspruch aus § 642 BGB *Heinle*, BauR 1992, 428.

BGB ermöglicht dem Auftragnehmer nur eine Entschädigung, welche jedoch keine Geltendmachung eines entgangenen Gewinns ermöglicht.[631] Es ist daher bei Zutrittsverweigerung zu den Räumlichkeiten des Auftraggebers durch denselben davon auszugehen, dass dies eine Pflichtverletzung darstellt – zumindest insoweit der Auftragnehmer die Software nicht ohne Betreten der Räumlichkeiten des Auftraggebers weiterentwickeln kann. Dieses Ergebnis wird bestätigt, wenn man die Auffassung des *Bundesgerichtshofes* heranzieht, wonach eine Mitwirkungs*pflicht* des Auftraggebers auch ohne ausdrückliche Vereinbarung im Vertrag entstehen kann,[632] wenn der Auftragnehmer die Softwareentwicklung ohne Mitwirkung des Auftraggebers nicht „*sinnvoll*" fortführen und vollenden kann.[633]

Ein interessanter Ansatz ist darin zu sehen, dass im Baurecht vertreten wird, dass Mitwirkungs*pflichten* des Auftraggebers dann begründet werden, wenn die Parteien vereinbaren, dass der Auftraggeber Arbeiten in Eigenleistung durchführt oder diese durch einen Dritten verrichten lässt.[634] Relevanz könnte diese baurechtliche Konstellation für agile Programmierung unter Einsatz von SCRUM haben. Wenn der Auftraggeber eine tragende Rolle des SCRUM ausübt – üblicherweise als Product Owner – nimmt er hierdurch unmittelbar an der Entwicklung der Software teil. SCRUM ist auf Wissensaustausch und Kooperation ausgelegt, sodass regelmäßige Meetings eingeplant sind, um diesen Wissenstransfer umzusetzen.[635] Der SCRUM-Guide schreibt dabei vor, wer an diesen Meetings teilnimmt.[636]

Durch die Vereinbarung im Vertrag, welche Rollen des SCRUM jeweils vom Auftragnehmer und welche vom Auftraggeber besetzt werden, entsteht die Pflicht zur Ausführung dieser Rolle nach Maßgabe der zugrundeliegenden SCRUM-Regeln.[637] Hierzu zählt u.a. die Teilnahme an den vorausgesetzten Meetings während der Iterationen. SCRUM (nach *Schwaber* und *Sutherland*)[638] „lebt" von der aktiven Teilnahme der drei grundlegenden Rollen: SCRUM-Master, Product-Owner sowie Entwicklungsteam. Für eine erfolgreiche Entwicklung

---

631 *Schuster*, CR 2016, 627 (628) m. w. N.
632 Siehe hierzu auch Kilian/Heussen, *Wieczorek*, 1. Abschnitt, Teil 3. 32.5 Rn. 19 ff, 55.
633 BGH, Urt. v. 13.07.1988, Az. VIII ZR 292/87 = CR 1989, 102 = NJW-RR 1988, 1396.
634 BGH, Urt. v. 21.10.1999, Az. VII ZR 185/98 = NJW 2000, 1336; OLG Celle, Urt. v. 15.10.1992, Az. 22 U 191/91 = BauR 1994, 629; siehe oben unter **D.III.1.b)**.
635 *Lapp*, ITRB 2010, 69 (70 f.) sieht hierin eine Mitwirkung des Auftraggebers.
636 *Schwaber/Sutherland*, Der Scrum-Guide (2017), S. 9 ff.
637 Bspw. *Schwaber/Sutherland*, Der Scrum-Guide (2017), S. 1 ff.
638 *Schwaber/Sutherland*, Der Scrum-Guide (2017), S. 1 ff.

unter Einsatz von SCRUM ist maßgeblich, dass alle Rollen entsprechend des SCRUM-Guide ausgefüllt werden. Sollte der Auftraggeber nicht an den vorgesehenen Besprechungen teilnehmen, ist Folge dessen die eventuelle Verzögerung der Entwicklung, da ein Wissensaustausch und der dadurch bezweckte einheitliche Wissensstand nicht mehr gegeben ist. Dieser ist jedoch Grundlage des kooperativen Ansatzes beim SCRUM.

Die Teilnahme an den SCRUM-Ereignissen ist daher keine Obliegenheit des Auftraggebers, sondern dessen Pflicht. Bei fehlender Mitwirkung des Auftraggebers ist somit eine Verletzung der übernommenen Eigenleistungspflicht desselben zu sehen. Sofern der Auftraggeber selbst nicht die Pflichten erfüllt, sondern sich eines Dritten zur Erfüllung bedient, ist ihm dessen Verschulden gemäß § 278 S. 1 BGB zuzurechnen.[639]

Folge einer solchen Pflichtverletzung ist im Bauvertragsrecht, dass der Auftraggeber dem Auftragnehmer zum Schadensersatz gemäß § 6 Abs. 6 S. 1 VOB/B verpflichtet ist.[640] § 6 Abs. 6 S. 1 VOB/B ist weder direkt noch analog auf Softwareentwicklungsverträge anwendbar. Die Vorschrift wird ebenso nicht auf den BGB-Bauvertrag angewandt.[641] Jedenfalls haftet der Auftraggeber dem Auftragnehmer bei schuldhaft unterbliebener Mitwirkung für die Verzögerungsschäden, die aufgrund dieser Pflichtverletzung entstehen, nach den allgemeinen Vorschriften, §§ 280 Abs. 1, 2, 286 BGB.[642] Bei schuldhafter Verletzung einer Nebenpflicht kommt ein Anspruch aus §§ 280 Abs. 1, 241 Abs. 2 BGB in Betracht.[643]

Darüber hinaus könnte die Nicht-Teilnahme des Auftraggebers an entsprechenden Besprechungen gleichermaßen einen Verstoß gegen dessen Koordinierungspflicht darstellen.[644] Wie bereits beschrieben, findet im *Sprint Planning* eine Erarbeitung des *Sprint Backlogs* statt, welches für die jeweilige Iteration als

---

639 Vgl. Ganten/Jansen/Voit, *Junghenn*, § 4 Abs. 1 VOB/B, Rn. 14 f. m. w. N.; a.A. BGH, Urt. v. 27.06.1985, Az. VII ZR 23/84 = NJW 1985, 2475 („Vorunternehmer"-Urteil I); sowie BGH, Urt. v. 21.10.1999, Az. VII ZR 185/98 = NJW 2000, 1336 („Vorunternehmer"-Urteil II).
640 OLG Celle, Urt. v. 15.10.1992, Az. 22 U 191/91 = BauR 1994, 629; siehe oben unter **D.III.1.b)**.
641 Nicklisch/Weick/Jansen/Seibel, *Sonntag*, § 6 VOB/B, Rn. 198.
642 Siehe für das Verzögerungsrisiko des Auftraggebers bei Verletzung von Mitwirkungspflichten auch BGH, Urt. v. 05.05.1992, Az. X ZR 115/90 = NJW-RR 1992, 1141; vgl. Nicklisch/Weick/Jansen/Seibel, *Sonntag*, § 6 VOB/B, Rn. 198.
643 Vgl. Nicklisch/Weick/Jansen/Seibel, *Sonntag*, § 6 VOB/B, Rn. 198.
644 Siehe zu den Koordinierungspflichten des Auftraggebers unter **D.III.1.b)**.

Anforderungsbeschreibung herangezogen wird.[645] Den Auftraggeber trifft im Bauvertragsrecht die Pflicht „*Entscheidungen zu treffen, die für die reibungslose Ausführung des Baus unentbehrlich sind, wozu auch die Abstimmung der Leistungen der einzelnen Unternehmer während der Bauausführung („Koordinierungspflicht") gehört*".[646] Sollte der Auftraggeber nicht an der Erarbeitung des *Sprint Backlogs* teilnehmen, könnte hierin ein Unterlassen dieser Koordinierungspflicht gegeben sein. Zu berücksichtigen ist dabei, dass die Erarbeitung des *Spring Backlogs* aus dem *Product Backlog* alleine durch das Entwicklungsteam erfolgt.[647] Trotzdem ist die Rolle des Product-Owners während der Sprint-Plannings von großer Bedeutung, da der Product-Owner die Product-Backlog-Einträge formuliert.[648] Bei Unklarheiten ist der Product-Owner daher heranzuziehen, um Missverständnissen vorzubeugen und klare Ziele in das *Sprint Backlog* übernehmen zu können, die mit denen des *Product Backlogs* konkruent sind.[649]

Im Bauvertragsrecht resultiert aus der Koordinierungspflicht für den Auftraggeber die Pflicht „*Entscheidungen zu treffen, die für die reibungslose Ausführung des Baues erforderlich sind*"[650]. Solche Entscheidungen werden gerade innerhalb der einzelnen Besprechungen bei SCRUM kollegial getroffen. Die Nicht-Teilnahme an diesen Besprechungen (Sprint-Planning, DailySCRUM, Sprint-Review und Sprint-Retrospektive) führt daher zu einer Verletzung der Koordinierungspflicht und wirkt sich unmittelbar negativ auf den Fortgang des Entwicklungsprozesses aus.[651] Im Baurecht wird in einem solchen Fall die Verletzung einer Mitwirkungspflicht bejaht.[652] Unter Berücksichtigung des kooperativen Ansatzes einer agilen Programmierung unter Einsatz von SCRUM dürfte diese Auffassung übertragbar sein, sodass eine Nicht-Teilnahme an den Besprechungen während der SCRUM- Iterationen als Pflichtverletzung anzusehen ist.

---

645 Siehe oben unter **B.III.2.b)**.
646 Siehe oben unter **D.III.1.b)**.
647 *Schwaber/Sutherland*, Der Scrum-Guide (2017), S. 7; Siehe hierzu auch oben unter **B. III.1.b)**.
648 *Schwaber/Sutherland*, Der Scrum-Guide (2017), S. 6.
649 Vgl. *Lapp*, ITRB 2010, 69 (70 f.).
650 BGH, Urt. v. 27.06.1985, Az. VII ZR 23/84 = NJW 1985, 2475; siehe zur Notwendigkeit von Entscheidungen aus der Sphäre des Auftraggebers aus *Müller-Hengstenberg/ Krcmar*, CR 2002, 549 (552).
651 Vgl. ibr-online-Kommentar Bauvertragsrecht, *Kniffka*, § 631 Rn. 641.
652 ibr-online-Kommentar Bauvertragsrecht, *Kniffka*, § 631 Rn. 641.

d) Fazit

Wie auch im Bauvertragsrecht ist für die agile Softwareentwicklung festzustellen: *„Der Umfang der Mitwirkung des Bestellers geht [...] bei einem IT-Projekt weit über die von § 642 BGB vorgesehene Mitwirkung hinaus."*[653] Ein Blick ins Baurecht zeigt: es ist möglich, dass ausgewählte Mitwirkungen des Auftraggebers als Pflichten einzuordnen sind und nicht bloß eine Gläubigerobliegenheit gemäß § 642 BGB darstellen. Trotzdem ist auch im Baurecht zu erkennen, dass die Auslegung als Mitwirkungs*pflicht* eher die Ausnahme als die Regel ist.

Es lässt sich feststellen, dass bei einer Softwareentwicklung zunächst davon ausgegangen wird, dass zwischen dem Auftragnehmer und dem Auftraggeber ein Wissensgefälle besteht.[654] Aufgrund dessen erfolgt die Auslegung des Vertrages tendenziell eher zu Lasten des Auftragnehmers.[655] Infolgedessen dürfte auch die Auslegung von Mitwirkungen des Auftraggebers als vertragliche Pflicht und nicht als bloße Obliegenheit entsprechend restriktiv ausfallen.[656] Es ist daher geboten das Risiko einer solchen Auslegung zu Lasten des Auftragnehmers soweit möglich zu reduzieren. Es empfiehlt sich hierzu beispielsweise die SCRUM-Regeln, nach denen die agile Programmierung erfolgen soll, im Vertrag eindeutig zu definieren. Denkbar ist, dass die Parteien ausdrücklich vereinbaren, dass die Programmierung auf Grundlage des SCRUM nach *Schwaber* und *Sutherland* stattfinden soll.[657] Idealerweise nehmen die Parteien hierzu noch den *„Scrum-Guide"* als Anlage zum Vertrag.[658]

Zwar kann sich im Einzelfall bei fehlender Mitwirkung des Auftraggebers bereits eine Verletzung der Treuepflicht aus § 242 BGB ergeben, die in der Folge als positive Vertragsverletzung geltend gemacht werden kann.[659] Die sicherste Handlungsmöglichkeit besteht für die Parteien (insb. den Auftragnehmer) jedoch darin, dass sie im Vertrag bereits möglichst ausführlich und unmissverständlich die jeweiligen Rechte und Pflichten definieren.[660] Aus dieser Definition sollte

---

653 *Müller-Hengstenberg/Krcmar*, CR 2002, 549 (552).
654 Vgl. *Ihde,* CR 1999, 409 (411).
655 Mit Kritik an der „auftragnehmerfeindlichen" Haltung des BGH *Bühl,* BauR 1992, 26 (29 f.); *Ihde,* CR 1999, 409 (411).
656 Vgl. *Ihde,* CR 1999, 409 (411).
657 *Schwaber/Sutherland,* Der Scrum-Guide (2017), S. 1 ff.
658 *Schwaber/Sutherland,* Der Scrum-Guide (2017), S. 1 ff.
659 *Müller-Hengstenberg/Krcmar,* CR 2002, 549 (554) m. w. N.
660 *Kremer,* ITRB 2010, 283 (288); Vgl. *Lapp,* ITRB 2010, 69 (70 f.); dazu auch *Müller-Hengstenberg/Krcmar,* CR 2002, 549 (554); *Müller-Hengstenberg/Kirn,* CR 2008, 755 (762 f.).

ebenso unmissverständlich hervorgehen, dass die dort genannten Mitwirkungen des Auftraggebers mindestens *Nebenpflichten* und keinesfalls bloße Obliegenheiten darstellen. Hierbei ist auf Seiten des Auftragnehmers zu berücksichtigen, dass ihn gegenüber dem Auftraggeber Aufklärungs- und Beratungspflichten treffen.[661] Durch entsprechende Gestaltung des Vertrages ist klarzustellen, dass der Auftragnehmer den Auftraggeber über die Folgen einer Vereinbarung von Pflichten unterrichtet hat.

Im Übrigen empfiehlt es sich an die Überlegungen des Baurechts anzuknüpfen, wonach eine Maßnahme des Auftraggebers entweder die Verletzung einer Gläubigerobliegenheit oder die Verletzung einer Mitwirkungspflicht sein kann.[662] Unter Berücksichtigung der Kooperationsgedankens, der Bauverträge und Softwareentwicklungsverträge prägt, eröffnet diese Überlegung dem Auftragnehmer ein Wahlrecht, ob er sich auf die ihm zustehenden Rechte über § 642 BGB stützt oder ob er auf die Verletzung einer Mitwirkungspflicht und die daraus resultierenden Schadensersatzansprüche abstellt.[663] Oftmals wird es für den Auftragnehmer attraktiver sein Ansprüche auf Grundlage der Verletzung einer Mitwirkungspflicht geltend zu machen.[664] Denn die Erstellung einer Software erfolgt gerade in IT-Projekten nicht bloß im Interesse des Auftraggebers, sondern auch im Interesse des Auftragnehmers.[665] Die Erstellung und Fertigstellung von Software wirkt sich für den Auftragnehmer positiv auf dessen Markt- und Wettbewerbsfähigkeit aus, sodass der Auftragnehmer ein wirtschaftliches Interesse an der Durchführung des Vertrages hat.[666] Es ist daher wichtig, dass der Auftraggeber nicht einseitig das Scheitern des Projekts durch Verweigerung der Mitwirkung herbeiführen kann.[667] Die Mitwirkungspflichten des Auftraggebers müssen daher einklagbar und vollstreckbar sein.[668]

Die Auffassung des *Bundesgerichtshofs*[669], dass die Mitwirkung des Bestellers gemäß § 642 BGB lediglich die Verletzung einer Obliegenheit aber keine

---

661 Siehe hierzu unter **D.III.1.a)**.
662 Kniffka/Koeble, *Kniffka*, 8. Teil Rn. 18 f.
663 Vgl. Kniffka/Koeble, *Kniffka*, 8. Teil Rn. 18 f.
664 Vgl. *Müller-Hengstenberg/Krcmar*, CR 2002, 549 (554 f.).
665 Kapellmann/Messerschmidt, *Markus*, § 6 VOB/B Rn. 53 m. w. N.; *Müller-Hengstenberg/Krcmar*, CR 2002, 549 (554 f.).
666 *Müller-Hengstenberg/Krcmar*, CR 2002, 549 (554 f.).
667 Kapellmann/Messerschmidt, *Markus*, § 6 VOB/B Rn. 53 m. w. N.
668 Siehe dazu auch *Müller-Hengstenberg/Krcmar*, CR 2002, 549 (554).
669 So bspw. BGH, Urt. v. 16.05.1968, Az. VII ZR 40/66 = BGHZ 50, 175 = NJW 1968, 1873; BGH, Urt. v. 21.12.1999, Az. VII ZR 185/98 = NJW 2000, 133 = NZBau 2000,

Vertragspflichtverletzung darstelle, ist zumindest für *komplexe Langzeitverträge* zu überdenken.[670] Aufgrund der Relevanz der Auftraggeber-Mitwirkung für die praktische Durchführung solcher Verträge erscheint der Obliegenheitscharakter der Mitwirkungen gemäß § 642 BGB nicht interessengerecht.[671]

Zu begrüßen ist nach alledem, dass Gesetzgeber durch die Einarbeitung des § 648a Abs. 4 BGB n. F. erstmals durchklingen lässt, dass Mitwirkungspflichten des Auftraggebers (bzw. Bestellers) zu berücksichtigen sind. Die Vorschrift wird als *„bedeutende Neuerung"* gesehen, da hierdurch *„die ersten Schritte für ein Transitions- und Kündigungsmanagement vorgezeichnet"* werden.[672]

2. Change Management / Änderungsmanagement

Einem *komplexen Langzeitvertrag* haftet der Umstand an, dass der Vertragsgegenstand bei Vertragsschluss noch nicht vollumfänglich definierbar ist.[673] Der exakte Leistungsgegenstand entwickelt sich daher häufig erst mit Fortschreiten der Vertragsdurchführung. Änderungen (durch sog. *Change Requests*[674]) sind daher ein fester Bestandteil beinahe jedes IT-Projekts.[675]

Probleme können dann entstehen, wenn durch Änderungen des Leistungsgegenstandes beispielsweise Mehrarbeiten und Verzögerungen die Folge sind und die Vertragsparteien keine Regelungen hierzu im Vertrag vorgesehen haben.[676] Das allgemeine Werkvertragsrecht beinhaltet keine Vorschriften, die eine Einschränkung oder Erweiterung der vereinbarten Werkleistung ermöglichen. Eine Änderung kann daher erst recht nicht einseitig durch den Auftraggeber nach

---

187; BGH, Urt. v. 27.11.2008, Az. VII ZR 206/06 = NJW 2009, 582 = NZBau 2009, 185 = BGHZ 179, 55.
670 Siehe hierzu auch die Beiträge von *Kapellmann*, NZBau 2011, 193 (mit zahlreichen Nachweisen für die Mitwirkung als Nebenpflicht in Fußnote 6); siehe zu den Rechtsfolgen einer unterlassenen Mitwirkungshandlung ausführlich *Lachmann*, BauR 1990, 409; sowie *Schuster*, CR 2016, 627.
671 *Kapellmann*, NZBau 2011, 193; *Lachmann*, BauR 1990, 409; *Schuster*, CR 2016, 627.
672 *Hoeren/Pinelli*, MMR 2018, 199 (203).
673 *Nicklisch,* in: Nicklisch, der Komplexe Langzeitvertrag (1987), S. 19.
674 Siehe dazu auch Auer-Reinsdorff/Conrad, *Conrad/Witzel*, Teil C. Software-, Hardware- und Providerverträge, § 18 „IT-Projektmanagement", Ziffer VIII., Rn. 189 ff.
675 Siehe hierzu ausführlich bei Auer-Reinsdorff/Conrad, *Conrad/Witzel*, Teil C. Software-, Hardware- und Providerverträge, § 18 „IT-Projektmanagement", Ziffer VIII., Rn. 189.
676 Siehe hierzu auch bei Auer-Reinsdorff/Conrad, *Conrad/Witzel*, Teil C. Software-, Hardware- und Providerverträge, § 18 „IT-Projektmanagement", Ziffer VIII., Rn. 199 ff.

dessen Belieben angeordnet werden. Den Parteien eines IT-Projekts wird daher üblicherweise zur vertraglichen Vereinbarung eines *Change Managements* geraten, welches idealerweise den Ablauf der einzelnen *Change Requests* sowie die hieraus entstehenden Folgen regelt.[677] Mangels gesetzlicher Vorschriften besteht stets ein großes Konfliktpotential, wenn die Parteien keine Vereinbarungen über *Change Requests* getroffen haben.[678]

Darüber hinaus stellt sich in der Folge die Frage, ob und inwieweit Änderungen durch *Change Requests* vom Auftraggeber zu vergüten sind.[679] Vergleichsweise unproblematisch ist die Vergütungsfolge, wenn ein *Change Management* vereinbart wird, welches die Durchführung und die Folgen der einzelnen *Change Requests* umfasst. Sofern entsprechende Vereinbarungen nicht getroffen wurden, gestaltet sich die Frage der Vergütung ungemein schwieriger, da auch keine allgemein werkvertraglichen Vorschriften existieren, die die Vergütungsanpassung einseitiger Anordnungen regeln.[680]

a) Problemstellung

Traditionell erfolgt die Softwareentwicklung nach dem Wasserfallmodell.[681] Der theoretische Ansatz des Wasserfallmodells klingt verlockend und vielversprechend: Erst erfolgt eine umfangreiche Erarbeitung der gewünschten Auftraggeber-Anforderungen, deren Umsetzung in einem darauffolgenden Schritt stattfindet.[682] Abschließend testet der Kunde die erstellte Software.[683]

---

677 Auer-Reinsdorff/Conrad, *Conrad/Witzel*, Teil C. Software-, Hardware- und Providerverträge, § 18 „IT-Projektmanagement", Ziffer VIII., Rn. 189.
678 Siehe hierzu auch bei Auer-Reinsdorff/Conrad, *Conrad/Witzel*, Teil C. Software-, Hardware- und Providerverträge, § 18 „IT-Projektmanagement", Ziffer VIII., Rn. 198 ff.
679 Siehe dazu auch Auer-Reinsdorff/Conrad, *Conrad/Witzel*, Teil C. Software-, Hardware- und Providerverträge, § 18 „IT-Projektmanagement", Ziffer VIII., Rn. 205 ff.
680 *Conrad/Witzel* nennen § 632 BGB als allgemein werkvertragliche Vorschrift auf Grundlage derer dem Auftragnehmer ein Anspruch auf Anpassung der Vergütung zustehe, Auer-Reinsdorff/Conrad, *Conrad/Witzel*, Teil C. Software-, Hardware- und Providerverträge, § 18 „IT-Projektmanagement", Ziffer VIII., Rn. 206; siehe hierzu auch unter **D.III.2.c)**.
681 *Opelt/Gloger/Pfarl/Mittermayr*, Der agile Festpreis (2017), S. 39; *Hoeren/Pinelli*, MMR 2018, 199; siehe hierzu unter **B.II.**
682 Siehe hierzu ausführlich unter **B.II.1. & B.II.2.**
683 Siehe hierzu ausführlich unter **B.II.3.**

Dem Wasserfallmodell liegt der Leitgedanke zugrunde, dass der Auftraggeber (mit Unterstützung des Auftragnehmers[684]) zu Beginn bereits vollumfänglich definieren kann, was er nach dem möglicherweise monate- oder jahrelangen Entwicklungsprozess erhalten möchte.[685] Spätere Änderungen dieser ursprünglich definierten Anforderungen sind dabei nicht vorgesehen.

Die Attraktivität dieses Wasserfallmodells schwindet allerdings rapide, wenn man berücksichtigt, dass sich die Anforderungen an Softwareprojekte monatlich um ca. drei Prozent ändern.[686] Gründe hierfür können gesetzliche Änderungen, neue Ideen oder Strategien des Auftraggebers sowie auch technische Weiterentwicklungen sein.[687] Zur Umsetzung und Implementierung der Änderungen bedarf es *Change Requests*.[688] Ein *Change Request* ist kein Synonym für die Geltendmachung eines Mangels.[689] Der Auftragnehmer ist zur Mängelbeseitigung verpflichtet, zur Umsetzung von *Change Requests* hingegen nicht.[690] Ein *Change Request* ist vielmehr das Verlangen des Auftraggebers an den Auftragnehmer die Software nach den nunmehr aktualisierten Anforderungen zu erstellen.[691] *Change Requests* sind denkbar in den Fällen sog. unvermeidbarer Änderungen[692], nachträglicher Änderungen, die auf bestimmten Entscheidungen des Auftraggebers beruhen und solchen Änderungen, die notwendig sind, weil der Auftraggeber diese Anforderungen vergessen hat und der Auftragnehmer ihr Fehlen nicht erkennen konnte.[693] Vereinzelt wird in einem *Change Request* eine Aufforderung an den Auftragnehmer zur Abgabe eines Umsetzungsangebotes für diesen

---

684 Siehe zur Verantwortlichkeit der Pflichtenheft-Erstellung unter **D.III.1**.
685 Vgl. dazu *Opelt/Gloger/Pfarl/Mittermayr,* Der agile Festpreis (2017), S. 38 im Kontext des Festpreisvertrages.
686 *Opelt/Gloger/Pfarl/Mittermayr*, Der agile Festpreis, S. 40.
687 Siehe hierzu ausführlich bei Auer-Reinsdorff/Conrad, *Conrad/Witzel*, Teil C. Software-, Hardware- und Providerverträge, § 18 „IT-Projektmanagement", Ziffer VIII., Rn. 189.
688 Ausführlich erläutert sind *Change Requests* und *Change Management* bei Auer-Reinsdorff/Conrad, *Conrad/Witzel*, Teil C. Software-, Hardware- und Providerverträge, § 18 „IT-Projektmanagement", Ziffer VIII., Rn. 189.
689 MAH IT-Recht, *von dem Bussche/Schelinski*, Teil 1., C. Rn. 307.
690 MAH IT-Recht, *von dem Bussche/Schelinski*, Teil 1., C. Rn. 307.
691 MAH IT-Recht, *von dem Bussche/Schelinski*, Teil 1., C. Rn. 306.
692 Siehe hierzu auch BGH, Urt. v. 24.06.1986, Az. X ZR 16/85 = CR 1986, 799; siehe dazu auch Auer-Reinsdorff/Conrad, *Conrad/Witzel*, Teil C. Software-, Hardware- und Providerverträge, § 18 „IT-Projektmanagement", Ziffer VIII., Rn. 191.
693 Auer-Reinsdorff/Conrad, *Conrad/Witzel*, Teil C. Software-, Hardware- und Providerverträge, § 18 „IT-Projektmanagement", Ziffer VIII., Rn. 191.

Change gesehen.[694] Andere sehen hierin eine einseitige Leistungsbestimmung des Auftraggebers.[695] Ungeachtet dessen sind Mehrkosten und eine verlängerte Projektlaufzeit häufig die unvermeidbare Folge solcher *Change Requests*.[696]

Wie bereits benannt, wird bei einer agilen Programmierung auf eigenständige, aufeinanderfolgende Phasen verzichtet und es findet eine Programmierung in iterativen Schritten statt.[697] Bei einer agilen Programmierung unter Einsatz von SCRUM sind Änderungen während des laufenden Projekts nicht mehr die Ausnahme, sondern die einkalkulierte Regel.[698]

Eine agile Programmierung unter Einsatz von SCRUM setzt ein kooperatives Zusammenwirken der Beteiligten voraus.[699] Nach dem Grundgedanken einer agilen Vorgehensweise bedarf es keines gesonderten *Change Managements*. Allerdings erfolgt die Definition des Leistungsgegenstandes[700] auch bei einer agilen Programmierung durch übereinstimmende Willenserklärungen des Auftraggebers und des Auftragnehmers. Demzufolge besteht auch im Rahmen eines solchen agilen Projekts die Möglichkeit, dass der Auftraggeber einseitig Änderungen anordnen möchte, denen der Auftragnehmer nicht zustimmt. Ähnlich wie im Baurecht besteht vereinzelt das Interesse des Auftraggebers auf das Projekt und dessen Entwicklung (einseitig) Einfluss zu nehmen. Hierzu bedürfte es bei Fehlen gesetzlicher Regelungen jedoch entsprechender vertraglicher Vereinbarungen.

Ausweislich des *Agilen Manifests* von 2001 ist ein Prinzip der agilen Programmierung: „*Zusammenarbeit mit dem Kunden mehr als Vertragsverhandlung*"[701]. Eine umfangreiche vertragliche Vereinbarung eines *Change Managements*

---

694 Auer-Reinsdorff/Conrad, *Conrad/Witzel*, Teil C. Software-, Hardware- und Providerverträge, § 18 „IT-Projektmanagement", Ziffer VIII., Rn. 194.
695 Auer-Reinsdorff/Conrad, *Conrad/Witzel*, Teil C. Software-, Hardware- und Providerverträge, § 18 „IT-Projektmanagement", Ziffer VIII., Rn. 194 mit weitergehender Ansicht in Fn. 159.
696 Auer-Reinsdorff/Conrad, *Conrad/Witzel*, Teil C. Software-, Hardware- und Providerverträge, § 18 „IT-Projektmanagement", Ziffer VIII., Rn. 189.
697 Siehe oben unter **B.III.**
698 *Ernst*, CR 2017, 285 (290); *Bischof*, ITRB 2014, 117 (118); *Hengstler*, ITRB 2012, 113 (114); *Kremer*, ITRB 2010, 283 (286); vgl. http://agilemanifesto.org/ (zuletzt abgerufen am 24.11.2019).
699 Siehe oben unter **B.III.**
700 Sofern der agilen Programmierung ein Werkvertrag gemäß § 631 BGB zugrunde liegt, dessen Werkerfolg durch übereinstimmende Willenserklärungen der Vertragsparteien definiert wird.
701 https://agilemanifesto.org/iso/de/manifesto.html (zul. abgerufen am 11.11.2019).

könnte jedoch gegen dieses Grundprinzip agiler Programmierung verstoßen. Es ist jedoch zu kritisieren, dass dieses Prinzip des *Agilen Manifests* häufig falsch verstanden wird: durch das Wort „*mehr*" wird gerade *nicht* kommuniziert, dass Vertragsverhandlungen unwichtig sind und *nur* die Zusammenarbeit mit dem Kunden zählt.[702] Die Zusammenarbeit mit dem Kunden hat allerdings eine höhere Priorität als die Verhandlung des Vertrags. Die Vertragsgestaltung hat somit im Rahmen agiler Programmierung häufig bloß eine untergeordnete Rolle. Der zugrundeliegende Projektvertrag bleibt aber auch bei agiler Programmierung wichtig. Die vertragliche Vereinbarung eines *Change Managements* führt daher nicht zu einem Konflikt mit diesem Grundgedanken des *Agilen Manifests*.[703]

Da es jedoch häufig an entsprechenden Regelungen zum *Change Management* fehlt, ist auf die gesetzlichen Grundstrukturen und die Lösungsansätze der Rechtsprechung zurückzugreifen. Es stellt sich daher gleichermaßen im Rahmen einer agilen Programmierung die Frage, ob und wie der Auftraggeber solche einseitigen Änderungen anordnen und durchsetzen kann.

b) Lösungsansätze des Baurechts?

Auch im Bauvertragsrecht vereinbaren die Parteien durch übereinstimmende Willenserklärungen, dass der Auftragnehmer einen konkreten Werkerfolg zu einer bestimmten Vergütung erbringt, § 631 Abs. 1 BGB, § 650a BGB. Dennoch besteht häufig ein Interesse des Auftraggebers auch einseitig auf die vertragliche Leistung Einfluss nehmen zu können.[704] Die Gründe sind auch hier vielfältig: es kann sein, dass aus Auftraggebersicht weitere Maßnahmen des Auftragnehmers notwendig sind zur Erbringung des Leistungserfolges oder Leistungen des Auftragnehmers nach Auffassung des Auftraggebers anders erbracht werden müssen, um den vereinbarten Erfolg zu erreichen. Es kann aber auch sein, dass der Auftraggeber während der längeren Laufzeit eines solchen *komplexen Langzeitvertrages* nach seinem Belieben zusätzliche Leistungen des Auftragnehmers verlangen möchte. Hierfür bedarf es entsprechender Rechte des Auftraggebers.

Dem Anspruch des Auftraggebers auf einseitige Beeinflussung der vertraglichen Leistung steht das Interesse des Auftragnehmers an einer Anpassung der vereinbarten Vergütung bei Erweiterung der Leistungspflicht entgegen. Es

---

702 *Kühn/Ehlenz*, CR 2018, 139 (142); hierzu auch *Opelt/Gloger/Pfarl/Mittermayr*, Der agile Festpreis, S. 9 f.
703 Dazu auch *Bortz*, MMR 2018, 287 (291 f.).
704 Siehe hierzu auch *Maase*, BauR 2017, 781.

bedarf daher gleichermaßen eines entsprechenden Korrektivs auf Seiten des Vergütungsanspruchs. Unterschiede ergeben sich im Bauvertragsrecht, wenn ein VOB/B-Vertrag geschlossen wurde oder wenn ein BGB-Bauvertrag vorliegend ist.

aa) VOB/B

Wie bereits benannt, wird die VOB/B schon jahrzehntelang in Bauverträge einbezogen, um die Rechte und Pflichten der Vertragsparteien zu regeln.[705] Aufgrund dessen, dass der Bauvertrag als *komplexer Langzeitvertrag* angesehen wird, ergeben sich hieraus wie schon aufgezeigt erhöhte (Mitwirkungs-)Pflichten des Auftraggebers.[706] Gleichermaßen erweitert die VOB/B jedoch auch vereinzelt die Rechte des Auftraggebers. In der VOB/B werden dem Auftraggeber diverse einseitige Anordnungsrechte eingeräumt. Nennenswert sind hierbei vor allem § 4 Abs. 1 Nr. 3 VOB/B sowie § 1 Abs. 4 VOB/B.

§ 4 Abs. 1 Nr. 3 VOB/B ermöglicht es dem Auftraggeber, dem Auftragnehmer gegenüber Anordnungen zu treffen, solange hierbei die dem Auftragnehmer gemäß § 4 Abs. 2 VOB/B zustehende Leitung gewahrt wird. Die Anordnung erfolgt durch eine einseitige empfangsbedürftige Willenserklärung des Auftraggebers.[707] Die Anordnungen müssen hierbei zur vertragsgemäßen Ausführung der Leistung notwendig sein.[708] Ausweislich des Wortlauts darf eine Anordnung daher nicht erteilt werden, wenn sie nicht notwendig ist, um eine vertragsgemäße Leistung herbeizuführen.[709]

Hierbei ist zu berücksichtigen, dass durch diese Anordnungsbefugnis *nicht* das Recht des Auftraggebers erwächst, einseitig die auftragnehmerseitig geschuldete Leistung *zu erweitern* oder abzuändern.[710] Vielmehr ist der Auftraggeber lediglich befugt, sicherzustellen, dass die vom Auftragnehmer geschuldete Leistung in der Art erbracht wird, *wie* dies zwischen den Parteien vertraglich vereinbart wurde.[711] § 4 Abs. 1 S. 3 VOB/B ist somit ausschließlich ein Anordnungsrecht für solche Leistungen, die bereits Vertragsinhalt geworden sind.[712]

---

705 Siehe hierzu unter D.II. & D.III.1.b).
706 Siehe hierzu unter D.III.1.
707 Nicklisch/Weick/Jansen/Seibel, *Funke*, § 1 VOB/B Rn. 173.
708 Siehe zur Notwendigkeit bei Kapellmann/Messerschmidt, *Merkens*, VOB/B § 4 Rn. 26.
709 Hierzu Kapellmann/Messerschmidt, *Merkens*, VOB/B § 4 Rn. 27.
710 Kapellmann/Messerschmidt, *Merkens*, VOB/B § 4 Rn. 25.
711 Kapellmann/Messerschmidt, *Merkens*, VOB/B § 4 Rn. 25.
712 Kapellmann/Messerschmidt, *von Rintelen*, VOB/B § 1 Rn. 104a.

§ 1 Abs. 4 VOB/B beinhaltet ein weiteres Anordnungsrecht des Auftraggebers. Durch dieses Anordnungsrecht ist der Auftraggeber befugt vom Auftragnehmer zu verlangen, dass „nicht vereinbarte Leistungen, die zur Ausführung des vertraglichen Leistung erforderlich werden [...] mit auszuführen" sind, es sei denn der Betrieb des Auftragnehmers ist auf solche Leistungen nicht eingerichtet. Anders als § 4 Abs. 1 Nr. 3 VOB/B ist der Auftraggeber durch § 1 Abs. 4 VOB/B berechtigt, einseitig die geschuldete Leistung zu erweitern.[713] Das Anordnungsrecht des § 1 Abs. 4 VOB/B ermöglicht es dem Auftraggeber daher im Unterschied zum § 4 Abs. 1 Nr. 3 VOB/B nicht nur das „wie" anzuordnen, sondern gleichermaßen das „was" zu beeinflussen.[714] Notwendige Voraussetzung eines solchen Auftraggeber-Anspruchs auf Durchführung nicht vereinbarter Leistungen ist jedoch die Erforderlichkeit dieser Leistungen.[715]

Infolge einer solchen Anordnung und der hierdurch geänderten geschuldeten Leistung ist ebenso eine Anpassung der Vergütung notwendig.[716] Die Vergütungsanpassung solcher „VOB-Nachträge" gemäß § 1 Abs. 4 VOB/B ist in § 2 Abs. 6 VOB/B geregelt.[717]

Hiernach hat der Auftragnehmer einen unmittelbaren Anspruch auf eine besondere Vergütung infolge einer Leistungsänderung, § 2 Abs. 6 Nr. 1 S. 1 VOB/B. Der Auftragnehmer hat dem Auftraggeber diesen Anspruch jedoch anzukündigen, bevor er mit der Ausführung der geänderten Leistung beginnt, § 2 Abs. 6 Nr. 1 S. 2 VOB/B. Die Ermittlung der anzupassenden Vergütung bestimmt § 2 Abs. 6 Nr. 2 VOB/B.

§ 1 Abs. 4 VOB/B ist von **§ 1 Abs. 3 VOB/B** abzugrenzen.[718] Nach § 1 Abs. 3 VOB/B ist der Auftraggeber berechtigt, „Änderungen des Bauentwurfs anzuordnen". § 1 Abs. 3 VOB/B ist ein Leistungsbestimmungsrecht des Auftraggebers und seiner Grundkonzeption nach weniger beschränkt ausgestaltet als § 1 Abs. 4

---

713 Kapellmann/Messerschmidt, *von Rintelen*, VOB/B § 1 Rn. 104, 105 ff.
714 Siehe hierzu Kapellmann/Messerschmidt, *Merkens*, VOB/B § 4 Rn. 24.
715 Zur Erforderlichkeit der Leistungen Kapellmann/Messerschmidt, *von Rintelen*, VOB/B § 1 Rn. 106 ff.
716 Kapellmann/Messerschmidt, *Kapellmann*, VOB/B § 2 Rn. 177.
717 Dazu ausführlich Kapellmann/Messerschmidt, *Kapellmann*, VOB/B § 2 Rn. 177.
718 Zur Abgrenzung beider Anordnungsrechte Kapellmann/Messerschmidt, *von Rintelen*, VOB/B § 1 Rn. 104 f.; hinsichtlich der Vergütungsanpassung ist ebenso zu berücksichtigen, dass § 2 Abs. 5 VOB/B dem § 1 Abs. 3 VOB/B und § 2 Abs. 6 VOB/B dem § 1 Abs. 4 VOB/B zuzuordnen ist, Kapellmann/Messerschmidt, *Kapellmann*, VOB/B § 2 Rn. 177; zur eventuellen Unwirksamkeit der VOB/B Vorschriften wegen des § 650b BGB siehe *Kapellmann*, NZBau 2017, 635.

VOB/B.[719] Zu begründen ist dies damit, dass § 1 Abs. 4 VOB/B es dem Auftraggeber wie bereits genannt sogar ermöglicht, einseitig die geschuldete Leistung zu erweitern.[720]

bb) BGB

Vereinbaren die Parteien keine Geltung der VOB/B richtet sich der Bauvertrag nach den Vorschriften des Bürgerlichen Gesetzbuches. Durch das *Gesetz zur Reform des Bauvertragsrechts* wurden nicht bloß allgemein werkvertragliche Regelungen neu gefasst, sondern auch neue Regelungen in das Bürgerliche Gesetzbuch eingearbeitet.[721]

Auch das Bürgerliche Gesetzbuch umfasst seit dem 01.01.2018 spezielle Vorschriften zum Bauvertrag, §§ 650a ff. BGB.[722] Um auch im BGB-Bauvertrag eine einseitige Änderung der geschuldeten Leistung anordnen zu können, wurde § 650b BGB eingearbeitet.

§ 650b Abs. 1 S. 1 BGB beinhaltet Regelungen zur Änderung des Vertrages zwischen den Vertragsparteien.[723] Sofern der Besteller eine Änderung des vereinbarten Werkerfolgs, § 650b Abs. 1 S. 1 Nr. 1 BGB, oder eine Änderung, die zur Erreichung des vereinbarten Werkerfolgs notwendig ist, § 650b Abs. 1 S. 1 Nr. 2 BGB, begehrt, sollen die Vertragsparteien Einvernehmen über die Änderung und die infolge der Änderung zu leistende Mehr- oder Mindervergütung erzielen, § 650b Abs. 1 S. 1 BGB.[724]

---

719 Kapellmann/Messerschmidt, *von Rintelen*, VOB/B § 1 Rn. 49 ff.; kritisch zur eigenständigen Ausgestaltung von § 1 Abs. 3 VOB/B und § 1 Abs. 4 VOB/B Kapellmann/Messerschmidt, *von Rintelen*, VOB/B § 1 Rn. 104; siehe für anerkannte Beschränkungen des Anordnungsrechts gemäß § 1 Abs. 3 VOB/B aaO.
720 Kapellmann/Messerschmidt, *von Rintelen*, VOB/B § 1 Rn. 104.
721 Gesetzesentwurf der Bundesregierung, BT-Drucks. 18/8486, S. 7 ff., 24 ff., 46 ff.; siehe hierzu unter anderem *Kimpel*, NZBau 2019, 41; *Reiter*, JA 2018, 161; *Leinemann*, NJW 2017, 3113; *Ehrl*, DStR 2017, 2395; *Schmidt*, NJW-Spezial 2017, 684; *Schwenker/Wessel*, MDR 2017, 1093; *Zander*, BWNotZ 2017, 115; *Orlowski*, ZfBR 2016, 419; *Glöckner*, VuR 2016, 123; *Glöckner*, VuR 2016, 163.
722 Gesetz v. 28.04.2017 – Bundesgesetzblatt Teil I 2017 Nr. 23 04.05.2017 S. 969; Gesetzesentwurf der Bundesregierung, BT-Drucks. 18/8486, S. 52 ff.
723 Siehe dazu die Gesetzesbegründung im Gesetzesentwurf der Bundesregierung, BT-Drucks. 18/8486, S. 53 ff.; ausführlich zu § 650b Abs. 1 BGB *Oberhauser*, NZBau 2019, 3; auch *Langen*, BauR 2019, 303; siehe für eine AGB-rechtliche Betrachtung von § 1 Abs. 3, 4 VOB/B vor der Einführung des § 650b BGB *Langen*, NZBau 2019, 10.
724 Siehe ausführlich hierzu bei MüKoBGB, *Busche*, § 650b Rn. 6 ff.

Seinem Grundgedanken nach ist § 650b Abs. 1 S. 1 BGB zunächst darauf ausgerichtet, dass die Parteien eine einvernehmliche Lösung über die Änderung sowie die hierdurch herbeigeführte Mehr- oder Mindervergütung erzielen (sog. Einigungsmodell[725]).[726] Diskussionsbedarf besteht bei der Einordnung der Rechtsnatur dieses Änderungsbegehrens: Aufgrund des Wortlauts erscheint es nicht naheliegend § 650b Abs. 1 S. 1 BGB als Pflicht der Parteien anzusehen.[727] Vielmehr ist hierin eine Obliegenheit zu sehen, bei deren Nichtbeachtung entweder der Besteller oder der Unternehmer einen Rechtsnachteil erleidet:[728] Entweder ist der Besteller nicht berechtigt von seinem Anordnungsrecht gemäß § 650b Abs. 2 BGB Gebrauch zu machen, da es an der vorab nötigen Verhandlung zwischen den Parteien fehlt, oder der Unternehmer ist einem Anordnungsrecht des Bestellers ausgesetzt, wenn er keine Verhandlungsbereitschaft zeigt.[729]

§ 650b Abs. 1 S. 2 BGB beinhaltet eine Verpflichtung des Unternehmers zur Erstellung eines Angebotes über die Mehr- oder Mindervergütung. Dieses Angebot ist insbesondere von Relevanz für eine spätere Vergütungsanpassung gemäß § 650c BGB. Die übrigen Sätze des § 650b Abs. 1 BGB beinhalten hierbei weitergehende gesetzliche Regelungen, die einem Herbeiführen des Einvernehmens dienen sollen.[730]

Konkret als Anspruchsgrundlage für das Anordnungsrecht des Bestellers ausgestaltet wurde **§ 650b Abs. 2 BGB**.[731] § 650b Abs. 2 BGB verschafft dem Besteller ausdrücklich ein Anordnungsrecht, falls das Änderungsbegehren des Bestellers (vgl. Absatz 1) nicht binnen 30 Tagen erfolgreich zwischen den Vertragsparteien verhandelt werden sollte,[732] d.h. wenn kein Einvernehmen erzielt werden konnte.[733] Die Festlegung auf 30 Tage soll dazu dienen die Verhandlungen der

---

725 *Leinemann*, NJW 2017, 3113 (3115).
726 Gesetzesentwurf der Bundesregierung, BT-Drucks. 18/8486, S. 53; MüKo- BGB, *Busche*, § 650b Rn. 6 f.; *Oberhauser*, NZBau 2019, 3 (9).
727 MüKoBGB, *Busche*, § 650b Rn. 8.
728 MüKoBGB, *Busche*, § 650b Rn. 8.
729 MüKoBGB, *Busche*, § 650b Rn. 8.
730 Siehe hierzu vertiefend u.a. bei MüKoBGB, *Busche*, § 650b Rn. 9, 12 f.; von einer weitergehenden Darstellung wird mangels thematischer Relevanz abgesehen.
731 Gesetzesentwurf der Bundesregierung, BT-Drucks. 18/8486, S. 54.
732 MüKoBGB, *Busche*, § 650b Rn. 14; zur 30-Tage-Frist auch *Langen*, BauR 2019, 303 (311 f.); zum Ablauf bis zur wirksamen Ausübung des Anordnungsrechts durch den Besteller *Putzier*, NZBau 2018, 131.
733 Siehe hierzu MüKoBGB, *Busche*, § 650b Rn. 6.

Parteien nicht unbegrenzte Zeit lang andauern zu lassen.[734] Dies soll dem Zwecke dienlich sein, einen langfristig andauernden Baustopp zu verhindern, der infolge der Verhandlungen eintreten kann.[735]

Erst nach fruchtlosem Ablauf der 30 Tage ist der Besteller berechtigt dem Unternehmer die gewünschten Änderungen in Textform anzuordnen, § 650b Abs. 2 S. 1 BGB. Das Formerfordernis der Textform soll hierbei insbesondere die Beweissicherung garantieren.[736] Weiterhin soll hierdurch ein Schutz vor übereilten Anordnungen hergestellt werden.[737] Ein Abweichen vom Formerfordernis führt zur Nichtigkeit der Anordnung gemäß § 125 BGB.[738]

Wirksam ausgeübt ermöglicht das Anordnungsrecht dem Besteller die einseitige Leistungsänderung der Vertragspflichten mittels einer Gestaltungserklärung.[739] Aus § 650b Abs. 2 S. 2 BGB ergibt sich, dass den Unternehmer die Pflicht trifft der Anordnung des Bestellers nachzukommen,[740] es sei denn eine Anordnung gemäß § 650b Abs. 1 S. 1 Nr. 1 BGB ist für den Unternehmer unzumutbar.[741] Die Zumutbarkeit für den Unternehmer ist hierbei unter Berücksichtigung der Gesamtumstände des Einzelfalls zu ermitteln.[742]

Ein solches einseitiges Anordnungsrecht ist im Bürgerlichen Gesetzbuch an anderer Stelle nicht vorzufinden.[743] Es entspricht in seiner Ausgestaltung nicht dem Grundgedanken des Werkvertragsrechts, welches keine einseitigen Befugnisse ermöglicht, sondern Änderungen der vertraglichen Pflichten erst mit Einvernehmen der anderen Vertragspartei (sog. Konsensualprinzip) wirksam werden lässt.[744]

---

734 Beschlussempfehlung und Bericht, BT-Drucks. 18/11437, S. 41; kritisch hierzu *Leinemann*, NJW 2017, 3113 (3116); zur möglichen Abdingbarkeit der 30 Tage-Festlegung *Putzier*, NZBau 2018, 131 (133 f.).
735 Beschlussempfehlung und Bericht, BT-Drucks. 18/11437, S. 41.
736 Beschlussempfehlung und Bericht, BT-Drucks. 18/11437, S. 41; MüKoBGB, *Busche*, § 650b Rn. 16.
737 Beschlussempfehlung und Bericht, BT-Drucks. 18/11437, S. 41.
738 Beschlussempfehlung und Bericht, BT-Drucks. 18/11437, S. 41; MüKoBGB, *Busche*, § 650b Rn. 16.
739 MüKoBGB, *Busche*, § 650b Rn. 14.
740 MüKoBGB, *Busche*, § 650b Rn. 17.
741 Gesetzesentwurf der Bundesregierung, BT-Drucks. 18/8486, S. 53 f.; siehe zur (Un-)Zumutbarkeit bei MüKoBGB, *Busche*, § 650b Rn. 17, 11; eine umfangreiche Auseinandersetzung mit dem unbestimmten Rechtsbegriff der (Un-)Zumutbarkeit findet sich bei *Englert/Englert*, NZBau 2017, 579.
742 Gesetzesentwurf der Bundesregierung, BT-Drucks. 18/8486, S. 53 f.
743 Gesetzesentwurf der Bundesregierung, BT-Drucks. 18/8486, S. 53.
744 Motzke/Bauer/Seewald, *Seewald*, § 5 A. Rn. 190; *Reiter*, JA 2018, 161 (165).

Das Anordnungsrecht aus § 650b Abs. 2 BGB ist nicht identisch mit den einseitigen Anordnungsrechten der VOB/B.[745] Wie bereits benannt ist § 1 Abs. 3 VOB/B lediglich darauf gerichtet, dem Auftraggeber das Recht der Bauentwurfsplanung einzuräumen, während der Auftraggeber gemäß § 1 Abs. 4 VOB/B dazu berechtigt ist den Leistungserfolg zu beeinflussen.[746]

Unterschiede zwischen den Vorschriften ergeben sich einerseits darauf, dass § 650b Abs. 2 BGB nicht zwischen bereits geschuldeten und zusätzlichen Leistungen differenziert wie es in § 1 Abs. 3, 4 VOB/B der Fall ist.[747] Andererseits ermöglicht die VOB/B die sofortige Anordnung durch den Auftraggeber, wohingegen beim Anordnungsrecht gemäß § 650b Abs. 2 BGB eine vorherige Verhandlung der Vertragsparteien notwendig ist.[748]

Die Vergütung einer Anordnung gemäß § 650b Abs. 2 BGB ist in **§ 650c BGB** geregelt. § 650c BGB regelt die Vergütungsanpassung des Werkunternehmers bei Anordnungen nach § 650b Abs. 2 BGB.[749] Hierbei soll die Vorschrift wie bereits § 650b Abs. 1 BGB vorwiegend der Streitprävention dienlich sein und Streit über die Vergütung durch Einigung der Parteien verhindern.[750] Dies gilt ungeachtet dessen, ob dem Unternehmer durch die Anordnung eine Mehr- oder Mindervergütung zusteht.[751]

Die Vorschrift beinhaltet in Absatz 1 und Absatz 2 Vorgaben zur Berechnung der anzupassenden Vergütung.[752] Der Unternehmer hat hierbei ein Wahlrecht zwischen den Berechnungsgrundlagen der Vergütungsanpassung.[753] Gemäß § 650c Abs. 1 S. 1 BGB ist die Höhe des Vergütungsanspruchs für den infolge einer Anordnung des Bestellers nach § 650b Abs. 2 BGB vermehrten oder

---

745 Siehe auch die Gegenüberstellung bei *Kapellmann*, NZBau 2017, 635 vor dem Hintergrund einer eventuellen Unwirksamkeit der VOB-Klauseln aufgrund des § 650b BGB; siehe zur eventuellen Unwirksamkeit der VOB/B Klauseln auch *Oberhauser*, NZBau 2019, 3 (9 f.); dazu auch *Popescu*, BauR 2019, 317.
746 Siehe oben unter **D.III.2.b)aa)**.
747 BeckOGK, *Mundt*, BGB § 650b Rn. 216; *Langen*, NZBau 2019, 10 (13).
748 BeckOGK, *Mundt*, BGB § 650b Rn. 216; mittlerweile mehren sich die Bedenken, dass § 1 Abs. 4 VOB/B nach Einführung des § 650b BGB noch einer isolierten Klauselkontrolle standhalten könnte, siehe hierzu bspw. Nicklisch/Weick/-Jansen/Seibel, *Funke*, § 1 VOB/B Rn. 181 m. w. N.
749 Siehe hierzu auch *Reiter*, JA 2018, 161 (166 f.).
750 Gesetzesentwurf der Bundesregierung, BT-Drucks. 18/8486, S. 55.
751 MüKoBGB, *Busche*, § 650c Rn. 1.
752 MüKoBGB, *Busche*, § 650c Rn. 1; hierzu ausführlich *Althaus*, NZBau 2019, 15.
753 *Kapellmann*, NZBau 2017, 635 (637); *Leinemann*, NJW 2017, 3113 (3116).

verminderten Aufwand nach den tatsächlich erforderlichen Kosten (sog. Ist-Kosten[754]) mit angemessenen Zuschlägen für allgemeine Geschäftskosten,[755] Wagnis und Gewinn[756] zu ermitteln.[757] Hierdurch soll bezweckt werden, dass es abgesehen von der ursprünglichen Kalkulation (Absatz 2) ein weiteres Berechnungsmodell gibt.[758] Der Unternehmer kann gleichermaßen zur Anpassung seiner Vergütung auf seine Urkalkulation zurückgreifen, § 650c Abs. 2 S. 1 BGB.[759] Voraussetzung hierfür ist jedoch, dass diese Urkalkulation des Unternehmers *„vereinbarungsgemäß hinterlegt"* wurde, sodass der Unternehmer keine nachträgliche Manipulation dieser Urkalkulation vornehmen kann.[760]

cc) Baurechtliche Rechtsprechung

Trotz oder gerade wegen solchen einseitigen Änderungsrechten haben sich in der baurechtlichen Rechtsprechung weitergehende Auffassungen zum Änderungs- bzw. Nachtragsmanagement entwickelt.

Im Rahmen der Vergütungsvereinbarung haben die Parteien die Auswahl zwischen diversen gängigen Vergütungsmodellen.[761] Im Rahmen eines sog. Pauschalpreisvertrages vereinbaren die Parteien im Vertrag eine fixe Höhe der Vergütung.[762] Der Auftragnehmer ist an diese Vergütung gebunden und verpflichtet sich alle Arbeiten vorzunehmen, die notwendig und erforderlich sind, um den vereinbarten Werkerfolg zu erbringen.[763] Die Über- oder Unterschreitung dieser Vergütung ist damit Risiko des Auftragnehmers, während der Auftraggeber Gewissheit über die Vergütung der Werkleistung hat.[764]

Problematisch war im Rahmen eines solchen Pauschalpreisvertrages die Frage, ob weitere zusätzliche Leistungen des Auftragnehmers gesondert zu

---

754 *Ehrl*, DStR 2017, 2395 (2397); *Leinemann*, NJW 2017, 3113 (3117); *Orlowski*, ZfBR 2016, 419 (427).
755 Zur Begriffsbestimmung *Althaus*, NZBau 2019, 16 f.
756 Zur Begriffsbestimmung *Althaus*, NZBau 2019, 16 (17).
757 Siehe zur Gesetzesbegründung Gesetzesentwurf der Bundesregierung, BT-Drucks. 18/8486, S. 55 f.; kritisch *Kapellmann*, NZBau 2017, 635 (637); bereits vor Veröffentlichung des Gesetzesentwurfs kritisch zur Vergütungsanpassung durch Ermittlung der tatsächlich angefallenen Kosten *Kapellmann*, NZBau 2013, 537 (539).
758 MüKoBGB, *Busche*, § 650c Rn. 4.
759 Gesetzesentwurf der Bundesregierung, BT-Drucks. 18/8486, S. 56.
760 MüKoBGB, *Busche*, § 650c Rn. 7.
761 Siehe dazu ausführlich unter **D.III.3.**
762 MüKoBGB, *Busche*, § 631 Rn. 92.
763 MüKoBGB, *Busche*, § 631 Rn. 92.
764 MüKoBGB, *Busche*, § 631 Rn. 92.

vergüten sind oder ob auch diese weiteren Kosten durch die Vereinbarung eines Pauschalpreises abgegolten sind.[765] Nach Auffassung des *Bundesgerichtshofes* können solche Werkleistungen, die der ursprüngliche Werkvertrag mit Pauschalpreisabrede nicht beinhaltete, vom Auftraggeber gesondert zu vergüten sein.[766] Ein solcher weitergehender Vergütungsanspruch setzt voraus, dass zu den Leistungen, die der ursprünglichen Pauschalpreisabrede zugrunde gelegt wurden, weitere erhebliche, zunächst nicht vorgesehene Leistungen auf Veranlassung des Auftraggebers hinzukommen.[767] Es bedarf keines gesonderten (Werk-)Vertragsschlusses hinsichtlich dieser weitergehenden Vergütung.[768] Darüber hinaus hindert die Vereinbarung eines Pauschalpreisvertrages auch nicht den Anspruch des Auftragnehmers auf Vertragsstrafe (hier in Höhe von 0,2% der Bruttoschlussrechnungssumme pro Kalendertag), da durch die Pauschalpreisvereinbarung feststeht, welche Bruttoschlussrechnungssumme zu zahlen ist.[769]

Wie bereits benannt, trifft den Auftraggeber unter anderem die Pflicht dem Auftragnehmer die (Bau-)Pläne auszuhändigen.[770] Relevant ist in diesem Zusammenhang der Fall, in dem diese vom Auftraggeber überreichten Pläne eine nach Auffassung des Auftragnehmers nicht vereinbarte Leistung enthalten. In dem Fall, den das *Oberlandesgericht Düsseldorf* zu entscheiden hatte, war in den Plänen eine Rampe zu der im Keller gelegenen Garage eingezeichnet.[771] Führt der Auftragnehmer diese Leistung (hier: den Bau der vorgenannten Rampe) aus, ohne, dass der Auftraggeber dies bemängelt, ist hierin eine stillschweigende Zustimmung des Auftraggebers gemäß § 1 Abs. 4 S. 2 VOB/B zu sehen.[772] Folge

---

765 BGH, Urt. v. 08.01.2002, Az. X ZR 6/00 = BGH NJW-RR 2002, 740 = BGH, NZBau 2002, 325.
766 BGH, Urt. v. 08.01.2002, Az. X ZR 6/00 = BGH NJW-RR 2002, 740 = BGH, NZBau 2002, 325.
767 BGH, Urt. v. 08.01.2002, Az. X ZR 6/00 = BGH NJW-RR 2002, 740 = BGH, NZBau 2002, 325.
768 BGH, Urt. v. 08.01.2002, Az. X ZR 6/00 = BGH NJW-RR 2002, 740 = BGH, NZBau 2002, 325.
769 OLG Düsseldorf, Urt. v. 29.06.2001, Az. 22 U 221/00 = NJW-RR 2001, 1597; siehe hierzu auch BauR 2001, 1737.
770 Siehe hierzu oben unter **D.III.1.b)**.
771 OLG Düsseldorf, Urt. v. 29.06.2001, Az. 22 U 221/00 = NJW-RR 2001, 1597; siehe hierzu auch BauR 2001, 1737.
772 OLG Düsseldorf, Urt. v. 29.06.2001, Az. 22 U 221/00 = NJW-RR 2001, 1597; siehe hierzu auch BauR 2001, 1737.

hieraus ist, dass der Auftragnehmer Vergütung für diese zusätzlichen Leistungen gemäß § 2 Abs. 6 VOB/B verlangen kann.[773]

Die Änderungsbegehren müssen nicht ausdrücklich mitgeteilt werden. Änderungsbegehren des Auftraggebers erfolgen zwar üblicherweise durch Abgabe einer einseitigen empfangsbedürftigen Willenserklärung.[774] In der Rechtsprechung wird jedoch vertreten, dass eine Änderung auch stillschweigend angeordnet werden kann.[775] Der *Bundesgerichtshof* setzt hierfür voraus, dass *„die Änderung der Ausführung durch Umstände ausgelöst wird, die zum Verantwortungsbereich des Auftraggebers gehören, ihm also zuzurechnen sind".*[776] Die Änderung muss daher in jedem Fall auf den Auftraggeber zurückzuführen und diesem zurechenbar sein.[777] Diese Möglichkeit einer stillschweigenden Änderungsanordnung besteht somit jedenfalls immer dann, *„wenn sich für beide Vertragspartner unvorhergesehen schwierige, von der bisherigen Vergütungsvereinbarung nicht erfasste Bedingungen für die Ausführung ergeben und der Auftraggeber den Auftragnehmer die Leistung in Kenntnis dessen weiter ausführen lässt".*[778] Vor Ausführung dieser Leistung muss der Auftraggeber sie jedoch *„mit Wissen des Auftragnehmers [...] gebilligt haben."*[779] Eine stillschweigende Anordnung scheidet daher aus, wenn der Auftraggeber erst nach Ausführung Kenntnis von den kostenerhöhenden Umständen erlangt.[780]

Allerdings ist nicht jede Äußerung des Auftraggebers als Änderungsanordnung zu verstehen. Sofern der Auftraggeber kein klares Änderungsbegehren äußert, sondern bloß unverbindliche Vorschläge oder Wünsche äußert, ist hierin

---

773 BGH, Urt. v. 27.11.2003, Az. VII ZR 346/01 = NJW-RR 2004, 449 = NZBau 2004, 207.
774 BGH, Urt. v. 27.11.2003, Az. VII ZR 346/01 = NJW-RR 2004, 449 = NZBau 2004, 207 = ZfBR 2004, 254; OLG Düsseldorf, Urt. v. 21.11.2014, Az. I-22 U 37/14 = NJOZ 2015, 1481; vgl. Nicklisch/Weick/Jansen/Seibel, *Funke*, § 1 VOB/B Rn. 173.
775 BGH, Urt. v. 27.06.1985, Az. VII ZR 32/84 = NJW 1985, 2475 = BeckRS 9998, 100796; OLG Braunschweig, Urt. v. 02.11.2000, Az. 8 U 201/99 = BauR 2001, 1739 = BeckRS 2000, 30928851; OLG Brandenburg, Urt. v. 09.07.2002, Az. 11 U 187/01 = BauR 2003, 716 = BeckRS 2002, 30271246.
776 BGH, Urt. v. 27.06.1985, Az. VII ZR 32/84 = NJW 1985, 2475 = BeckRS 9998, 100796.
777 Siehe zum allgemeinen Vertretungsrecht im Rahmen einer Anordnung gemäß § 1 Abs. 4 VOB/B auch BGH, Urt. v. 27.11.2003, Az. VII ZR 346/01 = NJW-RR 2004, 449 = NZBau 2004, 207 = ZfBR 2004, 254.
778 OLG Dresden, Urteil v. 09.01.2013, Az. 1 U 1554/09 = BauR 2015, 1488 = BeckRS 2015, 15307.
779 OLG Düsseldorf, Urt. v. 13.12.1991, Az. 22 U 116/91 = NJW-RR 1992, 529.
780 OLG Düsseldorf, Urt. v. 13.12.1991, Az. 22 U 116/91 = NJW-RR 1992, 529.

noch keine einseitige Anordnung zu sehen.[781] Es ist zu unterscheiden zwischen einem unverbindlichen Wunsch, auf dessen Grundlage der Auftragnehmer sein bisheriges Verfahren überprüfen soll und einer eindeutigen Aufforderung des Auftraggebers, die einen zwingenden Charakter hat und *„dem Auftragnehmer keine andere Wahl lässt, was die Erbringung der geänderten Leistung und die Erfüllung des Vertrages angeht."*[782]

Eine Verzögerung oder Verschiebung des Baubeginns infolge einer Anordnung des Auftraggebers rechtfertigt einen Anspruch des Auftragnehmers auf Mehrvergütung gemäß § 2 Abs. 5 VOB/B.[783] Unter den Begriff der Anordnung gemäß § 2 Abs. 5 VOB/B fallen nicht nur einseitige Maßnahmen des Auftraggebers sondern auch die seines dazu berechtigten Vertreters.[784]

Dahingegen liegt ein Änderungsbegehren des Auftraggebers nicht vor, wenn die Erreichung des Werkerfolges für den Auftragnehmer durch bloße Erschwernisse verzögert wird.[785] Die gesonderte Vergütung über § 2 Abs. 5 VOB/B steht dem Auftragnehmer nur dann zu, wenn die geschuldete Leistung durch eine Anordnung des Auftraggebers beeinflusst und ausgeweitet wurde. Sofern sich die Erbringung des Leistungserfolges durch bloße Erschwernisse verzögert, auf die der Auftraggeber keinen Einfluss hat und die diesem auch nicht zurechenbar sind, kann keine zusätzliche Vergütung gemäß § 2 Abs. 5 VOB/B verlangt werden.[786] Es bedarf daher einer Kausalität zwischen der Anordnung des Auftraggebers und der späteren Verzögerung des Leistungserfolges.

Klärungsbedürftig kann im Einzelfall sein, ob der Auftraggeber bloß einseitig eine Leistung anordnen will und der Auftragnehmer dieses Begehren schlicht

---

781 OLG Braunschweig, Urt. v. 02.11.2000, Az. 8 U 201/99 = BauR 2001, 1739 = BeckRS 2000, 30928851.
782 OLG Braunschweig, Urt. v. 02.11.2000, Az. 8 U 201/99 = BauR 2001, 1739 = BeckRS 2000, 30928851.
783 OLG Düsseldorf, Urt. v. 27.06.1995, Az. 21 U 219/94 = NJW-RR 1996, 730 = BeckRS 9998, 14631.
784 OLG Düsseldorf, Urt. v. 27.06.1995, Az. 21 U 219/94 = NJW-RR 1996, 730 = BeckRS 9998, 14631; siehe zum allgemeinen Vertretungsrecht im Rahmen einer Anordnung gemäß § 1 Abs. 4 VOB/B auch BGH, Urt. v. 27.11.2003, Az. VII ZR 346/01 = NJW-RR 2004, 449 = NZBau 2004, 207 = ZfBR 2004, 254.
785 OLG Düsseldorf, Urt. v. 04.06.1991, Az. I-23 U 173/90 = BauR 1991, 774 = BeckRS 1991, 4189; KG, Urt. v. 23.03.1999, Az. 4 U 1635/97 = BauR 2000, 575 = BeckRS 1999, 30052799.
786 OLG Düsseldorf, Urt. v. 04.06.1991, Az. I-23 U 173/90 = BauR 1991, 774 = BeckRS 1991, 4189; KG, Urt. v. 23.03.1999, Az. 4 U 1635/97 = BauR 2000, 575 = BeckRS 1999, 30052799.

billigt oder ob die Parteien durch schlüssiges Verhalten diese weitergehende Leistung unmittelbar vereinbaren.[787] Nach Auffassung des *Bundesgerichtshofs* reicht eine „*schlichte Entgegennahme*" des Wollens von Leistungen nicht aus, um hierdurch den Abschluss eines Vertrages über diese weitergehenden Leistungen anzunehmen.[788] Durch die bloße Hinnahme und Umsetzung des Änderungsbegehrens entsteht somit keine Vertragsänderung. Es bleibt bei einer Änderungsanordnung und der hiermit verbundenen Vergütungsanpassung. Der Auftraggeber trägt die Darlegungs- und Beweislast, wenn er die Änderungsanordnung bestreitet und eine Vertragsänderung behauptet.[789]

Häufig werden die einseitigen Anordnungsrechte des Auftraggebers nicht individualvertraglich vereinbart, sondern durch Allgemeine Geschäftsbedingungen modifiziert oder ausgeschlossen.[790] Die Einbeziehung solcher Klauseln kann im Einzelfall unzulässig sein. Unzulässig ist beispielsweise eine Klausel, durch die der Anwendungsbereich des § 1 Abs. 4 VOB/B extensiv erweitert wird auf solche Leistungen, auf die der Betrieb des Auftragnehmers nicht eingerichtet ist.[791] Das Anordnungsrecht des Auftraggebers findet seine Grenzen bei solchen Anordnungen, die den Auftragnehmer über Gebühr belasten und auf die er nicht eingestellt ist. Bei einer solchen Erweiterung der Änderungsbefugnis auf Leistungen, auf die der Betrieb des Auftragnehmers nicht eingerichtet ist, handelt es sich folglich um eine unzulässige Klausel zu Lasten des Auftragnehmers.[792]

Gleichermaßen wird vereinzelt im umgekehrten Fall der Versuch angestellt den Anspruch auf Vergütungsanpassung des Auftragnehmers gemäß § 2 Abs. 6 VOB/B zu beeinträchtigen. Unwirksam ist beispielsweise eine Klausel, die die Vergütungsfolge des § 2 Abs. 6 VOB/B infolge einer Änderungsanordnung gemäß § 1 Abs. 4 VOB/B einschränkt oder ausschließt.[793]

---

787 BGH, Urt. v. 10.04.1997, Az. VII ZR 211/95 = NJW 1997, 1982 = IBBRS 2000, 0549.
788 BGH, Urt. v. 10.04.1997, Az. VII ZR 211/95 = NJW 1997, 1982 = IBBRS 2000, 0549.
789 BGH, Urt. v. 11.10.1994, Az. X ZR 30/93 = NJW 1995, 49 = IBBRS 2000, 0399.
790 Vgl. u. a. BGH, Urt. v. 25.01.1996, Az. VII ZR 233/94 = BauR 1996, 378 (380), wonach die einseitige Änderungsanordnung gem. § 1 Abs. 4 VOB/B nicht unangemessen benachteiligend ist.
791 Ganten/Jansen/Voit, *Jansen*, VOB/B § 1 Abs. 4 Rn. 29 m. w. N.; Kapellmann/Messerschmidt, *von Rintelen*, VOB/B § 1 Rn. 121 m. w. N.
792 Ganten/Jansen/Voit, *Jansen*, VOB/B § 1 Abs. 4 Rn. 29 m. w. N.
793 Ganten/Jansen/Voit, *Jansen*, VOB/B § 1 Abs. 4 Rn. 29 m. w. N.

c) Übertragbarkeit

Wie bereits benannt, kommt nahezu kein IT-Projekt ohne Änderungen während des Entwicklungsprozesses aus.[794] Auch die Einarbeitung des § 650b Abs. 2 BGB bewirkt für IT-Projekte künftig keine Änderungen der bisherigen Problematik einseitiger Anordnungsrechte. § 650b Abs. 2 BGB ist in Kapitel 2 des Untertitels 1 verortet und mithin nur auf Bauverträge gemäß § 650a BGB anzuwenden. Eine analoge Anwendung der Vorschrift auf andere Werkverträge als den Bauvertrag kommt schon mangels planwidriger Regelungslücke nicht in Betracht.

Das einseitige Anordnungsrecht aus § 1 Abs. 4 VOB/B ist bloß heranzuziehen, wenn die Parteien die VOB/B wirksam in den Vertrag einbezogen haben. Zwar hat der *Bundesgerichtshof* eine Anwendbarkeit des § 1 Abs. 4 VOB/B im Einzelfall über §§ 157, 242 BGB aus dem Grundsatz von Treu und Glauben für das BGB-Werkvertragsrecht bejaht.[795] Diese Anwendbarkeit erfolgte jedoch zum einen bloß im Rahmen einer AGB-Klauselkontrolle und zum anderen handelte es sich bei dem dort streitgegenständlichen Werkvertrag auch um einen Bauvertrag.[796] Auch die weitere Argumentation zu dieser ausnahmsweise zugelassenen Anwendbarkeit stützt sich ausschließlich auf das Bauvertragsrecht und die Funktion, die § 1 Abs. 4 VOB/B im Bauvertragsrecht erfüllt.[797] Eine Anwendbarkeit auf andere Werkverträge als den Bauvertrag lässt sich daher auf Grundlage dieser Rechtsprechung des *Bundesgerichtshofes* nicht überzeugend begründen.

Ein Anknüpfungspunkt für ein *Change Management* bei IT-Verträgen lässt sich daher aus dem Gesetz oder der VOB/B nicht herleiten. Aus den Vorschriften des Werkvertragsrechts ergibt sich daher keine Möglichkeit ein einseitiges Anordnungsrecht zugunsten des Auftraggebers eines IT-Projektes zu begründen. Folglich sollte ein *Change Management* notwendiger Bestandteil eines jeden IT-Vertrages sein – unabhängig davon, ob die Programmierung agil oder linear erfolgt.[798]

Die baurechtlichen Konstellationen haben jedoch gezeigt, welches Konfliktpotential durch gesetzliche oder durch die VOB/B einbezogene einseitige

---

794 Auer-Reinsdorff/Conrad, *Conrad/Witzel*, Teil C. Software-, Hardware- und Providerverträge, § 18 „IT-Projektmanagement", Ziffer VIII., Rn. 189.
795 BGH, Urt. v. 25.01.1996, Az. VII ZR 233/94 = BauR 1996, 378 (380).
796 BGH, Urt. v. 25.01.1996, Az. VII ZR 233/94 = BauR 1996, 378 (380).
797 BGH, Urt. v. 25.01.1996, Az. VII ZR 233/94 = BauR 1996, 378 (380).
798 Mit Rat hierzu auch Auer-Reinsdorff/Conrad, *Conrad/Witzel*, Teil C. Software-, Hardware- und Providerverträge, § 18 „IT-Projektmanagement", Ziffer VIII., Rn. 189; siehe hierzu bereits unter **D.III.2.a)**.

Anordnungsrechte entsteht und welche Lösungsansätze denkbar sind, um diese Konflikte zu lösen. Berücksichtigen sollte der Auftragnehmer insbesondere, dass ein Änderungsbegehren nach höchstrichterlicher Rechtsauffassung stets eindeutig aus dem Handeln (oder Unterlassen) des Auftraggebers hervorgehen sollte.[799] Wichtig ist darüber hinaus, dass das Änderungsbegehren (folglich eine einseitige empfangsbedürftige Willenserklärung) vom Auftraggeber selbst stammen muss oder diesem zumindest zugerechnet werden kann.[800] Hierbei sind die allgemeinen Regeln des Vertretungsrechts gemäß §§ 164 ff. BGB zu berücksichtigen.[801] Der Auftragnehmer muss sich daher im Zweifel von der Vertretungsmacht des anordnenden Dritten versichern.

Auch die Vergütung von *Change Requests* kann in der Folge problematisch werden. Aufgrund der fehlenden Anwendbarkeit des § 650b Abs. 2 BGB sowie des § 1 Abs. 4 VOB/B sind auch die entsprechenden Vergütungsanpassungen über § 650c BGB und § 2 Abs. 6 VOB/B nicht heranzuziehen. Die Vergütungsanpassung von Auftraggeber-Änderungen lässt sich jedoch adäquat durch die Regelungen des allgemeinen Werkvertragsrechts lösen. Vereinbaren die Parteien zwar ein einseitiges Anordnungsrecht des Auftraggebers, aber regeln sie nicht die Vergütungsfolge bei Mehrleistungen, kann § 632 Abs. 1 BGB herangezogen werden.[802] Die Vorschrift unterstellt die Vergütungspflicht der Leistungen, wenn die erbrachten Leistungen des Auftragnehmers nur gegen eine Vergütung zu erwarten sind.[803] Die Vorschrift ist allerdings nur anwendbar, wenn die Parteien diese Mehrleistungen oder geänderten Leistungen durch übereinstimmende Willenserklärungen, mithin einen Vertragsschluss, vereinbart haben.[804] Im Rahmen eines IT-Projekts ist der Auftragnehmer daher dazu angehalten auf hierdurch entstehende Mehrkosten hinzuweisen und eine Anpassung des Vertrages

---

799 Siehe hierzu unter **D.III.2.b)cc)**.
800 Siehe hierzu unter **D.III.2.b)cc)**.
801 Vgl. dazu BGH, Urt. v. 27.11.2003, Az. VII ZR 346/01 = NJW-RR 2004, 449 = NZBau 2004, 207 = ZfBR 2004, 254.
802 Auer-Reinsdorff/Conrad, *Conrad/Witzel*, Teil C. Software-, Hardware- und Providerverträge, § 18 „IT-Projektmanagement", Ziffer VIII., Rn. 206; Röhricht/GvW/Haas HGB, *A. Brandi-Dohrn*, Besondere Handelsverträge, Forschungs- und Entwicklungsverträge, Rn. 44.
803 Siehe hierzu ausführlich MüKoBGB, *Busche*, § 632 Rn. 4 ff.
804 Siehe zur Abgrenzung zwischen selbstständigem Auftrag und zusätzlicher Leistung zum bestehenden Werkvertrag auch BGH, Urt. v. 13.12.2001, Az. VII ZR 28/00 = NJW 2002, 1492 = NZBau 2002, 215; MüKoBGB, *Busche*, § 632 Rn. 4.

zu verlangen.[805] Bei Umsetzung dessen ist ein Anspruch des Auftragnehmers auf Vergütung von Zusatzleistungen über § 632 Abs. 1 BGB gegeben.[806] Eine Anpassung der Vergütung über § 632 Abs. 1 BGB entfällt allerdings, wenn die Parteien keinen Vertrag über die entsprechenden Änderungen geschlossen haben.[807] Eine Fiktion des Vertragsschlusses bewirkt § 632 Abs. 1 BGB nach Auffassung des *Bundesgerichtshofs* ausdrücklich nicht.[808] Auch die bloße Hinnahme dieses Änderungsbegehrens durch den Auftragnehmer führt nicht zu einer Vertragsänderung.[809] Bei einer bloß einseitigen Änderungsanordnung ohne Zustimmung des Auftragnehmers ist § 632 Abs. 1 BGB somit nicht heranzuziehen.

Bei Vorliegen eines Vertragsschlusses ist weitere Voraussetzung für eine Anwendbarkeit des § 632 Abs. 1 BGB, dass die Parteien weder eine positive noch eine negative Abrede hinsichtlich der Vergütung getroffen haben.[810] Die Vergütung eines Werkvertrages muss nicht zwingend durch Zahlung einer Geldleistung erfolgen.[811] Die Art und Weise der Vergütung ist irrelevant für § 632 Abs. 1 BGB; es wird jedoch das vollumfängliche Fehlen irgendeiner Vergütung vorausgesetzt.[812] Liegt auch diese Voraussetzung des § 632 Abs. 1 BGB vor, wird die Vereinbarung einer Vergütung zwischen den Parteien fingiert.[813]

Die Höhe der Vergütung richtet sich ausweislich der gesetzlichen Konzeption nach § 632 Abs. 2 BGB. Doch auch eine bloß stillschweigend vereinbarte Vergütung geht dem § 632 Abs. 2 BGB vor. § 632 Abs. 2 BGB ist darüber hinaus bloß dann heranzuziehen, wenn die Höhe der Vergütung nicht bestimmbar ist.[814] Im Rahmen von Nachträgen wird davon ausgegangen, dass auch den

---

805 Röhricht/GvW/Haas HGB, *A. Brandi-Dohrn*, Besondere Handelsverträge, Forschungs- und Entwicklungsverträge, Rn. 44.
806 Auer-Reinsdorff/Conrad, *Conrad/Witzel*, Teil C. Software-, Hardware- und Providerverträge, § 18 „IT-Projektmanagement", Ziffer VIII., Rn. 206; Röhricht/GvW/Haas HGB, *A. Brandi-Dohrn*, Besondere Handelsverträge, Forschungs- und Entwicklungsverträge, Rn. 44.
807 Siehe dazu MüKoBGB, *Busche*, § 632 Rn. 4 ff.
808 BGH, Urt. v. 24.06.1999, Az. VII ZR 196/98 = NJW 1999, 3554 = ZfBR 2000, 28 = IBBRS 2000, 0751 = ZIP 1999, 1762.
809 BGH, Urt. v. 10.04.1997, Az. VII ZR 211/95 = NJW 1997, 1982 = IBBRS 2000, 0549.
810 BGH, Urt. v. 14.07.1994, Az. VII ZR 53/92 = ZfBR 1995, 16 = BauR 1995, 88 = BeckRS 1994, 31061173; siehe dazu auch MüKoBGB, *Busche*, § 632 Rn. 5.
811 MüKoBGB, *Busche*, § 632 Rn. 3.
812 MüKoBGB, *Busche*, § 632 Rn. 4 ff.
813 Der BGH hat offengelassen, ob die Vorschrift als Fiktion oder Auslegungsregel anzusehen ist, BGH, Urt. v. 04.04.2006, Az. X ZR 122/05 = NJW 2006, 2472 = DS 2006, 278.
814 MüKoBGB, *Busche*, § 632 Rn. 19.

Nachtragsaufträgen die Vereinbarungen des Ursprungsauftrages zugrunde liegen.[815] Eine hierdurch ermöglichte Bestimmbarkeit der Vergütung der weitergehenden Änderungen reicht aus, um die Anwendbarkeit des § 632 Abs. 2 BGB zu hindern.[816] Die Mehrvergütung orientiert sich daher an den zusätzlich angefallenen Kosten. Die Darlegungs- und Beweislast der geforderten Mehrvergütung liegt beim Auftragnehmer.[817]

d) Fazit

Wie aufgezeigt ist die Vereinbarung eines umfassenden *Change Managements* daher für jedes IT-Projekt dringend anzuraten.[818] Aufgrund dessen, dass die Auslegung von Verträgen häufig zu Lasten des Auftragnehmers erfolgt,[819] ist diesen auch bezüglich eines *Change Managements* zu raten, dass sie ihre Beratungs- und Hinweispflichten berücksichtigen und eine entsprechend transparente und aufklärende Vertragsgestaltung vornehmen.[820]

Die aufgezeigte Rechtsprechung zum baurechtlichen Änderungs- und Nachtragsmanagement kann herangezogen werden, um entsprechende Rechtsfragen in IT-Projekten zu lösen. Bei der Ausgestaltung ihres vertraglichen *Change Managements* sollten die Parteien daher die dargestellten Lösungsansätze und Wertungen der baurechtlichen Rechtsprechung berücksichtigen. Das heißt sie sollten insbesondere darauf achten, dass einseitige Änderungsrechte in Allgemeinen Geschäftsbedingungen nicht wesentlich zu Lasten einer Partei ausgestaltet werden dürfen, da ansonsten eine Unangemessenheit der Klausel vorliegt. Dies gilt auch für Allgemeine Geschäftsbedingungen des Auftraggebers, die das Änderungsrecht über Gebühr erweitern und den zwingend gegenläufigen Vergütungsanspruch des Auftragnehmers einschränken oder gar vollständig ausschließen.

---

815 MüKoBGB, *Busche*, § 632 Rn. 19 m. w. N.
816 Bei Architekten ist bereits die Bausumme ausreichend, um eine weitere Vergütungshöhe zu ermitteln, BGH, Urt. v. 04.10.1979, Az. VII ZR 319/78 = NJW 1980, 122; siehe zur Bestimmtheit von Stundenlohnarbeiten BGH, Urt. v. 01.02.2000, Az. X ZR 198/97 = NJW 2000, 1107 = ZIP 2000, 543; vgl. dazu auch MüKoBGB, *Busche*, § 632 Rn. 19.
817 Auer-Reinsdorff/Conrad, *Conrad/Witzel*, Teil C. Software-, Hardware- und Providerverträge, § 18 „IT-Projektmanagement", Ziffer VIII., Rn. 207 f.
818 MAH IT-Recht, *von dem Bussche/Schelinski*, Teil 1., C. Rn. 309.
819 Siehe oben unter **D.III.1.d)**.
820 Vgl. dazu auch das Fazit unter **D.III.1.d)**.

3. Vergütung

Losgelöst von Nachtragsvergütungen ist die Vergütung der Programmierleistung selbst schon ein weiteres Problemfeld bei einer agilen Softwareentwicklung. Im Werkvertragsrecht entsteht der Vergütungsanspruch des Werkunternehmers bzw. Auftragnehmers mit der Abnahme des Werkes durch den Auftraggeber, §§ 641 Abs. 1 S. 1, 640 BGB. Die Höhe der Vergütung und ihre Ausgestaltung unterliegt der Parteivereinbarung.[821] Der Auftraggeber ist gemäß § 631 Abs. 1 BGB „zur Entrichtung der vereinbarten Vergütung verpflichtet." § 631 Abs. 1 BGB setzt dabei nicht voraus, dass die Vergütung in Geld zu erfolgen hat.[822]

Es wird vermutet, dass Werkleistungen entgeltlich erbracht werden.[823] Das Gesetz legt in § 632 Abs. 1 BGB fest, dass eine Vergütung bei fehlender Parteivereinbarung als stillschweigend vereinbart gilt, „wenn die Herstellung des Werkes den Umständen nach nur gegen eine Vergütung zu erwarten ist."[824] In einem solchen Fall ist „bei dem Bestehen einer Taxe die taxmäßige Vergütung und in Ermangelung einer Taxe die übliche Vergütung als vereinbart anzusehen", § 632 Abs. 2 BGB.[825]

Aufgrund dessen, dass das Gesetz in § 632 Abs. 1, 2 BGB lediglich den „Auffangtatbestand" regelt, falls keine Vereinbarungen getroffen wurden, haben sich in der werkvertraglichen Praxis diverse Vergütungsmodelle entwickelt.[826] Die Regelung einer Vergütungsform ist „*Kernbestandteil jedes IT-Vertrages*"[827]. Kommt es jedoch nicht zu einem Vertragsschluss und sind dennoch Kosten durch erbrachte Leistungen des Auftragnehmers entstanden, stellt sich auch die Frage, ob und wie diese zu vergüten sind.

a) Problemstellung

Die Ermittlung einer Vergütung ist für beide Parteien gleichermaßen relevant. Es stehen sich auch im IT-Projekt die gleichen Parteiinteressen gegenüber, die auch bei jedem anderen entgeltlichen Vertrag üblich sind: der Auftraggeber möchte möglichst viel Leistung und möglichst wenig dafür zahlen,[828] der Auftragnehmer möchte möglichst viel durch die Erbringung seiner Leistungen verdienen.

---

821 MüKoBGB, *Busche*, § 632 Rn. 3.
822 MüKoBGB, *Busche*, § 632 Rn. 3.
823 Vgl. MüKoBGB, *Busche*, § 632 Rn. 2.
824 Siehe hierzu MüKoBGB, *Busche*, § 632 Rn. 4 ff.
825 Siehe hierzu MüKoBGB, *Busche*, § 632 Rn. 19 ff.
826 Siehe für gängige Vergütungsmodelle MüKoBGB, *Busche*, § 631 Rn. 90 ff.
827 *Kühn/Ehlenz*, CR 2018, 139 (148).
828 Vgl. *Opelt/Gloger/Pfarl/Mittermayr*, Der agile Festpreis, S. 58.

aa) „Festpreisvertrag"

Bei einer linearen Softwareentwicklung nach dem „*Wasserfallmodell*" bietet sich die Vereinbarung eines sog. Festpreisvertrages an.[829] Der Auftragnehmer ermittelt hierbei unter Berücksichtigung des konkreten Vertragsgegenstandes sowie der im Pflichtenheft festgelegten Anforderungen einen Preis für seine Entwicklungsleistungen.[830] Einer solchen Kostenermittlung liegt die Notwendigkeit zugrunde, dass der Auftraggeber seine Wünsche klar definieren kann (oder glaubt es zu können).[831] Relevant für die Kostenermittlung sind darüber hinaus die konkreten Umstände des jeweiligen Projekts. Beispielsweise ist für die Kalkulation des Auftragnehmers maßgeblich, inwieweit Mitwirkungspflichten des Auftraggebers erfolgen werden.[832] Anknüpfend an diese bestenfalls genau definierten Pflichten des Auftraggebers und des Auftragnehmers kann Letztgenannter dann die Kosten des Projekts ermitteln.[833] Eine Festpreisvereinbarung sorgt in erster Linie für ein Kostenrisiko auf Seiten des Auftragnehmers.[834] Sofern der Festpreis außer Verhältnis zur Leistung steht und eine Anpassung dieses Festpreises zu Lasten des Auftraggebers notwendig ist, hat der Auftragnehmer hierauf nur ausnahmsweise einen Anspruch über die Grundsätze der Änderung der Geschäftsgrundlage (§§ 242, 313 BGB), wenn die Umstände dieses Missverhältnisses außerhalb seiner Verantwortung und seines Einflussbereiches liegen.[835]

Der Nachteil einer solchen Festpreisvereinbarung ist, dass Änderungen der ursprünglich festgelegten Anforderungen bei linearer Programmierung nicht die Ausnahme, sondern vielmehr die Regel darstellen.[836] Wie bereits benannt, lautet die Realität der IT-Praxis allerdings: *„die Anforderungen an Softwareprojekte ändern sich um bis zu drei Prozent pro Monat"*[837]. Unter Zugrundelegung dessen

---

829 *Opelt/Gloger/Pfarl/Mittermayr*, Der agile Festpreis, S. 38.
830 *Opelt/Gloger/Pfarl/Mittermayr*, Der agile Festpreis, S. 38 ff.
831 *Opelt/Gloger/Pfarl/Mittermayr*, Der agile Festpreis, S. 38; vgl. dazu auch die Ausführungen unter **D.III.2.a)**.
832 *Müglich/Lapp*, CR 2004, 801 (804 f.); siehe zu den Mitwirkungspflichten des Auftraggebers unter **D.III.2**.
833 *Müglich/Lapp*, CR 2004, 801 (804 f.).
834 Röhricht/GvW/Haas HGB, *A. Brandi-Dohrn*, Besondere Handelsverträge, Forschungs- und Entwicklungsverträge, Rn. 44.
835 Röhricht/GvW/Haas HGB, *A. Brandi-Dohrn*, Besondere Handelsverträge, Forschungs- und Entwicklungsverträge, Rn. 43.
836 Dazu auch *Opelt/Gloger/Pfarl/Mittermayr*, Der agile Festpreis, S. 40; siehe hierzu schon **D.III.2.a)**.
837 *Opelt/Gloger/Pfarl/Mittermayr*, Der agile Festpreis, S. 40.

ändern sich bei Softwareprojekten daher innerhalb einer Entwicklungszeit von eineinhalb Jahren ca. 50 Prozent der ursprünglich definierten Anforderungen.[838] Diese neuen Anforderungen werden im Rahmen von *Change Requests* umgesetzt und sind von der ursprünglichen Festpreisvereinbarung nicht umfasst.[839] Die *Change Requests* sind folglich gesondert zu vergüten, weshalb der ursprünglich vereinbarte Festpreis letztlich häufig doch nicht eingehalten, sondern überschritten wird.[840] Der ursprünglich veranschlagte Festpreis stellt daher nicht den finalen Kostenumfang des gesamten Projekts dar.

Im Rahmen agiler Programmierung ist eine Vergütung auf Grundlage einer Festpreisvereinbarung insbesondere problematisch, da hierbei auf die Erstellung eines vorherigen Pflichtenheftes verzichtet wird.[841] Es gibt daher anders als bei linearer Programmierung keine vorab definierten Anforderungen, anhand derer der Auftragnehmer konkrete Kosten des Projekts ermitteln kann.[842] Vereinzelt besteht die Befürchtung, dass bei agilen Projekten das Risiko einer Überziehung des Budgets wesentlich höher ist.[843]

Die Ermittlung einer Festpreisvergütung im Rahmen agiler Programmierung würde daher vielmehr durch grobe Schätzungen auf Grundlage der rudimentären Anforderungen vor Projektstart erfolgen. Hierdurch besteht für beide Vertragsparteien das nicht unwesentliche Risiko, dass die Festpreisvereinbarung und die tatsächlichen Kosten nicht nur unerheblich auseinanderfallen. Der Auftraggeber läuft Gefahr zu viel zu bezahlen, der Auftragnehmer läuft Gefahr, dass der vereinbarte Festpreis letztlich doch nicht auskömmlich sein wird. Vereinbaren die Parteien daher zur Abmilderung dieses Risikos einen nur ungefähren Preis („circa"-Preis), besteht Streitpotential, in welcher Höhe der finale Preis letztlich anzusetzen sein wird.

---

838 *Opelt/Gloger/Pfarl/Mittermayr*, Der agile Festpreis, S. 40.
839 *Opelt/Gloger/Pfarl/Mittermayr*, Der agile Festpreis, S. 41 f.; siehe hierzu schon unter **D.III.2.**
840 *Opelt/Gloger/Pfarl/Mittermayr*, Der agile Festpreis, S. 41 f.
841 Siehe hierzu nochmals oben unter **B.III.**
842 Vgl. Handbuch EDV-Recht, *Schneider*, Q. „Erstellung von Software – das Softwareprojekt", Rn. 335.
843 *Koch*, ITRB 2010, 114.

bb) Time-and-Material

Hierneben besteht auch die Möglichkeit eine Vergütung nach Zeit- und Arbeitsaufwand zu vereinbaren („*Time-and-Material*").[844] Bei einer solchen zeit- und aufwandsbezogenen Vergütung liegt das Kostenrisiko beim Auftraggeber.[845] Der Auftraggeber hat keine Sicherheit, dass bei Ausschöpfung des vorgesehenen Budgets eine Software nach seinen Anforderungen erstellt ist. Darüber hinaus beinhaltet eine solche Vergütung nach Zeit- und Aufwand die Gefahr, dass der Auftragnehmer seine Leistungen exklusiv halten möchte, um den Auftraggeber in eine Abhängigkeit zu bringen.[846] Der Auftraggeber muss daher Kontrolle über den Leistungsstand des Projekts haben und ständig die anfallenden Kosten durch die Aktivität des Auftragnehmers überschauen können, um dieser Gefahr des „*Knowledge Hiding*" vorzubeugen.[847] Den Auftragnehmer trifft die Darlegungs- und Beweislast für die tatsächlich angefallenen Stunden und das verbrauchte Material.[848]

Für die Vergütung einer agilen Programmierung bieten sich vor allem zeitabschnittsabhängige oder zeitbudgetabhängige Vergütungsmethoden an.[849] Neben der bereits genannten Vergütung auf *Time-and-Material*-Basis findet sich bei agilen Projekten unter anderem die sog. *Pay-per-Sprint*-Vergütung und das Modell eines *agilen Festpreises*.[850]

cc) Pay-per-Sprint

Eine agile Programmierung unter Einsatz von SCRUM ist in einzelne *Sprints* mit einer Laufzeit von jeweils max. einem Monat unterteilt.[851] Eine Möglichkeit

---

844 MAH IT-Recht, *von dem Bussche/Schelinski*, Teil 1. Rn. 294; *Kühn/Ehlenz*, CR 2018, 139 (149) sind der Auffassung, dass SCRUM nach seiner Grundausrichtung nur im Rahmen einer *Time-and-Material*-Vergütung vergütet werden kann.
845 Röhricht/GvW/Haas HGB, *A. Brandi-Dohrn*, Besondere Handelsverträge, Forschungs- und Entwicklungsverträge, Rn. 44; MAH IT-Recht, *von dem Bussche/Schelinski*, Teil 1., C. Rn. 444 raten Auftraggebern dringend davon ab eine solche zeit- und aufwandsbezogene Vergütung zu vereinbaren.
846 *Opelt/Gloger/Pfarl/Mittermayr*, Der agile Festpreis, S. 43.
847 *Opelt/Gloger/Pfarl/Mittermayr*, Der agile Festpreis, S. 43.
848 OLG Celle, Urt. v. 03.04.2003, Az. 22 U 179/01 = NJW-RR 2003, 1243; siehe auch OLG Hamm, Urt. v. 25.10.2000, Az. 12 U 32/00 = BauR 2002, 319 = BeckRS 2000, 14380.
849 Handbuch EDV-Recht, *Schneider*, Q. „Erstellung von Software – das Software-projekt", Rn. 336.
850 Siehe hierzu *Opelt/Gloger/Pfarl/Mittermayr*, Der agile Festpreis, S. 1 ff.; dazu auch *Kühn/Ehlenz*, CR 2018, 139 (148 ff.).
851 Siehe hierzu unter **B.III.2.a)**.

zur Vergütung eines solchen agilen Projekts ist daher die gesonderte Vergütung der einzelnen *Sprints*.[852] Diese „*Pay-per-Sprint*"-Vergütung im Rahmen eines SCRUM-Projektes bietet den Parteien die Möglichkeit die Kosten des einzelnen *Sprints* auf Grundlage des jeweiligen *Spring Backlogs* zu ermitteln.[853] Hierdurch erhält der Auftraggeber eine Kostenübersicht und eine vergleichsweise höhere Sicherheit im bevorstehenden *Sprint* einen Entwicklungsfortschritt für seine Zahlungen zu erhalten. Durch eine solche Zahlungsweise rücken die Parteien im Übrigen von einem starren Festpreis ab und erhalten auch hinsichtlich der Vergütung eine höhere Flexibilität.[854] Trotzdem bietet die *Pay-per-Sprint*-Vergütung dem Auftraggeber keine Kostenübersicht über die finalen Kosten vor Beginn der Entwicklung selbst. Die Kosten werden zwar vor dem jeweiligen *Sprint* für diesen ermittelt, jedoch kann auch bei diesem Vergütungsmodell vor Vertragsschluss oder vor Beginn der Entwicklung keine genaue Kostenprognose erstellt werden. Für den Auftraggeber bleibt daher das Risiko, dass sein einkalkuliertes Budget nicht ausreichen wird, um das Projekt fertigzustellen. Das übliche Vergütungsrisiko des Auftraggebers bei einer reinen zeit- und aufwandsbezogenen Vergütung („*Time-and-Material*") während des Gesamtprojekts wird daher durch die Besonderheit einer *Pay-per-Sprint*-Vergütung lediglich minimiert, aber nicht vollständig ausgeschlossen.

dd) Agiler Festpreis

In der IT-Praxis wird der Versuch angestellt einen geeigneten Ansatz zu finden, um agile Softwareentwicklungsprojekte zu vergüten. Wie bereits dargestellt, ist eine reine Festpreisvereinbarung problembehaftet, die Vergütung nach *Time-and-Material* aus Auftraggebersicht jedoch auch nicht die Ideallösung. Unter dem Stichwort „*agiler Festpreis*" findet sich daher ein Ansatz, der die Interessen und Risiken der Vertragsbeteiligten vermitteln soll.[855]

Zusammenfassen lässt sich die Idee des agilen Festpreises wie folgt:[856] Bei einem agilen Festpreisvertrag sollen vorab die Kosten und Termine des Projekts durch Auftraggeber und Auftragnehmer vereinbart werden. Der Umfang des

---

852 *Kühn/Ehlenz*, CR 2018, 139 (150).
853 Siehe hierzu auch schon **B.IV.6.b)**.
854 *Kühn/Ehlenz*, CR 2018, 139 (150) m. w. N.
855 Siehe hierzu ausführlich *Opelt/Gloger/Pfarl/Mittermayr*, Der agile Festpreis, S. 1 ff.; *Pieper/Roock*, Agile Verträge, S. 1 ff.; dazu auch *Kühn/Ehlenz*, CR 2018, 139 (149 f.); *Söbbing*, ITRB 2019, 11.
856 Dazu ausführlich *Opelt/Gloger/Pfarl/Mittermayr*, Der agile Festpreis, S. 50 ff.

Projekts (sog. *Scope*) wird nach einem durch die Parteien festgelegten Verfahren (sog. *Scope-Governance*[857]) während der gesamten Entwicklung gesteuert.

Voraussetzung für eine Festlegung des Preises ist, dass die Parteien auf Grundlage der Auftraggeber-Anforderungen den Vertragsgegenstand (in Form von *Themen*[858] oder *Epics*[859])[860] definieren.[861] Die wesentlichen Leistungsanforderungen werden dann aufgespalten in einzelne *User Storys*, die naturgemäß eine unterschiedliche Komplexität haben.[862] Auf Grundlage der einzelnen *User Storys* können dann (repräsentative) Schätzungen oder Hochrechnungen des Gesamtaufwands erfolgen.[863] Hierbei kann der Auftragnehmer die einzelnen *User Storys* gegeneinander schätzen, indem er bspw. *User Story A* doppelt so aufwändig schätzt wie *User Story B*.[864]

Im Anschluss an diese Schätzungen des Auftragnehmers findet ein Workshop mit dem Auftraggeber statt, an dessen Ende ein *„indikativer Festpreisrahmen"* stehen soll.[865] In diesem *„indikativen Festpreisrahmen"* sollten die Aufwandsschätzungen, der Geschäftswert und das Umsetzungsrisiko des Projekts berücksichtigt werden.[866] Der Workshop dient dazu, dass die Parteien kommunizieren und zwischen ihnen Transparenz geschaffen wird hinsichtlich der Preisermittlung, den zugrundeliegenden Erwägungen dieser Preisermittlung und dem Risiko einer Preisüberschreitung.[867]

Auch der agile Festpreisvertrag setzt auf vertrauensvolle Zusammenarbeit der Beteiligten.[868] Im weiteren Verlauf liegt dem agilen Festpreisvertrag daher das *Riskshare*-Prinzip zugrunde.[869] Hiernach tragen die Vertragsparteien den Mehraufwand im Falle von Komplikationen gemeinsam.[870] Daneben wird eine

---

857 Dazu ausführlich *Opelt/Gloger/Pfarl/Mittermayr*, Der agile Festpreis, S. 64 ff.
858 *Themen* sind Auflistungen der wesentlichen Bereiche, die das Projekt umfasst, *Opelt/Gloger/Pfarl/Mittermayr*, Der agile Festpreis, S. 52.
859 *Epics* sind inhaltlich zusammenhängende Gruppen von User Storys, *Opelt/Glo-ger/Pfarl/Mittermayr*, Der agile Festpreis, S. 52.
860 *Opelt/Gloger/Pfarl/Mittermayr*, Der agile Festpreis, S. 50, 52 f.
861 *Opelt/Gloger/Pfarl/Mittermayr*, Der agile Festpreis, S. 50, 52 f.
862 *Opelt/Gloger/Pfarl/Mittermayr*, Der agile Festpreis, S. 50.
863 *Opelt/Gloger/Pfarl/Mittermayr*, Der agile Festpreis, S. 50, 54 ff.
864 *Opelt/Gloger/Pfarl/Mittermayr*, Der agile Festpreis, S. 55.
865 *Opelt/Gloger/Pfarl/Mittermayr*, Der agile Festpreis, S. 50, 57 ff.
866 *Opelt/Gloger/Pfarl/Mittermayr*, Der agile Festpreis, S. 57 f.
867 *Opelt/Gloger/Pfarl/Mittermayr*, Der agile Festpreis, S. 58 f.
868 *Opelt/Gloger/Pfarl/Mittermayr*, Der agile Festpreis, S. 59.
869 *Opelt/Gloger/Pfarl/Mittermayr*, Der agile Festpreis, S. 59.
870 *Opelt/Gloger/Pfarl/Mittermayr*, Der agile Festpreis, S. 59.

Checkpoint-Phase vereinbart, in der wenige Iterationen (meist zwei bis fünf *Sprints*) stattfinden sollen, um die vorab ermittelten Schätzungen und Prognosen zu verifizieren.[871] Im Anschluss an diese Checkpoint-Phase können die Parteien sich entscheiden, ob sie das Projekt mit dem jeweils anderen weiterführen können und wollen. In jedem Fall vereinbaren die Parteien *Ausstiegspunkte*, zu denen beide Parteien das Projekt beenden können.[872]

Ziel des agilen Festpreisvertrages ist es, den *Scope*, d. h. den Leistungsumfang, durch kommunikatives Zusammenwirken in jeder Iteration weiter zu detaillieren.[873] Dies geschieht durch einen vertraglich festgelegten Steuerungsmechanismus, die sog. *Scope-Governance*.[874] Erzielen die Parteien keine Einigung greift ein *Scope-Eskalationsprozess* ein.[875]

Der genaue Umfang der Entwicklung wird daher beim agilen Festpreisvertrag vorab nicht festgelegt. Neue Anforderungen können in den *Scope* einbezogen werden, wenn andere hierfür gestrichen oder gestrafft werden.[876] Es besteht jedoch auch die Möglichkeit im Wege eines *Change Requests*[877] eine Änderung hinzuzunehmen, ohne an anderer Stelle Leistungen zu reduzieren oder zu streichen.[878]

b) Lösungsansätze des privaten Baurechts?

Im privaten Baurecht haben sich gleichermaßen diverse Modelle entwickelt, die in den allermeisten Fällen herangezogen werden, um die Werkleistungen des Auftragnehmers zu vergüten.[879] Nennenswert sind hierbei allen voran das Modell des Einheitspreises, die Stundenlohnvereinbarung sowie der Pauschalpreisvertrag.[880]

---

871 *Opelt/Gloger/Pfarl/Mittermayr*, Der agile Festpreis, S. 59, 61 f.
872 *Opelt/Gloger/Pfarl/Mittermayr*, Der agile Festpreis, S. 59, 62 ff.
873 *Opelt/Gloger/Pfarl/Mittermayr*, Der agile Festpreis, S. 64.
874 Dazu ausführlich *Opelt/Gloger/Pfarl/Mittermayr*, Der agile Festpreis, S. 64.
875 Dazu ausführlich *Opelt/Gloger/Pfarl/Mittermayr*, Der agile Festpreis, S. 65 f.
876 Vgl. *Opelt/Gloger/Pfarl/Mittermayr*, Der agile Festpreis, S. 66 f.
877 Siehe hierzu ausführlich unter **D.III.2.**
878 *Opelt/Gloger/Pfarl/Mittermayr*, Der agile Festpreis, S. 67.
879 Siehe zur Berechnung der Vergütung im Allgemeinen bei MüKoBGB, *Busche*, § 631 Rn. 90 ff.
880 Siehe dazu auch MüKoBGB, *Busche*, § 631 Rn. 91 ff.

aa) Einheitspreisvertrag

Beim VOB/B-Bauvertrag erfolgt die Vergütung nach dem Einheitspreisvertrag, sofern die Parteien nichts Abweichendes vereinbart haben, § 2 Abs. 2 VOB/B. Dem Modell des Einheitspreises liegt das Prinzip zugrunde, dass die Parteien für vorab definierte Leistungen des Auftragnehmers, *„deren Menge nach Maß, Gewicht oder Stückzahl"* ermittelbar ist, eine einheitliche Vergütung vereinbaren.[881] Bei Bauverträgen mit einer Vergütung nach dem Einheitspreismodell erfolgt diese Festsetzung der Vergütung für die einzelnen Leistungen üblicherweise in einem Leistungsverzeichnis (sog. Positionspreis).[882] Beim Einheitspreisvertrag ist die spätere Vergütungshöhe des Auftragnehmers somit bei Vertragsschluss noch nicht genau bezifferbar.[883] Das abschließende Vergütungsrisiko trägt somit der Auftraggeber.[884]

Die Ermittlung der Vergütung des Auftragnehmers erfolgt durch Multiplikation des Einheitspreises mit der vom Auftragnehmer erbrachten Menge der einzelnen Leistungen nach ihrer Durchführung, vgl. § 2 Abs. 2 VOB/B.[885] Die Feststellung dieser Menge der einzelnen Leistungen erfolgt durch ein Aufmaß.[886] Entsprechend § 14 Abs. 2 VOB/B sollte das Aufmaß durch die Parteien nach Möglichkeit gemeinsam genommen werden, um späteren Streitigkeiten vorzubeugen.[887] Für beide Parteien ergibt sich eine Pflicht zur Teilnahme an einem gemeinsamen Aufmaß aus der bauvertraglichen Kooperationspflicht.[888] Sofern

---

881 Siehe zum Einheitspreisvertrag und dessen Vergütung BGH, Urt. v. 21.12.1995, Az. VII ZR 198/94 = NJW 1996, 1282 = IBBRS 2000, 0456; MüKoBGB, *Busche*, § 631 Rn. 91.
882 Siehe zur Auslegung des Leistungsverzeichnisses beim Einheitspreisvertrag BGH, Urt. v. 11.03.1999, Az. VII ZR 179/98 = NJW 1999, 2432 = BauR 1999, 897 = MDR 1999, 862; sowie BGH, Urt. v. 18.04.2002, Az. VII ZR 38/01 = NZBau 2002, 500 = BauR 2002, 1394; MüKoBGB, *Busche*, § 631 Rn. 91.
883 Vgl. MüKoBGB, *Busche*, § 631 Rn. 91.
884 MüKoBGB, *Busche*, § 631 Rn. 91.
885 Dazu auch BGH, Urt. v. 21.12.1995, Az. VII ZR 198/94 = NJW 1996, 1282 = IBBRS 2000, 0456
886 Zur Entbehrlichkeit eines Aufmaßes BGH, Urt. v. 17.06.2004, Az. VII ZR 337/02 = NJW-RR 2004, 1384 = BauR 2004, 1443 = NZBau 2004, 503 = ZfBR 2004, 688; zu einem bloß geschätzten Aufmaß BGH, Urt. v. 08.12.2005, Az. VII ZR 50/04 = NZBau 2006, 179 = NJW-RR 2006, 454 = ZfBR 2006, 239 = IBBRS 2006, 0070; Kniffka/Koeble, *Kniffka*, 5. Teil, E. Rn. 220.
887 Kniffka/Koeble, *Kniffka*, 5. Teil, E. Rn. 220.
888 BGH, Urt. v. 22.05.2003, Az. VII ZR 143/02 = NZBau 2003, 497 = IBRRS 2003, 1457; zur bauvertraglichen Kooperationspflicht bei einem VOB/B-Vertrag BGH, Urt. v. 28.10.1998, Az. VII ZR 393/98 = BGHZ 143, 89 = NJW 2000, 807.

der Auftraggeber einem Termin zum gemeinsamen Aufmaß fernbleibt und ein erneutes Aufmaß oder die Überprüfung des einseitig genommenen Aufmaßes nicht mehr möglich ist, trägt er die Darlegungs- und Beweislast für die Unrichtigkeit des Aufmaßes.[889] Im Regelfall ist der Auftragnehmer darlegungs- und beweisbelastet für die Richtigkeit des Aufmaßes.[890]

Die vereinbarten Einheitspreise sind für den Auftragnehmer verbindlich.[891] Dies gilt insbesondere für den BGB-Bauvertrag.[892] Ausnahmen von dieser Verbindlichkeit müssen vom Auftragnehmer „*besonders kenntlich*" gemacht werden.[893] Eine Änderung des Einheitspreises ist meist bloß im Falle des Wegfalls der Geschäftsgrundlage möglich.[894] Beim VOB/B-Bauvertrag erfolgt die „*Preisänderung [...] nur auf Grundlage der Urkalkulation*".[895] § 2 Abs. 3 VOB/B beinhaltet darüber hinaus eine Preisangleichungsmechanismus.[896] Dieser kann durch eine sog. Festpreisklausel beseitigt werden.[897] Vereinbaren die Parteien innerhalb eines Einheitspreisvertrages „Festpreise", kann hierunter verstanden werden, dass die vereinbarten Preise nicht durch Schwankungen oder Gleitklauseln veränderbar sein sollen.[898] Sprechen nicht die gesamten Umstände des Vertrages für eine solche Auslegung, ist nicht davon auszugehen, dass durch die Verwendung

---

889 Dazu schon OLG Celle, Urt. v. 28.08.2002, Az. 22 U 159/01 = NJW-RR 2002, 1675 = BauR 2002, 1863; BGH, Urt. v. 22.05.2003, Az. VII ZR 143/02 = NZBau 2003, 497 = IBRRS 2003, 1457.
890 Kniffka/Koeble, *Kniffka*, 5. Teil, E. Rn. 220.
891 Zur Sittenwidrigkeit einzelner Einheitspreise OLG Schleswig, Urt. v. 10.10.2008, Az. 17 U 6/08 = BeckRS 2011, 10455 = BauR 2011, 1376; Kniffka/Koeble, *Kniffka*, 5. Teil, E. Rn. 222; zur Ermittlung eines neuen Einheitspreises auch Nicklisch/Weick/Jansen/Seibel, *Kues*, § 2 VOB/B, Rn. 104 ff.
892 Kniffka/Koeble, *Kniffka*, 5. Teil, C. Rn. 169.
893 Kniffka/Koeble, *Kniffka*, 5. Teil, E. Rn. 222.
894 BGH, Beschl. v. 23.03.2011, Az. VII ZR 216/08 = NJW-RR 2011, 886 = BauR 2011, 1162; siehe zur Begründung neuer Einheitspreise bei Unterschreitung des Mengensatzes um mehr als zehn Prozent OLG Bamberg, Urt. v. 30.07.2003, Az. 3 U 240/00 = NZBau 2004, 100; OLG Schleswig, Urt. v. 08.07.2011, Az. 17 U 49/10 = BauR 2011, 1864 = NZBau 2011, 756 = BeckRS 2011, 22838; Kniffka/Koeble, *Kniffka*, 5. Teil, E. Rn. 222.
895 OLG Köln, Urt. v. 23.02.2016, Az. 22 U 162/13 = IBR 2018, 551; Kniffka/Koeble, *Kniffka*, 5. Teil, E. Rn. 222.
896 Kniffka/Koeble, *Kniffka*, 5. Teil, C. Rn. 175.
897 BGH, Urt. v. 08.07.1993, Az. VII ZR 79/92 = NJW 1993, 2738 = BauR 1993, 723 = ZfBR 1993, 277 = WM 1993, 1926; Kniffka/Koeble, *Kniffka*, 5. Teil, C. Rn. 175.
898 MüKoBGB, *Busche*, § 631 Rn. 99 m. w. N.

des Wortes „Festpreis" alle Preisschwankungen ausgeschlossen werden sollen.[899] Durch eine solche Festpreisklausel kann der Auftragnehmer trotzdem den Wegfall der Geschäftsgrundlage heranziehen, um den vereinbarten Einheitspreis bei Vorliegen der hierfür notwendigen Voraussetzungen zu modifizieren.[900] Festpreisklauseln sind unangemessen benachteiligend, wenn Sie die Preisanpassung durch den Wegfall der Geschäftsgrundlage ausschließen.[901]

Darüber hinaus überrascht eine Klausel, wonach in einem Einheitspreisvertrag die (Gesamt-)Auftragssumme abschließend limitiert wird.[902] Eine solche Klausel widerspricht dem Grundprinzip des Einheitspreisvertrages. Der Einheitspreisvertrag ist dadurch gekennzeichnet, dass zu Beginn gerade noch keine abschließende Vergütung festgelegt werden kann. Die Vergütung wird durch Berechnung der einzelnen anfänglich vereinbarten Positionspreise ermittelt. Die anfängliche Ermittlung der einzelnen Einheitspreise (pro Position) muss nachvollziehbar und belegbar sein.[903] Die Einheitspreise dürfen *„nicht willkürlich und lebensfremd sein".*[904]

Es kann vorkommen, dass der Auftragnehmer zunächst nicht mit allen Leistungen des anfänglichen Leistungsverzeichnisses beauftragt wird, die Erbringung dieser Leistungen jedoch im späteren Verlauf doch vereinbart wird.[905] Eine nachträgliche Einbeziehung von Leistungen mit Vergütung auf Einheitspreisbasis erfolgt unter Berücksichtigung der ursprünglich im Angebot veranschlagten Einheitspreise, wenn die Parteien (des BGB-Bauvertrages) keine gesonderten Vereinbarungen treffen.[906] Veranschlagt der Auftragnehmer überhöhte Einheitspreise, die aufgrund von Sittenwidrigkeit (§ 138 Abs. 1 BGB) nichtig sind, tritt

---

899 MüKoBGB, *Busche*, § 631 Rn. 99.
900 BGH, Urt. v. 08.07.1993, Az. VII ZR 79/92 = NJW 1993, 2738 = BauR 1993, 723 = ZfBR 1993, 277 = WM 1993, 1926; Kniffka/Koeble, *Kniffka*, 5. Teil, C. Rn. 175; MüKoBGB, *Busche*, § 631 Rn. 99.
901 BGH, Urt. v. 20.07.2017, Az. VII ZR 259/16 = NJW 2017, 2762 = BauR 2017, 1995 = MDR 2017, 1118.
902 BGH, Urt. v. 14.10.2004, Az. VII ZR 190/03 = NZBau 2005, 148 = BauR 2005, 94 = MDR 2005, 442.
903 OLG Jena, Urt. v. 11.08.2009, Az. 5 U 899/05 = ZfBR 2009, 820 = BauR 2010, 1224.
904 OLG Jena, Urt. v. 11.08.2009, Az. 5 U 899/05 = ZfBR 2009, 820 = BauR 2010, 1224.
905 Vgl. dazu OLG Koblenz, Hinweisbeschluss vom 06.04.2017, Az. 5 U 176/17 = NZBau 2017, 602 = BauR 2017, 2003.
906 OLG Koblenz, Hinweisbeschluss vom 06.04.2017, Az. 5 U 176/17 = NZBau 2017, 602 = BauR 2017, 2003.

an die Stelle dieser überhöhten Preise der hierfür übliche Einheitspreis.[907] Eine Sittenwidrigkeit der einzelnen Position ist nach Ansicht des *Oberlandesgerichts Jena* im Kontext des Gesamtvolumens der Abrechnung zu sehen.[908] Ist die einzelne Position daher weit überhöht, bildet im Kontext des gesamten Vorhabens jedoch bloß einen geringfügigen Anteil, kann die Vermutung der Sittenwidrigkeit dieses Einheitspreises durch den Auftragnehmer widerlegt werden.[909]

Verlangt der Auftragnehmer eine Vergütung für Mehrleistungen, die über die im Leistungsverzeichnis ausgewiesenen Leistungen hinausgehen, muss er diese einzelnen Mehrleistungen darlegen und beweisen.[910]

Die Ermittlung der Gesamtvergütung eines Einheitspreisvertrages erfolgt durch die Erstellung einer prüfbaren Schlussrechnung durch den Auftragnehmer.[911] Mindermengen der einzelnen Positionen infolge einer Kündigung werden nicht vergütet.[912] Das Gericht kann die einzelnen Positionen einer Schlussrechnung nach freiem Ermessen verschieben und anders gewichten.[913] Solange das Gericht hierbei nicht die Endsumme der Schlussrechnung überschreitet, liegt hierin kein Verstoß gegen den Grundsatz *ne ultra petita* gemäß § 308 Abs. 1 ZPO.[914]

bb) Stundenlohnvereinbarung

Anders als bei Einheits- und Pauschalpreisverträgen ist die Stundenlohnvereinbarung nicht primär am Baufortschritt orientiert.[915] Bei der Stundenlohnvereinbarung ermittelt sich die Vergütung durch den Zeit- und Materialaufwand des Auftragnehmers.[916] Für die Ermittlung der abzurechnenden Stunden ist es dabei unerheblich, ob diese auf die ursprünglich vereinbarte Leistung entfallen oder

---

907 OLG Dresden, Urt. v. 11.12.2009, Az. 4 U 1070/09 = NJW-RR 2010, 1108 = MDR 2010, 502; OLG Hamm, Urt. v. 13.03.2013, Az. 12 U 74/12 = NZBau 2013, 373 = BauR 2013, 1161.
908 OLG Jena, Urt. v. 11.08.2009, Az. 5 U 899/05 = ZfBR 2009, 820 = BauR 2010, 1224.
909 OLG Jena, Urt. v. 11.08.2009, Az. 5 U 899/05 = ZfBR 2009, 820 = BauR 2010, 1224.
910 LG Aachen, Urt. v. 04.11.2011, Az. 7 O 132/11 = BeckRS 2013, 16186.
911 Vgl. dazu § 14 Abs. 1 VOB/B.
912 OLG Celle, Urt. v. 22.06.1994, Az. 6 U 212/93 = BauR 1995, 558 = BeckRS 1994, 122971.
913 OLG München, Endurteil v. 12.05.2015, Az. 9 U 2280/14 = BeckRS 2015, 125282.
914 OLG München, Endurteil v. 12.05.2015, Az. 9 U 2280/14 = BeckRS 2015, 125282.
915 Messerschmidt/Voit, *Leupertz*, I. Teil, K. Rn. 28.
916 Messerschmidt/Voit, *Leupertz*, I. Teil, K. Rn. 28.

auf anfallende Zusatzarbeiten.[917] Das Vergütungsrisiko einer Stundenlohnvereinbarung liegt wie bei der *Time-and-Material*-Vergütung beim Auftraggeber.[918]

Im VOB/B-Bauvertrag erfolgt die Vergütung nach dem Einheitspreisvertrag, sofern keine andere Vergütungsmethode vereinbart wurde, § 2 Abs. 2 VOB/B.[919] Stundenlohnarbeiten werden gemäß § 2 Abs. 10 VOB/B nur vergütet, wenn sie als solche vor ihrem Beginn ausdrücklich vereinbart wurden.[920] Darüber hinaus ist die Höhe der Zeitvergütung, d. h. die Stundensätze, sowie die Höhe der Materialpreise festzulegen, um den Vertragspreis bestimmbar zu machen.[921] Für den VOB/B-Bauvertrag beinhaltet § 15 VOB/B weitergehende Regelungen zur Abrechnung von Stundenlohnarbeiten.[922]

Vereinbaren die Parteien eine Vergütung auf Stundenlohnbasis, trifft den Auftragnehmer nach Treu und Glauben (§ 242 BGB) die vertragliche Nebenpflicht zur wirtschaftlichen Betriebsführung.[923] Eine Verletzung dieser Nebenpflicht wirkt sich zu Lasten des Auftragnehmers nicht unmittelbar vermögensmindernd aus.[924] Jedoch kann der Auftraggeber bei Verletzung dieser Pflicht den entstandenen Schaden im Wege eines Schadensersatzanspruches gemäß § 280 Abs. 1 BGB gegenüber dem Auftragnehmer geltend machen.[925] Durch diese Rechtsprechung des *Bundesgerichtshofs* wird das Vergütungsrisiko des Auftraggebers zumindest abgemildert, da der Auftragnehmer nicht willkürlich unwirtschaftlich agieren kann. Der Auftragnehmer muss nicht die Wirtschaftlichkeit seiner Leistungen

---

[917] OLG Frankfurt/M., Urt. v. 14.06.2000, Az. 23 U 78/99 = NZBau 2001, 27 = IBR 2001, 163.

[918] Messerschmidt/Voit, *Leupertz*, I. Teil, K. Rn. 28; siehe zur *Time-and-Material*-Vergütung unter **D.III.3.a)bb)**.

[919] Siehe hierzu schon unter **D.III.3.b)aa)**.

[920] Siehe zur nachträglichen Stundenlohnvereinbarung BGH, Urt. v. 24.07.2003, Az. VII ZR 79/02 = NZBau 2004, 31 = BauR 2003, 1892 = MDR 2003, 1413.

[921] Messerschmidt/Voit, *Leupertz*, I. Teil, K. Rn. 29.

[922] Messerschmidt/Voit, *Leupertz*, I. Teil, K. Rn. 29.

[923] BGH, Urt. v. 17.04.2009, Az. VII ZR 164/07 = NJW 2009, 2199 = BauR 2009, 1162 = BGHZ 18, 235; sowie BGH, Urt. v. 28.05.2009, Az. VII ZR 74/06 = NJW 2009, 3426 = BauR 2009, 1291 = MDR 2009, 922.

[924] Grundlegend zur Abrechnung v. Stundenlohnarbeiten BGH, Urt. v. 17.04.2009, Az. VII ZR 164/07 = NJW 2009, 2199 = BauR 2009, 1162 = BGHZ 18, 235; dazu auch BGH, Urt. v. 28.05.2009, Az. VII ZR 74/06 = NJW 2009, 3426 = BauR 2009, 1291 = MDR 2009, 922.

[925] BGH, Urt. v. 17.04.2009, Az. VII ZR 164/07 = NJW 2009, 2199 = BauR 2009, 1162 = BGHZ 18, 235; sowie BGH, Urt. v. 28.05.2009, Az. VII ZR 74/06 = NJW 2009, 3426 = BauR 2009, 1291 = MDR 2009, 922.

darlegen und beweisen, vielmehr muss der Auftraggeber die Unwirtschaftlichkeit der Leistungen darlegen und beweisen.[926] Den Anspruch aus § 280 Abs. 1 BGB muss der Auftraggeber nach den allgemeinen Grundsätzen darlegen und beweisen.[927]

Zur Abrechnung der VOB/B-Stundenlohnarbeiten wird die jeweilige Stundenzahl vom Auftragnehmer auf sog. Stundenzetteln dokumentiert, § 15 Abs. 3 VOB/B.[928] Entsprechend § 15 Abs. 4 VOB/B erfolgt darüber hinaus eine regelmäßige Stellung von Stundenlohnrechnungen.[929] Diese Regelungen zur Abrechnung von Stundenlohnarbeiten gelten nicht für den BGB-Bauvertrag, dennoch ist den Auftragnehmern zu raten auch dort entsprechende Nachweise vom Auftraggeber gegenzeichnen zu lassen.[930] Die erbrachten Leistungen bei einer Stundenlohnabrechnung müssen ausführlich beschrieben werden, damit eine Nachprüfbarkeit durch einen Sachverständigen möglich ist.[931]

Der Auftraggeber bescheinigt die Stundenlohnzettel, wenn er mit ihnen einverstanden ist und die dort angegebenen Leistungen billigt.[932] Die Unterzeichnung der Stundenlohnzettel durch den Auftraggeber oder dessen hierzu bevollmächtigten Vertreter ist ein deklaratorisches Schuldanerkenntnis (§ 781 BGB) der Leistungen, die auf dem Stundenlohnzettel ausgewiesen sind.[933] Die Unterzeichnung hat jedoch nicht die Wirkung, dass die ausgewiesenen

---

926 Dazu schon BGH, Urt. v. 01.02.2000, Az. X ZR 198/97) NJW 2000, 1107 = BauR 2000, 1196; BGH, Urt. v. 17.04.2009, Az. VII ZR 164/07 = NJW 2009, 2199 = BauR 2009, 1162 = BGHZ 18, 235; sowie BGH, Urt. v. 28.05.2009, Az. VII ZR 74/06 = NJW 2009, 3426 = BauR 2009, 1291 = MDR 2009, 922.
927 BGH, Urt. v. 28.05.2009, Az. VII ZR 74/06 = NJW 2009, 3426 = BauR 2009, 1291 = MDR 2009, 922 m. w. N.
928 Messerschmidt/Voit, *Leupertz*, I. Teil, K. Rn. 30.
929 Messerschmidt/Voit, *Leupertz*, I. Teil, K. Rn. 30.
930 Messerschmidt/Voit, *Leupertz*, I. Teil, K. Rn. 30.
931 OLG Karlsruhe, Urt. v. 30.11.1993, Az. 8 U 251/93 = BauR 1995, 114; OLG Frankfurt/M., Urt. v. 14.06.2000, Az. 23 U 78/99 = NZBau 2001, 27 = IBR 2001, 163
932 Kapellmann/Messerschmidt, *Messerschmidt*, § 15 VOB/B Rn. 56.
933 Siehe hierzu BGH, Urt. v. 14.07.1994, Az. VII ZR 186/93 = NJW-RR 1995, 80 = BauR 1994, 760 = ZfBR 1995, 15; OLG Oldenburg, Urt. v. 30.10.2003, Az. 8 U 55/03 = IBR 2005, 415; OLG Bamberg, Urt. v. 28.01.2004, Az. 3 U 65/00 = BauR 2004, 1623 = BeckRS 2004, 30338234; siehe zur Entkräftung der ausgewiesenen Arbeitsstunden durch den Auftraggeber KG, Urt. v. 09.08.2002, Az. 7 U 203/01 = NZBau 2003, 36 = BauR 2003, 726 = MDR 2003, 319; Messerschmidt/Voit, *Leupertz*, I. Teil, K. Rn. 30.

Leistungen hierdurch auch als erforderlich angesehen werden.[934] Der Auftraggeber kann hiergegen einwenden, dass die dokumentierten Material- und Stundenaufwendungen nicht erforderlich gewesen sind.[935] Eine Erforderlichkeit der Leistungen ist vom Auftragnehmer darzulegen und zu beweisen.[936] Das *Oberlandesgericht Celle* sieht hiervon abweichend durch Unterzeichnung der Stundenlohnzettel eine Umkehr der Darlegungs- und Beweislast mit der Folge, dass der Auftraggeber darlegen und beweisen muss, dass die abgerechneten Stunden und das abgerechnete Material nicht erforderlich waren.[937]

Die Stundenlohnzettel gelten darüber hinaus als anerkannt, wenn sie dem Auftraggeber (oder dessen Bevollmächtigtem)[938] ordnungsgemäß zur Prüfung vorgelegt wurden und der Auftragnehmer sie nicht oder nicht fristgerecht zurückerhält.[939]

Ist der Auftraggeber der Meinung, dass der Auftragnehmer zur Erbringung bestimmter Leistungen zu viele Stunden aufgewendet hat, so trifft ihn hierfür die Darlegungs- und Beweislast.[940] Das *Oberlandesgericht Düsseldorf* vertritt sogar den Standpunkt, dass das Gericht bei Streit über die Anzahl der aufgewendeten Arbeitsstunden auf Grundlage von Zusammenstellungen des Architekten über die ausgeführten Arbeiten der einzelnen Arbeiter die dafür aufgewendete Stundenzahl gemäß § 287 Abs. 2 ZPO schätzen kann.[941]

---

934 Siehe dazu OLG Frankfurt/M., Urt. v. 14.06.2000, Az. 23 U 78/99 = NZBau 2001, 27 = IBR 2001, 163; OLG Hamm, Urt. v. 25.10.2000, Az. 12 U 32/00 = BauR 2002, 319 = BeckRS 2000, 14380.
935 OLG Hamm, Urt. v. 25.10.2000, Az. 12 U 32/00 = BauR 2002, 319 = BeckRS 2000, 14380; Kapellmann/Messerschmidt, *Messerschmidt*, § 15 VOB/B Rn. 63.
936 OLG Hamm, Urt. v. 25.10.2000, Az. 12 U 32/00 = BauR 2002, 319 = BeckRS 2000, 14380; Kapellmann/Messerschmidt, *Messerschmidt*, § 15 VOB/B Rn. 63; andere Ansicht Messerschmidt/Voit, *Leupertz*, I. Teil, K. Rn. 31 m. w. N.
937 OLG Celle, Urt. v. 03.04.2003, Az. 22 U 179/01 = NJW-RR 2003, 1243 = BauR 2003, 1224.
938 Siehe zur Billigung von Stundenlohnzetteln durch Beauftragte bei Kapellmann/Messerschmidt, *Messerschmidt*, § 15 VOB/B Rn. 57 m. w. N.
939 OLG Celle, Urt. v. 28.08.2002, Az. 22 U 159/01 = NJW-RR 2002, 1675 = BauR 2002, 1863; zur Rückgabefrist der Stundenlohnzettel ausführlich Kapellmann/Messerschmidt, *Messerschmidt*, § 15 VOB/B Rn. 65 ff.
940 OLG Düsseldorf, Urt. v. 10.12.2002, Az. 21 U 106/02 = NJW-RR 2003, 455.
941 OLG Düsseldorf, Urt. v. 10.12.2002, Az. 21 U 106/02 = NJW-RR 2003, 455.

cc) Pauschalpreisvertrag

Häufig wird auch im Bauvertrag ein „Festpreis" vereinbart.[942] Häufig erfolgt eine solche Vereinbarung, wenn der Auftragnehmer die festgelegten Leistungen zu einem fixen Betrag erbringen soll. Hierunter ist meistens die Vereinbarung eines Pauschalpreises zu verstehen.[943] Die Begriffe „Festpreis" und „Pauschalpreis" werden fälschlicherweise häufig als Synonyme gesehen.[944]

Ein Pauschalpreisvertrag bietet sich vor allem dann an, wenn die Parteien Gewissheit über die zu erbringende Leistung haben und auf dieser Grundlage *die Vergütung* bereits *vor Leistungserbringung* pauschal berechnen können.[945] Vereinbaren die Parteien einen Pauschalpreis, trifft den Auftragnehmer unabhängig vom tatsächlichen Aufwand die Pflicht zur Erbringung der Werkleistungen zu diesem Preis, vgl. § 2 Abs. 7 Nr. 1 VOB/B.[946] Die Vereinbarung einer Pauschale gemäß § 2 Abs. 7 Nr. 1 VOB/B betrifft allerdings nur die pauschale Vergütung, nicht jedoch die Pauschalierung der Leistung.[947]

Der Pauschalpreisvertrag ist mengenunabhängig und unterscheidet sich vom Einheitspreisvertrag ausschließlich auf der Ebene der Vergütung.[948] Während beim Einheitspreisvertrag durch spätere Ermittlung der Gesamtkosten jeder einzelnen Position eine Gesamtvergütung ermittelt wird, vereinbaren die Parteien die Vergütung beim Pauschalpreisvertrag bereits vor Leistungserbringung ohne das Erfordernis einer späteren Abrechnung.[949] Vereinzelt bietet es sich auch an einzelne Leistungen über einen Pauschalpreis und andere Teile der Leistungen über den Einheitspreis zu vergüten.[950] Darlegungs- und Beweispflichtig für die Vereinbarung eines Pauschalpreises ist die Partei, die sich auf diese Vereinbarung beruft.[951]

---

942 Siehe zum Festpreis im IT-Recht unter **D.III.3.a)aa)**.
943 MüKoBGB, *Busche*, § 631 Rn. 99.
944 Kapellmann/Messerschmidt, *Kapellmann*, § 2 VOB/B Rn. 239 m. w. N.
945 Ganten/Jansen/Voit, *Jansen*, § 2 Abs. 7 VOB/B Rn. 3.
946 Kniffka/Koeble, *Kniffka,* 5. Teil, C. Rn. 176.
947 Nicklisch/Weick/Jansen/Seibel, *Kues,* § 2 VOB/B Rn. 426.
948 Messerschmidt/Voit, *Leupertz*, I. Teil, K. Rn. 18.; Nicklisch/Weick/Jansen/Seibel, *Kues,* § 2 VOB/B Rn. 427.
949 MüKoBGB, *Busche,* § 631 Rn. 92.
950 MüKoBGB, *Busche,* § 631 Rn. 92.
951 Vgl. zum Bestreiten einer Pauschalpreisvereinbarung nach Vertragsverhandlungen aus Basis von Einheitspreisen auch BGH, Beschl. v. 27.09.2007, Az. VII ZR 198/06 = ZfBR 2008, 157 = BauR 2007, 2106; OLG München, Urt. v. 25.09.2012, Az. 9 U 4534/11 = NZBau 2012, 765 = NJW-RR 2012, 1487 = IBRRS 2012, 4499.

Sofern die Parteien keine Lohn- oder Materialpreisgleitklauseln vereinbart haben,[952] ist dieser festgelegte Pauschalpreis nicht veränderlich.[953] Den Auftragnehmer trifft das Kalkulationsrisiko zur Ermittlung eines für ihn auskömmlichen Pauschalpreises.[954] Gleichermaßen trifft den Auftraggeber das Risiko, dass der Pauschalpreis weit über den tatsächlichen Kosten angesetzt wird und er somit „zu viel" bezahlt.[955] Zur Risikoverteilung wurden in der Baupraxis verschiedene Modelle des Pauschalpreisvertrages entwickelt: der Detail-Pauschalvertrag, der einfache Global-Pauschalvertrag und der komplexe Global-Pauschalvertrag.[956]

Ausnahmen zur Unveränderlichkeit des Pauschalpreises und Vergütungsanpassungen ergeben sich für beide Vertragsparteien nur vereinzelt unter den Voraussetzungen des Wegfalls der Geschäftsgrundlage; insbesondere in den Fällen, in denen die tatsächliche Leistung erheblich von den gemeinsamen Vorstellungen der Vertragsparteien abweicht.[957] Die gemeinsamen Vorstellungen der Vertragsparteien sind nach den allgemeinen Grundsätzen unter Berücksichtigung aller Vertragsinhalte auszulegen.[958]

Wird die Leistung für den Auftragnehmer erschwert, lösen Erschwernisse und Mehraufwendungen, die *„sich im Rahmen des vertraglichen Leistungsumfangs halten"*, keine Mehrvergütungsansprüche des Auftragnehmers aus.[959] Der Auftragnehmer ist darlegungs- und beweispflichtig, wenn er behauptet, dass Mehraufwendungen nicht unter den vereinbarten Pauschalpreis fallen und zusätzlich zu vergüten sind.[960] Nach Auffassung des *Oberlandesgerichts Bremen* ändert sich die Beweislast jedoch zu Lasten des Auftraggebers, wenn dieser eine unklare oder unvollständige Leistungsbeschreibung kommuniziert und ein von ihm beauftragter Architekt hierauf gestützt ein (fehlerhaftes) Leistungsverzeichnis erstellt.[961]

---

952 Hierzu Ganten/Jansen/Voit, *Jansen*, § 2 Abs. 7 VOB/B Rn. 5.
953 Kniffka/Koeble, *Kniffka*, 5. Teil, C. Rn. 176.
954 Kniffka/Koeble, *Kniffka*, 5. Teil, C. Rn. 177.
955 Messerschmidt/Voit, *Leupertz*, I. Teil, K. Rn. 18.
956 Messerschmidt/Voit, *Leupertz*, I. Teil, K. Rn. 18.
957 Kniffka/Koeble, *Kniffka*, 5. Teil, C. Rn. 176.
958 Kniffka/Koeble, *Kniffka*, 5. Teil, C. Rn. 177.
959 BGH, Urt. v. 22.03.1984, Az. VII ZR 50/82 = BGHZ 90, 344 = NJW 1984, 1676 = BauR 1984, 395 = ZfBR 1984, 173.
960 OLG Köln, Urt. v. 05.12.1986, Az. 20 U 134/86 = BauR 1987, 575; OLG Nürnberg, Urt. v. 18.04.2002, Az. 13 U 3981/01 = NZBau 2002, 669 = NJW-RR 2002, 1099.
961 OLG Bremen, Urt. v. 02.03.2009, Az. 3 U 38/08 = NJOW 2990, 2031.

Kann der Auftragnehmer jedoch darlegen und beweisen, dass er Leistungen erbracht hat, die in der ursprünglichen Pauschalpreisabrede nicht vorgesehen waren, sind ihm diese zu vergüten, wenn es sich um „*erhebliche, zunächst nicht vorgesehene Leistungen auf Veranlassung des Bestellers*" handelt.[962] Für einen solchen Mehrvergütungsanspruch ist es nach Auffassung des *Bundesgerichtshofes* unerheblich, ob die Parteien über diese Mehrvergütung eine vertragliche Einigung erzielt haben.[963]

Im Falle einer Pauschalpreisvereinbarung (ausnahmsweise) *nach* Ausführung der Leistungen besteht nicht die sonst typische Ungewissheit der Parteien.[964] Ein vereinbarter Pauschalpreis *nach* Leistungserbringung ist nach Auffassung des *Oberlandesgerichts Düsseldorf* unter Berücksichtigung des Verbots widersprüchlichen Verhaltens (§ 242 BGB) als „*unabänderlicher Festpreis*" anzusehen.[965] Ansprüche auf Mehr- oder Mindervergütungen sind daher für beide Parteien ausgeschlossen, sofern sie nicht allgemein aus §§ 119, 13, 134, 138, 242, 823 ff. BGB resultieren.[966]

Kalkuliert der Auftragnehmer hingegen *vor Leistungserbringung* einen Pauschalpreis, obwohl das genaue Bau-Soll noch nicht feststeht, trifft ihn das Risiko, dass das tatsächliche später ermittelte Bau-Soll durch den Pauschalpreis nicht ausreichend vergütet wird.[967] In einem solchen Fall bleibt der ursprünglich vereinbarte Pauschalpreis selbst dann bestehen, wenn eine erhebliche Abweichung zwischen ursprünglicher Planung und später festgelegtem Bau-Soll besteht.[968]

Einigen sich die Parteien nicht auf eine pauschale Vergütungssumme, sondern vereinbaren einen „circa"-Preis, liegt hierin keine Pauschalpreisabrede.[969] Trägt der Auftragnehmer vor, dass eine Pauschalpreisabrede getroffen wurde und verweist dabei auf eine „circa"-Preis-Angabe, ist sein Sachvortrag als unstimmig anzusehen.[970] Das *Landgericht Frankenthal* lehnt eine Pauschalpreisabrede

---

[962] BGH, Urt. v. 08.01.2002, Az. X ZR 6/00 = NZBau 2002, 325 = BauR 2002, 787.
[963] BGH, Urt. v. 08.01.2002, Az. X ZR 6/00 = NZBau 2002, 325 = BauR 2002, 787.
[964] OLG Düsseldorf, Urt v. 22.08.2014, Az. I-22 U 7/14 = NJOZ 2015, 455 = BauR 2015, 1339.
[965] OLG Düsseldorf, Urt v. 22.08.2014, Az. I-22 U 7/14 = NJOZ 2015, 455 = BauR 2015, 1339.
[966] OLG Düsseldorf, Urt v. 22.08.2014, Az. I-22 U 7/14 = NJOZ 2015, 455 = BauR 2015, 1339.
[967] OLG Düsseldorf, Urt. v. 25.02.2003, I-21 U 44/02 = ZfBR 2003, 687.
[968] OLG Düsseldorf, Urt. v. 25.02.2003, I-21 U 44/02 = ZfBR 2003, 687.
[969] OLG Hamm, Urt. v. 26.03.1993, Az. 12 U 203/92 = NJW-RR 1993, 1490; MüKoBGB, *Busche*, § 631 Rn. 92.
[970] OLG Hamm, Urt. v. 26.03.1993, Az. 12 U 203/92 = NJW-RR 1993, 1490.

bereits ab, wenn eine *„auffallend ungerade bezifferte Angebotssumme"* vorliegt, da ein Pauschalpreis *„typischerweise mit einer runden Summe ausgehandelt wird"*.[971] Des Weiteren ist in Einzelfällen vielmehr vom Vorliegen eines Einheitspreisvertrages auszugehen, wenn *„die exakten Daten zur Kalkulation vor Angebotsabgabe überhaupt nicht schriftlich vorliegen"*.[972] Fehlen diese exakten Daten ist ein hieran orientierter Pauschalpreis nach Ansicht des *Landgerichts Frankenthal* vorab nicht ermittelbar.

Vereinbaren die Parteien einen Einheitspreisvertrag mit Preisobergrenze für alle anfallenden und notwendigen Arbeiten, kann hierin nach Auffassung des *Oberlandesgerichts Frankfurt am Main* im Einzelfall eine Pauschalpreisabrede zu sehen sein.[973] Zumindest in den Fällen, in denen der Auftraggeber die Einhaltung des Kostenrahmens fordert sowie ein Überschreiten der Obergrenze und die Vergütung von Nachforderungen ausschließt, wirkt sich die Erreichung der Preisobergrenze aus wie ein Pauschalpreis.[974]

Wird der Pauschalpreisvertrag gekündigt, trägt der Auftragnehmer die Darlegungs- und Beweislast für seine Vergütung.[975] Diese errechnet sich *„aus dem Verhältnis des erbrachten Teils zu der geschuldeten Gesamtleistung"*.[976] Auch die Wertermittlung dieser erbrachten Leistungen muss der Auftragnehmer darlegen und beweisen.[977] Der Auftragnehmer kann einen vorzeitig gekündigten Pauschalpreisvertrag nicht nach Einheitspreisen abrechnen.[978] Durch die Vereinbarung eines Pauschalpreises wird dem Auftraggeber gegenüber der Einheitspreisabrechnung ein Nachlass gewährt.[979] Dieser würde entfallen, wenn die

---

971 LG Frankenthal, Urt. v. 18.03.2019, Az. 6 O 276/14 = IBBRS 2019, 1535.
972 LG Frankenthal, Urt. v. 18.03.2019, Az. 6 O 276/14 = IBBRS 2019, 1535.
973 OLG Frankfurt/M., Urt v. 08.07.2008, Az. 14 U 134/07 = BauR 2009, 1440 = BeckRS 2009, 28721; MüKoBGB, *Busche*, § 631 Rn. 92.
974 OLG Frankfurt/M., Urt v. 08.07.2008, Az. 14 U 134/07 = BauR 2009, 1440 = BeckRS 2009, 28721.
975 BGH, Urt. v. 04.05.2000, Az. VII ZR 54/99 = BGHZ 144, 242 = NJW 2000, 2988 = BauR 2000, 1182 = MDR 2000, 966; MüKoBGB, *Busche*, § 631 Rn. 96; siehe zum gekündigten Pauschalpreisvertrag auch Nicklisch/Weick/Jansen/Seibel, *Vogel*, § 8 VOB/B Rn. 58 ff.
976 BGH, Urt. v. 04.05.2000, Az. VII ZR 54/99 = BGHZ 144, 242 = NJW 2000, 2988 = BauR 2000, 1182 = MDR 2000, 966; MüKoBGB, *Busche*, § 631 Rn. 96.
977 BGH, Urt. v. 04.05.2000, Az. VII ZR 54/99 = BGHZ 144, 242 = NJW 2000, 2988 = BauR 2000, 1182 = MDR 2000, 966
978 OLG Düsseldorf, Urt. v. 24.09.2009, Az. 23 U 9/09 = NZBau 2010, 369 = NJW-RR 2010, 827.
979 OLG Düsseldorf, Urt. v. 24.09.2009, Az. 23 U 9/09 = NZBau 2010, 369 = NJW-RR 2010, 827.

Berechnung eines vorzeitig beendetem Pauschalpreisvertrages doch nach Einheitspreisen erfolgen würde.[980] Durch eine solche Abrechnung würde er Auftragnehmer besser gestellt als der Auftraggeber.

Die Abrechnung infolge einer vorzeitigen Kündigung des Pauschalpreisvertrages muss prüfbar sein.[981] Eine fehlerhafte Abrechnung hindert nicht die Prüffähigkeit der Abrechnung.[982] Die Prüfbarkeit fehlt jedoch, wenn der Auftragnehmer nur pauschale Beträge auflistet, ohne deren Kalkulation darzulegen.[983] Den Auftraggeber trifft eine sekundäre Darlegungslast zu einzelnen Positionen der Schlussrechnung eines gekündigten Pauschalpreisvertrages.[984] Bestreitet der Auftraggeber die Richtigkeit der Abrechnung substantiiert, muss das Gericht die Abrechnung überprüfen und ggf. Beweis erheben.[985] Ein substantiiertes Bestreiten des Auftraggebers erfordert nicht, dass derselbe eine vollständige eigene Gegenrechnung vornimmt.[986]

dd) Kosten vor Vertragsschluss

Streitgegenständlich können zwischen den Parteien darüber hinaus auch Kosten werden, die vor Vertragsschluss angefallen sind. Vor Vertragsschluss können insbesondere Kosten für Kostenanschläge sowie sonstige Vorarbeiten anfallen.[987]

Nach § 632 Abs. 3 BGB sind Kostenanschläge im Zweifel nicht zu vergüten.[988] Die Vorschrift regelt die Vergütung für Kostenanschläge daher zu Lasten des

---

980 OLG Düsseldorf, Urt. v. 24.09.2009, Az. 23 U 9/09 = NZBau 2010, 369 = NJW-RR 2010, 827.
981 Dazu auch BGH, Urt. v. 26.10.2000, Az. VII ZR 3/99 = NJW-RR 2001, 311 = NZBau 2001, 138; BGH, Versäumnisurteil vom 19.04.2005, Az. X ZR 191/02 = NJW-RR 2005, 1103 = BauR 2006, 519; siehe zu einer solchen Abrechnung auch OLG Düsseldorf, Urt. v. 28.08.2014, Az. I-5 U 139/13 = NJW 2015, 355 = BauR 2015, 517.
982 Siehe hierzu BGH, Urt. v. 25.07.2002, Az. VII ZR 263/01 = NJW-RR 2002, 1532 = BauR 2002, 1695; BGH, Versäumnisurteil vom 19.04.2005, Az. X ZR 191/02 = NJW-RR 2005, 1103 = BauR 2006, 519.
983 OLG Celle, Urt. v. 07.02.2006, Az. 14 U 108/05 = NJOZ 2006, 3196 = BauR 2006, 2069 = OLGReport Celle 2006, 233.
984 OLG München, Schlussurteil v. 24.05.2011, Az. 13 U 2760/10 = BeckRS 2013, 19911 = IBBRS 2013, 2431.
985 BGH, Urt. v. 25.08.2016, Az. VII ZR 193/13 = NJW-RR 2016, 1357 = BauR 2016, 2088 = MDR 2016, 1260.
986 BGH, Urt. v. 25.08.2016, Az. VII ZR 193/13 = NJW-RR 2016, 1357 = BauR 2016, 2088 = MDR 2016, 1260.
987 MüKoBGB, *Busche*, § 632 Rn. 7.
988 Zu Entstehung und Zweck der Vorschrift MüKoBGB, *Busche*, § 632 Rn. 8.

Auftragnehmers.[989] Die Pflicht zur Vergütung eines Kostenanschlags besteht daher nur dann, wenn dies ohne jeden Zweifel zwischen den Parteien vereinbart wurde.[990] Individualvertraglich können die Parteien eine Vergütung des Kostenanschlags frei vereinbaren. Den Nachweis einer solchen Vereinbarung hat der Auftragnehmer zu erbringen.[991] Eine Vereinbarung in Allgemeinen Geschäftsbedingungen hingegen verstößt nach einer Ansicht gegen den gesetzlichen Grundgedanken des § 632 Abs. 3 BGB und ist daher gegenüber dem Auftraggeber unangemessen benachteiligend, § 307 Abs. 1 S. 1 BGB.[992] Nach anderer Ansicht ist eine solche Klausel überraschend, sodass sie schon nicht Vertragsbestandteil wird, § 305c BGB.[993] Der Wettbewerb um Aufträge ist Risiko des Auftragnehmers. Erstellt der Auftragnehmer ein Angebot, wird aber vom Auftraggeber in der Folge nicht mit der Erbringung der ausgeschriebenen Leistungen beauftragt, kann er trotzdem keine Vergütung für seine Ausschreibung verlangen.[994]

Der Auftraggeber ist verpflichtet, die sonstigen Vorarbeiten zu vergüten, wenn die Parteien die Vergütung dieser anderen Vorarbeiten vereinbart haben oder wenn ein (Werk-)Vertragsschluss hinsichtlich dieser Vorarbeiten anzunehmen ist.[995] Die Vergütung anderer Vorarbeiten hängt zusammen mit der Frage, ob der Auftragnehmer nach Erbringung dieser Arbeiten den Auftrag erhalten hat oder nicht.[996] Wird nach Erbringung der Vorarbeiten ein Werkvertrag über die Hauptleistung geschlossen, ist bei Fehlen entsprechender Vereinbarungen davon auszugehen, dass auch die Vorarbeiten von der vereinbarten Vergütung (der Hauptleistung) umfasst sind.[997]

---

989 Vgl. dazu auch OLG Brandenburg, Urt. v. 02.12.2015, Az. 11 U 102/12 = NJW-RR 2016, 466 = NZBau 2016, 358.
990 MüKoBGB, *Busche*, § 632 Rn. 8.
991 MüKoBGB, *Busche*, § 632 Rn. 8.
992 Vgl. zur Bearbeitungsgebühr eines Kostenvoranschlags in Allgemeinen Geschäftsbedingungen schon BGH, Urt. v. 03.12.1981, Az. VII ZR 368/80 = NJW 1982, 765; OLG Karlsruhe, Urt. v. 29.12.2005, Az. 19 U 57/05 = NJW-RR 2006, 419 = VuR 2006, 114 = IBRRS 2006, 0475; andere Ansicht MüKoBGB, *Busche*, § 632 Rn. 9 m. w. N.
993 Siehe BGH, Urt. v. 03.12.1981, Az. VII ZR 368/80 = NJW 1982, 765.
994 BGH, Urt. v. 12.07.1979, Az. VII ZR 154/78 = NJW 1979, 2202 = BauR 1979, 509.
995 Siehe hierzu BGH, Urt. v. 08.06.2005, Az. X ZR 211/02 = NJW-RR 2005, 19 = NZBau 2004, 498 = ZfBR 2005, 243; OLG Hamm, Urt. v. 28.10.1974, Az. 17 U 169/74 = BauR 1975, 418 = MDR 1975, 402; MüKoBGB, *Busche*, § 632 Rn. 10.
996 MüKoBGB, *Busche*, § 632 Rn. 10 f.
997 BGH, Urt. v. 08.06.2005, Az. X ZR 211/02 = NJW-RR 2005, 19 = NZBau 2004, 498 = ZfBR 2005, 243; MüKoBGB, *Busche*, § 632 Rn. 10.

Erhält der Auftragnehmer den Auftrag jedoch nicht, ist die Pflicht zur Vergütung der Vorarbeiten vom konkreten Einzelfall abhängig.[998] Ein maßgebliches Kriterium für diese Ermittlung einer Vergütungspflicht besteht nicht.[999] Das *Oberlandesgericht Nürnberg* hat dem Auftragnehmer für umfangreiche Vorarbeiten im Rahmen einer Software-Entwicklung einen Anspruch auf Vergütung zugesprochen, als es im weiteren Verlauf nicht zur Erteilung des Auftrages kam.[1000] Das *Oberlandesgericht Hamm* hat den Anspruch eines Architekten auf Honorarzahlung für seine erbrachten Leistungen vor (konkludentem) Vertragsschluss hingegen abgelehnt.[1001]

Eine Vergütungspflicht für Vorarbeiten ergibt sich daher schon nicht allein daraus, dass diese besonders aufwendig oder umfangreich waren.[1002] Wie die Entscheidung des *Oberlandesgerichts Hamm* zeigt, ist die Aufwendigkeit einer Leistung kein ausreichendes Indiz für einen Vertragsschluss.[1003] Insbesondere im Architektenrecht ist der schriftliche Vertragsschluss die Ausnahme, sodass gerade dort häufig in Streit steht, ob bereits ein konkludenter Vertragsschluss stattgefunden hat oder ob *„sich die Parteien noch in der sog. honorarfreien Akquisitionsphase befinden"*[1004].[1005] Den Vertragsschluss und die hieraus resultierende Vergütungspflicht muss der Architekt (d. h. der Auftragnehmer) darlegen und beweisen.[1006] Ein konkludenter Vertragsschluss ist häufig jedenfalls dann

---

998 MüKoBGB, *Busche*, § 632 Rn. 11.
999 MüKoBGB, *Busche*, § 632 Rn. 11.
1000 OLG Nürnberg, Urt. v. 18.02.1993, Az. 12 U 1663/92 = NJW-RR 1993, 760 = CR 1993, 553.
1001 OLG Hamm, Urt. v. 15.03.1995, Az. 12 U 137/94 = NJW-RR 1996, 83.
1002 OLG Hamm, Urt. v. 28.10.1974, Az. 17 U 169/74 = BauR 1975, 418 = MDR 1975, 402; dazu auch OLG Düsseldorf, Urt. v. 29.02.2008, Az. 23 U 85/07 = IBR 2008, 333 = NZBau 2009, 457.
1003 OLG Hamm, Urt. v. 15.03.1995, Az. 12 U 137/94 = NJW-RR 1996, 83.
1004 Messerschmidt/Voit, *Cramer*, I. Teil, C. Rn. 79.
1005 Vgl. hierzu auch BGH, Urt. v. 09.04.1987, Az. VII ZR 266/86 = NJW 1987, 2742 = BauR 1987, 454 = ZfBR 1987, 187; sowie BGH, Urt. v. 05.06.1997, Az. VII ZR 124/96 = NJW 1997, 3017 = BauR 1997, 1060 = BGHZ 136, 33 = ZfBR 1997, 293; OLG Naumburg, Urt. v. 22.02.2005, Az. 11 U 247/01 = IBR 2006, 207; OLG Düsseldorf, Urt. v. 29.02.2008, Az. 23 U 85/07 = IBR 2008, 333 = NZBau 2009, 457; Messerschmidt/Voit, *Cramer*, I. Teil, C. Rn. 79.
1006 BGH, Urt. v. 09.04.1987, Az. VII ZR 266/86 = NJW 1987, 2742 = BauR 1987, 454 = ZfBR 1987, 187; sowie BGH, Urt. v. 05.06.1997, Az. VII ZR 124/96 = NJW 1997, 3017 = BauR 1997, 1060 = BGHZ 136, 33 = ZfBR 1997, 293; OLG Celle, Urt. v. 23.05.2006, Az. 14 U 240/05 = IBR 2006, 399 = BauR 2007, 902 = MDR 20007, 86.

anzunehmen, wenn der Auftraggeber die Leistungen des Architekten verwertet,[1007] beispielsweise indem er die Pläne und Zeichnungen bei einer Behörde vorlegt.[1008] Die Rechtsprechung des *Oberlandesgerichts Brandenburg* zeigte jedoch erst jüngst, dass nicht jede Verwertung von Architektenleistungen ausreichend ist, um einen stillschweigenden Vertragsschluss zu begründen.[1009]

Zusammenfassend ist dem Auftragnehmer aufgrund der divergierenden Rechtsprechung zur Vergütung von Vorarbeiten zu raten, die Entgeltlichkeit der Vergütung mit dem Auftraggeber zu vereinbaren, um größtmögliche Sicherheit zu erhalten. Idealerweise schließt er mit dem Auftraggeber einen gesonderten (Werk-)Vertrag über die Erbringung der notwendigen und erforderlichen Vorarbeiten.

Er muss jedoch darauf achten, dass die Vereinbarung nicht als Allgemeine Geschäftsbedingung mit den Folgen der §§ 305c, 307 Abs. 1 S. 1 BGB angesehen wird. Einen gesetzlichen Anspruch auf Vergütung seiner Leistungen vor Vertragsschluss hat der Auftraggeber nicht.

c) Übertragbarkeit

Die Gegenüberstellung der gängigen Vergütungsmodelle des IT-Rechts und des privaten Baurechts lassen bereits erkennen, dass die einzelnen Modelle unterschiedlich bezeichnet werden aber doch vereinzelt einige Parallelen aufweisen.

aa) Time-and-Material – Stundenlohnvereinbarung

Die Vergütung auf Grundlage der Zeit und des (Material-)Aufwands ist im IT-Recht als *Time-and-Material*-Vergütung bekannt. Im Baurecht findet sich mit der Stundenlohnvergütung ein vergleichbares Pendant.[1010] Beiden Vergütungsmodellen liegt der Ansatz zugrunde, dass losgelöst vom Fortschritt der Werkleistung eine Vergütung des Zeit- und Materialaufwands stattfindet. Das Vergütungsrisiko liegt daher bei beiden Modellen beim Auftraggeber: Zum

---

1007 KG, Urt. v. 28.12.2010, Az. 21 U 97/09 = IBRRS 2013, 3909 = BeckRS 2010, 142954; hiervon im Einzelfall abweichend jüngst OLG Brandenburg, Urt. v. 06.12.2018, Az. 12 U 24/17 = NZBau 2019, 186 = BauR 2019, 1477 = NJW-RR 2019, 276.
1008 OLG Naumburg, Urt. v. 22.02.2005, Az. 11 U 247/01 = IBR 2006, 207; KG, Urt. v. 28.12.2010, Az. 21 U 97/09 = IBRRS 2013, 3909 = BeckRS 2010, 142954
1009 OLG Brandenburg, Urt. v. 06.12.2018, Az. 12 U 24/17 = NZBau 2019, 186 = BauR 2019, 1477 = NJW-RR 2019, 276.
1010 Vgl. auch MAH IT-Recht, *von dem Bussche/Schelinski*, Teil 1., C. Rn. 294, wo die Darlegungs- und Beweispflicht der *Time-and-Material*-Vergütung mit einer baurechtlichen Fundstelle belegt wurde (dort in Fn. 484).

einen trägt der Auftraggeber das Risiko, dass der Auftragnehmer zwar Zeit und Aufwand abrechnet, ohne, dass das Projekt Fortschritte macht.[1011] Zum anderen besteht hierbei die Gefahr, dass der Auftraggeber in eine Abhängigkeit fällt, da einzig der Auftragnehmer das notwendige Know-How besitzt, um das Projekt zu Ende zu führen.[1012] Um den Auftraggeber abzusichern haben sich in der baurechtlichen Rechtsprechung „Sicherungsmechanismen" gefestigt, die auch für das IT-Recht heranzuziehen sind: Der Auftragnehmer ist zu wirtschaftlicher Betriebsführung verpflichtet, weshalb er nicht mit Willkür unwirtschaftlich handeln darf, um Kosten zu Lasten des Auftraggebers zu generieren.[1013] Im Falle unwirtschaftlichen Handelns macht sich der Auftragnehmer schadensersatzpflichtig gegenüber dem Auftraggeber.[1014] Hierdurch wird zumindest das Auftraggeber-Risiko abgemildert, dass der Auftragnehmer keine Fortschritte erzielt trotz Abrechnung von Zeit und Aufwand.[1015]

Für die Vergütung nach *Time-and-Material* trifft auch den Auftragnehmer die Darlegungs- und Beweislast der abgerechneten Zeit und des abgerechneten Materialaufwands.[1016] Die Grundsätze zur Darlegungs- und Beweislast des Stundenlohnvertrages sind hierbei heranzuziehen.[1017] Dem Auftragnehmer ist in IT-Projekten daher auch anzuraten seinen Aufwand im Rahmen von Stundenlohnzetteln festzuhalten und vom Auftraggeber gegenzeichnen zu lassen. Hierdurch würde der Auftraggeber ein deklaratorisches Schuldanerkenntnis (§ 781 BGB) abgeben. Hinsichtlich der Erforderlichkeit der abgerechneten Leistungen bleibt der Auftragnehmer im Bestreitensfalle weiter darlegungs- und beweispflichtig.[1018] Sofern der Auftraggeber jedoch die Menge der aufgewendeten Leistungen anzweifelt und der Auffassung ist, dass der Auftragnehmer zu viele

---

1011 Siehe hierzu schon unter **D.III.3.a)bb)** & **D.III.3.b)bb)**.
1012 Siehe hierzu schon unter **D.III.3.a)bb)** & **D.III.3.b)bb)**.
1013 BGH, Urt. v. 17.04.2009, Az. VII ZR 164/07 = NJW 2009, 2199 = BauR 2009, 1162 = BGHZ 18, 235; dazu auch BGH, Urt. v. 28.05.2009, Az. VII ZR 74/06 = NJW 2009, 3426 = BauR 2009, 1291 = MDR 2009, 922; siehe hierzu schon unter **D.III.3.b)bb)**.
1014 BGH, Urt. v. 17.04.2009, Az. VII ZR 164/07 = NJW 2009, 2199 = BauR 2009, 1162 = BGHZ 18, 235; dazu auch BGH, Urt. v. 28.05.2009, Az. VII ZR 74/06 = NJW 2009, 3426 = BauR 2009, 1291 = MDR 2009, 922; siehe hierzu schon unter **D.III.3.b)bb)**.
1015 Siehe hierzu schon unter **D.III.3.b)bb)**.
1016 Vgl. MAH IT-Recht, *von dem Bussche/Schelinski*, Teil 1., C. Rn. 294 m. w. N.; siehe hierzu schon unter **D.III.3.b)bb)**.
1017 Siehe hierzu ausführlich unter **D.III.3.b)bb)**.
1018 Andere Ansicht OLG Celle, Urt. v. 03.04.2003, Az. 22 U 179/01 = NJW-RR 2003, 1243 = BauR 2003, 1224.

Stunden oder zu hohe Materialkosten aufgewendet hat, trifft ihn hierfür die Darlegungs- und Beweislast.

Die *Pay-per-Sprint*-Vergütung ist in ihrer Grundausrichtung gleichermaßen eine zeit- und aufwandsbezogene Vergütung.[1019] Sie unterscheidet sich von der Vergütung nach *Time-and-Material* lediglich dadurch, dass sie an den einzelnen iterativen Schritten orientiert ist. Die baurechtlichen Wertungen zur Stundenlohnvereinbarung sind daher auch entsprechend für die *Pay-per-Sprint*-Vergütung heranzuziehen.

bb) „Festpreisvertrag" – Pauschalpreisvertrag

Das im IT-Recht als „Festpreisvertrag" bezeichnete Vergütungsmodell entspricht dem Pauschalpreisvertrag des Baurechts. In beiden Fällen soll die spezifizierte Leistung gegen Zahlung einer pauschal im Vorfeld vereinbarten Vergütungssumme abschließend erbracht werden.[1020] Hierdurch soll für beide Parteien eine transparente Kostenübersicht geschaffen werden, da die Projektkosten bereits zu Beginn bekannt sind.[1021] Der Auftragnehmer kann seinen Gewinn kalkulieren, der Auftraggeber kann das Projekt budgetieren. Aufgrund dieser gemeinsamen Grundausrichtung von „Festpreisvertrag" und Pauschalpreisvertrag bestehen keine Bedenken die Rechtsprechung und Lösungsansätze des privaten Baurechts für entsprechende Softwareentwicklungsverträge heranzuziehen.

In beiden Fällen sind von der vereinbarten pauschalen Summe bloß die Kosten erfasst, die ursprünglich der Kalkulation zugrunde lagen und die zur Erreichung des vereinbarten Erfolges erforderlich und notwendig sind.[1022] Auch bei einem IT-Vertrag ist der Auftragnehmer für geltend gemachte Mehrvergütungen darlegungs- und beweispflichtig.[1023] Spätere Änderungen durch einseitige Anordnungen des Auftraggebers oder einvernehmliche Vertragsergänzungen durch die Vertragsparteien sind von dieser Pauschalpreisabrede nicht erfasst.[1024] Vor dem Hintergrund der *Komplexität solcher Langzeitverträge* und den damit verbunden häufigen Änderungen während der Entwicklungszeit ist daher auch ein vereinbarter Pauschalpreis nicht gleichzusetzen mit den finalen Kosten der Projekts. Eine Änderung des Pauschalpreises ist sowohl beim IT-Vertrag als auch

---

1019 Siehe hierzu auch unter **D.III.3.a)cc)**.
1020 Siehe hierzu schon unter **D.III.3.a)aa)** & **D.III.3.b)cc)**.
1021 Siehe hierzu schon unter **D.III.3.a)aa)** & **D.III.3.b)cc)**.
1022 Siehe hierzu schon unter **D.III.3.a)aa)** & **D.III.3.b)cc)**.
1023 Vgl. dazu **D.III.3.b)cc)**.
1024 Siehe hierzu schon unter **D.III.3.a)aa)** & **D.III.3.b)cc)**.

beim Bauvertrag nur unter den Voraussetzungen des Wegfalls der Geschäftsgrundlage möglich.[1025]

Vereinbaren die Parteien einen pauschalen Vergütungsbetrag, ist dieser Betrag genau und idealerweise mit einer „runden Summe" zu beziffern. Von einer nur ungefähren Angabe des Vergütungsbetrages („circa"-Preis) ist abzusehen, da das Risiko besteht, dass hierin keine pauschal festgelegte Vergütung erkannt wird.[1026]

cc) Einheitspreisvertrag bei agiler Programmierung und SCRUM

Sofern es den Parteien nicht auf eine anfängliche Kalkulierbarkeit der Vergütung ankommt, könnte auch im IT-Vertragsrecht ein Einheitspreisvertrag vereinbart werden. Ein vergleichbares Vergütungsmodell findet sich für Softwareentwicklungsverträge nicht. Fraglich ist, ob eine Vergütung nach Einheitspreisen bei Softwareentwicklungsverträgen überhaupt denkbar wäre:

Die Parteien müssten bei einer entsprechenden Einheitspreis-Vergütung im Rahmen eines Softwareentwicklungsvertrages die anfallenden Leistungen in einem Leistungsverzeichnis vorab ermitteln und für diese einzelnen Leistungen Einheitspreise vereinbaren.[1027] Nach Abschluss der Leistungen kann dann wie beim Bauvertrag auch eine Mengenermittlung stattfinden, um durch Multiplikation von Menge und Einheitspreis die Vergütung zu errechnen.[1028] Denkbar wäre eine solche Vergütung möglicherweise bei linearer Softwareentwicklung, da dort im Vorfeld durch Lastenheft und Pflichtenheft bereits umfangreiche Spezifikationen erstellt werden, auf deren Grundlage sich ein Leistungsverzeichnis entwickeln ließe. Auf Grundlage von Lastenheft und Pflichtenheft haben die Vertragsparteien bereits ermittelt was Leistungsgegenstand und -erfolg der Entwicklung sein soll.[1029]

Die Vergütung auf Grundlage von Einheitspreisen überzeugt jedoch aus mehreren Gründen nicht für eine agile Programmierung. Zum einen wird bei agiler Programmierung auf die Erstellung eines Pflichtenheftes verzichtet, um zügiger mit der Entwicklung der Software starten zu können (*„Funktionierende Software mehr als umfassende Dokumentation; Zusammenarbeit mit dem Kunden mehr als Vertragsverhandlung"*[1030]).[1031] Die Erstellung eines Leistungsverzeichnisses würde

---

1025 Vgl. dazu **D.III.3.b)cc)**.
1026 OLG Hamm, Urt. v. 26.03.1993, Az. 12 U 203/92 = NJW-RR 1993, 1490; MüKoBGB, *Busche,* § 631 Rn. 92; siehe hierzu schon unter **D.III.3.b)cc)**.
1027 Vgl. dazu **D.III.3.b)aa)**.
1028 Vgl. dazu **D.III.3.b)aa)**.
1029 Siehe hierzu ausführlich unter **B.II.**
1030 https://agilemanifesto.org/ (zuletzt abgerufen am 24.11.2019).
1031 Siehe hierzu ausführlich unter **B.III.**

eine Entwicklung in vergleichbarem Umfang verzögern, sodass ein Konflikt mit den Grundwerten des *Agilen Manifests* zu befürchten wäre. Zum anderen fehlt es bei agiler Programmierung zu Beginn an einem hinreichend bestimmbaren Erfolg.[1032] Es liegt vielmehr bloß eine Produktvision vor. Ohne die konkrete Kenntnis eines Entwicklungserfolges kann allerdings kein umfängliches Leistungsverzeichnis erstellt werden.[1033] Es wären somit aller Voraussicht nach nicht für alle anfallenden Leistungen Einheitspreise vereinbart.

Auch speziell für eine agile Programmierung unter Einsatz von SCRUM erscheint eine Vergütung auf Einheitspreisbasis ungeeignet. Durch die iterativen Entwicklungsschritte könnte man einerseits überlegen für jeden einzelnen *Sprint* Einheitspreise zu ermitteln. Solche gesonderten Vergütungsvereinbarungen für jeden *Sprint* sind im *Scrum-Guide* jedoch nicht vorgesehen.[1034] Darüber hinaus würde eine Vergütung nach *Sprints* voraussetzen, dass die erbrachten Leistungen nach Erbringung durch die Parteien aufgemessen werden.[1035] Die Meetings während einer SCRUM-Iteration sind allerdings nicht zur Vergütungsvereinbarung und zum Aufmaß der erbrachten Leistungen gedacht,[1036] sondern dienen der Kommunikation und der Vereinheitlichung des Wissensstandes zwischen allen SCRUM-Beteiligten.[1037]

Andererseits ließe sich möglicherweise vor Entwicklungsbeginn ein durchschnittlicher Einheitspreis für jeden einzelnen *Sprint* ermitteln, der nach Beendigung des Projekts mit der Anzahl der durchgeführten *Sprints* multipliziert wird. Die Bildung eines durchschnittlichen Einheitspreises für die *Sprints* wird jedoch nicht realisierbar sein, da an jeden *Sprint* andere Anforderungen gestellt werden und ein Gesamtleistungsumfang mangels konkret definierten Entwicklungserfolgs nicht vorliegend ist. Die Ermittlung eines solchen Durchschnitts-Einheitspreises pro *Sprint* würde daher nur auf reinen Schätzungen beruhen. Dies erscheint nicht angemessen, wenn die Parteien durch andere Modelle eine konkrete Vergütung ermitteln können.

Die Vergütung eines agilen Softwareentwicklungsprojekts auf Grundlage eines Einheitspreisvertrages erscheint somit nicht überzeugend. Im Rahmen

---

1032 Vgl. dazu ausführlich **B.III.**
1033 Siehe zur Auslegung unvollständiger Leistungsverzeichnisse beim Einheitspreisvertrag BGH, Urt. v. 18.04.2002, Az. VII ZR 38/01 = NZBau 2002, 500 = BauR 2002, 1394 = NJW-RR 2002, 1096 = IBBRS 2002, 0678 = ZfBR 2002, 666 m. w. N.
1034 Vgl. dazu *Schwaber/Sutherland*, Der Scrum-Guide (2017), S. 1 ff.
1035 Vgl. **D.III.3.b)aa)**.
1036 Siehe dazu ausführlich unter **B.III.2.**
1037 Siehe dazu ausführlich unter **B.III.2.**

einer linearen Softwareentwicklung könnte eine solche Einheitspreis-Vergütung eher umsetzbar sein, wenn man die Erstellung des Leistungsverzeichnisses auf Lasten- und Pflichtenheft stützt. Durch die nachträgliche Abrechnung der einzelnen Einheitspreise nach Aufmaß könnte man eine Alternative zur „Festpreisvereinbarung" mit hieran anschließender weitergehender Vergütung der *Change Requests* sehen, da am Ende nach Aufmaß einheitlich abgerechnet wird. Eine Vergütung auf Grundlage eines Einheitspreisvertrages erscheint jedoch auch für die Vergütung eines linearen Softwareentwicklungsvertrages eher unüblich.

dd) Kosten vor Vertragsschluss

Die Ausführungen zur Vergütung von Vorarbeiten im Rahmen des privaten Baurechts dürften gleichermaßen auf das IT-Vertragsrecht übertragbar sein.[1038] Auch im IT-Vertragsrecht ist § 632 Abs. 3 BGB zu berücksichtigen, wonach Kostenanschläge im Zweifel nicht zu vergüten sind. § 632 Abs. 3 BGB ist eine allgemein werkvertragliche Vorschrift und somit nicht nur auf Bauverträge anzuwenden.

Es erscheint auch für IT-Projekte sinnvoll, dass Vorarbeiten durch die Vergütung der Hauptleistung mit abgegolten sind, wenn der Auftragnehmer vom Auftraggeber mit der Erbringung derselben beauftragt wird.[1039] In den Fällen, in denen der Auftragnehmer jedoch Vorarbeiten erbringt, ohne später mit der Erbringung der Hauptleistung beauftragt zu werden, besteht auch im IT-Vertragsrecht keine gesetzliche Anspruchsgrundlage des Auftragnehmers.[1040] Die Rechtsprechung zur konkludenten Vereinbarung einer Vergütung oder dem stillschweigenden Abschluss eines (Werk-)Vertrages zur Erbringung der Vorarbeiten ist nicht einheitlich.[1041] Die Rechtsprechung zeigt, dass die Aufwendigkeit oder der Umfang der Vorarbeiten kein Indiz für eine Vergütungspflicht des Auftraggebers ist.[1042]

Insoweit ist auch hierbei auf die Notwendigkeit einer (individualvertraglichen) Vereinbarung einer Vergütung von Vorarbeiten hinzuweisen.[1043] Nur so

---

1038 Siehe hierzu ausführlich unter **D.III.3.b)dd)**.
1039 Siehe hierzu ausführlich unter **D.III.3.b)dd)**.
1040 Vgl. dazu **D.III.3.b)dd)**.
1041 Siehe dazu bspw. OLG Nürnberg, Urt. v. 18.02.1993, Az. 12 U 1663/92 = NJW-RR 1993, 760 = CR 1993, 553; gänzlich anderer Ansicht ist bspw. OLG Hamm, Urt. v. 15.03.1995, Az. 12 U 137/94 = NJW-RR 1996, 83; siehe dazu auch **D.III.3.b)dd)**.
1042 OLG Hamm, Urt. v. 28.10.1974, Az. 17 U 169/74 = BauR 1975, 418 = MDR 1975, 402; dazu auch OLG Düsseldorf, Urt. v. 29.02.2008, Az. 23 U 85/07 = IBR 2008, 333 = NZBau 2009, 457.
1043 Siehe dazu auch **D.III.3.b)dd)**.

erhält der Auftragnehmer eine größtmögliche Sicherheit, dass seine Vorarbeiten auch vergütet werden.

d) Fazit

Nach alledem ist festzuhalten, dass die Vergütung von Softwareentwicklungsverträgen viele Parallelen zur Vergütung im Bauvertragsrecht aufweist. Die *Time-and-Material*-Vergütung eines Softwareentwicklungsvertrages ist im Baurecht als Stundenlohnvereinbarung ein gängiges Vergütungsmodell, welches in § 2 Abs. 10 VOB/B sogar ausdrücklich genannt wird. Insbesondere der „Festpreisvertrag", der linearen Softwareentwicklungsprojekten nach dem Wasserfallmodell häufig zugrunde liegt, ist im Bauvertragsrecht in Gestalt des Pauschalpreisvertrages vorzufinden. Infolgedessen ist es ratsam bei Problemen im IT-Vertrag einen Blick ins private Baurecht zu wagen, da dort durch die Rechtsprechung über die vergangenen Jahrzehnte zahlreiche Lösungsansätze herausgearbeitet wurden.

Nach der VOB/B ist der Einheitspreisvertrag das Vergütungsmodell, wenn hiervon abweichend keine Vereinbarungen getroffen wurden, § 2 Abs. 2 VOB/B. Ein dem Einheitspreisvertrag entsprechendes Vergütungsmodell ist im IT-Recht nicht gängig. Wie herausgearbeitet wurde, ist eine Vergütung auf Basis von Einheitspreisen für eine lineare Softwareentwicklung in Ausnahmefällen eventuell noch denkbar. Im Falle einer agilen Programmierung (insb. unter Einsatz von SCRUM) überzeugt die Vergütung auf Basis von Einheitspreisen jedoch keineswegs.

Bei agilen Projekten unter Einsatz von SCRUM erscheint eine Vergütung auf *Time-and-Material*-Basis oder auf der *Pay-per-Sprint*-Basis bessere Eignung zu versprechen.[1044] Durch die klar trennbaren Iterationen erscheint es für SCRUM-Projekte sinnvoller die *Pay-per-Sprint*-Vergütung zu wählen, da hierdurch das Vergütungsrisiko des Auftraggebers im Vergleich zur reinen *Time-and-Material*-Vergütung etwas abgemildert wird.[1045] Die baurechtlichen Lösungsansätze zur Stundenlohnvereinbarung dürften auch auf eine *Pay-per-Sprint*-Vergütung entsprechend übertragbar sein.[1046]

Die Vergütung auf Grundlage des agilen Festpreises stellt die Parteien vor weitere organisatorische Aufgaben, bspw. bei der Rollenbesetzung der *Scope-Governance*.[1047] Dennoch ist auch die Vergütung auf Grundlage des agilen Festpreises bei Besetzung dieser Rollen und der Einhaltung von Transparenz und

---

1044 Vgl. dazu auch *Kühn/Ehlenz*, CR 2018, 139 (149).
1045 Siehe dazu auch unter **D.III.3.a)cc)**.
1046 Siehe dazu auch unter **D.III.3.c)aa)**.
1047 Siehe dazu *Opelt/Gloger/Pfarl/Mittermayr*, Der agile Festpreis, S. 64.

Kommunikation keine risikofreie Vergütungsmethode.[1048] Darüber hinaus wird aller Voraussicht nach nicht jeder Auftragnehmer auf dieses Vergütungsmodell eingestellt sein.

Neben der Einführung neuer Vertragstypen, die es künftig zu unterscheiden gilt, sowie speziellen Regelungen zu diesen einzelnen Vertragstypen, wurden durch das *Gesetz zur Reform des Bauvertragsrechts* auch einige allgemein werkvertragliche Regelungen neu gefasst oder komplett neu hinzugefügt.[1049]

Besondere Relevanz haben hierbei die §§ 632a, 640 Abs. 2 S. 1, 648a BGB n. F., sodass im Folgenden unter anderem dargestellt werden soll, worin die Unterschiede der Neuregelungen durch die Reform (ab 01.01.2018) zu den bisherigen Regelungen (bis 31.12.2017) liegen.[1050]

4. Abschlagszahlungen, § 632a BGB

a) Änderungen der Vorschrift

Eine überragend praxisrelevante Änderung hat § 632a BGB erfahren.[1051] Der Unternehmer ist im Werkvertragsrecht dazu verpflichtet, den geschuldeten Werkerfolg herbeizuführen und erst mit der Abnahme des Werkes durch den Besteller entsteht der Vergütungsanspruch des Unternehmers, §§ 640, 641 BGB.[1052] Sinn und Zweck des § 632a BGB ist daher die Erleichterung der Vorleistungspflicht für den Unternehmer bis zur Abnahme.[1053] Durch diesen gesetzlichen Anspruch auf Abschlagszahlungen vor Abnahme des Werkes soll der Unternehmer zumindest anteilig für den Werkerfolg vergütet werden können.[1054] Gleichfalls wird allerdings die Höhe der Abschlagszahlungen durch die Vorschrift begrenzt,[1055] um den Besteller vor überhöhten Zahlungen zu schützen.[1056]

1048 So sogar *Opelt/Gloger/Pfarl/Mittermayr*, Der agile Festpreis, S. 69.
1049 Gesetzesentwurf der Bundesregierung, BT-Drucks. 18/8486, S. 46 ff.
1050 Siehe dazu auch *Hoeren*, CR 2017, 281 (283 ff.).
1051 Vgl. Gesetzesentwurf der Bundesregierung, BT-Drucks. 18/8486, S. 46 f.
1052 Dazu auch *Glöckner,* VuR 2016, 163 f.
1053 Die Vorleistungspflicht des Auftragnehmers besteht selbst bei strittigen Nachträgen durch den Auftraggeber, KG, Urt. v. 13.06.2017, Az. 21 U 24/15 = NZBau 2017, 659 = BauR 2017, 1677 = NJW 2017, 3726 = IBRRS 2017, 2157; Gesetzesentwurf der Bundesregierung, BT-Drucks. 18/8486, S. 46; Messerschmidt/Voit, *Messerschmidt*, § 632a Rn. 1; MüKoBGB, *Busche*, § 632a Rn. 2; *Glöckner,* VuR 2016, 163 f.
1054 Siehe dazu auch bei Messerschmidt/Voit, *Messerschmidt*, § 632a Rn. 1.
1055 „[…] in Höhe des Wertes der von ihm erbrachten und nach dem Vertrag geschuldeten Leistung", § 632a Abs. 1 S. 1 BGB n. F.
1056 Gesetzesentwurf der Bundesregierung, BT-Drucks. 18/8486, S. 46.

aa) Alte Rechtslage (bis 31.12.2017)

(1) Absatz 1 Satz 1

Nach der alten Rechtslage[1057] bis einschließlich 31.12.2017 konnte der Unternehmer

> *"von dem Besteller für eine vertragsgemäß erbrachte Leistung Abschlagszahlungen in der Höhe verlangen, in der der Besteller durch die Leistung einen Wertzuwachs erlangt hat",* § 632 Abs. 1 S. 1 BGB a. F.

Streitpunkt war in Verbindung mit der bisherigen Ausgestaltung der Vorschrift allerdings stets, ob der Besteller durch die Leistung des Unternehmers überhaupt einen Wertzuwachs erlangt hat,[1058] sowie in der Folge die Frage, mit welcher Höhe dieser Wertzuwachs angesetzt werden kann.[1059] Nicht selten hatten solche Verfahren zur Folge, dass ein Sachverständiger eingeschaltet werden musste, um diese Fragen fachmännisch zu klären.[1060]

Diese Problematik der Baurechts-Praxis sollte mit dem Gesetz zur Reform des Bauvertragsrechts gelöst werden.[1061] Die Ermittlung der Abschlagsberechnungen sollte durch die Reform für den Unternehmer *"unkompliziert"* und für den Besteller durch eine *"einfachere Überprüfung"* ausgestaltet werden.[1062]

(2) Absatz 1 Satz 2

Nach § 632a Abs. 1 S. 2 BGB a. F. war der Besteller in Reaktion auf das Recht des Unternehmers zur Zahlung von Abschlägen berechtigt, diese Abschlagszahlungen bei Vorliegen wesentlicher Mängel zu verweigern.[1063] Hierdurch wurde wiederholt klärungsbedürftig, ob ein entsprechend geltend gemachter Mangel überhaupt wesentlich im Sinne der Vorschrift ist oder ob er lediglich einen unwesentlichen Mangel darstellt.[1064]

1057 Gemeint ist die durch das Forderungssicherungsgesetz eingeführte Fassung, BGBl. 2008 I 2022.
1058 Gesetzesentwurf der Bundesregierung, BT-Drucks. 18/8486, S. 46; siehe für eine ausführliche Darstellung des Wertzuwachses beim Besteller Messerschmidt/Voit, *Messerschmidt*, § 632a Rn. 37; *Pionteck*, jM 2018, 403 (404 f.).
1059 Gesetzesentwurf der Bundesregierung, BT-Drucks. 18/8486, S. 46 f.
1060 Gesetzesentwurf der Bundesregierung, BT-Drucks. 18/8486, S. 47.
1061 Gesetzesentwurf der Bundesregierung, BT-Drucks. 18/8486, S. 46 f.
1062 Gesetzesentwurf der Bundesregierung, BT-Drucks. 18/8486, S. 47.
1063 Gesetzesentwurf der Bundesregierung, BT-Drucks. 18/8486, S. 47.
1064 Messerschmidt/Voit, *Messerschmidt*, § 632a Rn. 6; dazu auch *Pionteck*, jM 2018, 403 (404).

Die Abgrenzung von wesentlichem und unwesentlichem Mangel war hierbei nicht abstrakt möglich, sondern war stets im Einzelfall unter Abwägung der Interessen der Vertragsparteien zu ermitteln.[1065]

Bis zur Klärung der Wesentlichkeit des Mangels (spätestens durch Entscheidung im Wege eines gerichtlichen Verfahrens) bestand daher keinerlei Gewissheit, ob die Abschlagszahlungen nun rechtmäßig oder unrechtmäßig verweigert wurden.[1066]

(3) Absatz 2

§ 632a Abs. 2 BGB a. F. beinhaltete eine Sonderregelung für Abschlagszahlungen in Bauträgerkonstellationen. Seinem Wortlaut entsprechend war die Forderung von Abschlagszahlungen nur dann möglich, *„wenn der Vertrag die Errichtung oder den Umbau eines Hauses oder eines vergleichbaren Bauwerks zum Gegenstand hat und zugleich die Verpflichtung des Unternehmers enthält, dem Besteller das Eigentum an dem Grundstück zu übertragen oder ein Erbbaurecht zu bestellen oder zu übertragen"*. Nur soweit die Abschlagszahlungen *„gemäß einer Verordnung auf Grund von Artikel 244 EGBGB vereinbart"* waren, konnten Abschlagszahlungen verlangt werden.

Durch die Vorschrift wurde somit eine Voraussetzung für das Recht auf Zahlung von Abschlagszahlungen des Unternehmers begründet.[1067] Ihrem Wortlaut nach galt die Vorschrift allerdings nur bei Verträgen mit einem sog. Bauträger.[1068]

Aufgrund dessen wurde die Vorschrift mit redaktionellen Änderungen aber letztlich inhaltsgleich in Untertitel 3 (§ 650v BGB) verschoben.[1069] Dies erscheint aus systematischer Sicht überzeugend.

(4) Absatz 3

Gegenüber Verbrauchern wurde bei einem Vertrag über *„die Errichtung oder den Umbau eines Hauses oder eines vergleichbaren Grundstücks"* durch § 632a Abs. 3 S. 1 BGB a. F. festgelegt, dass *„dem Besteller bei der ersten Abschlagszahlung eine*

1065 MüKoBGB, *Busche*, § 640 Rn. 13 m. w. N.
1066 Vgl. MüKoBGB, *Busche*, § 632a Rn. 25 f.
1067 BeckOGK, *Mundt*, BGB § 632a Rn. 73 (Stand: 01.10.2017).
1068 BeckOGK, *Mundt*, BGB § 632a Rn. 73 (Stand: 01.10.2017).
1069 Gesetzesentwurf der Bundesregierung, BT-Drucks. 18/8486, S. 73; Beck-OGK, *Mundt*, BGB§ 650v Rn. 1; *Karczewski*, NZBau 2018, 328 (331).

Sicherheit für die rechtzeitige Herstellung des Werkes ohne wesentliche Mängel in Höhe von 5 vom Hundert des Vergütungsanspruch zu leisten ist." Bei Erhöhung des Vergütungsanspruchs infolge von Änderungen oder Ergänzungen um mehr als 10 vom Hundert war bei der nächsten Abschlagszahlung eine weitere Sicherheit in Höhe von 5 vom Hundert des zusätzlichen Vergütungsanspruchs zu leisten, § 632a Abs. 3 S. 2 BGB a. F.

Die Vorschrift ist der inhaltsgleiche Vorgänger zu § 650m BGB n.F.[1070] In der bisherigen Ausgestaltung war § 632a Abs. 3 BGB a. F. ein Sonderfall der Abschlagszahlung gegenüber Verbrauchern: diese sollten gewissermaßen eine *„gesetzliche Vertragserfüllungssicherheit"* erhalten.[1071] Aus systematischen Gründen wurde die Vorschrift daher unter den Anwendungsbereich des Verbraucherbauvertrags verschoben und lediglich redaktionell angepasst.[1072] In ihrer rechtlichen Ausgestaltung wurde die Norm jedoch nicht verändert.[1073]

(5) Absatz 4
§ 632a Abs. 4 BGB a. F. ist nach der Reform in § 632a Abs. 2 BGB n. F. verortet worden, wobei der Wortlaut der Vorschrift angepasst wurde.[1074] Dies hat seinen Grund darin, dass eine entsprechende Vorschrift gesondert in § 650m Abs. 3 BGB hinsichtlich der Absicherung des Vergütungsanspruchs in Verbraucherbauverträgen eingefügt wurde.[1075]

bb) Neue Rechtslage (seit 01.01.2018)

(1) Absatz 1 Satz 1
Aus der Gesetzesbegründung geht hervor, dass diese praxisrelevanten Problematiken für die Zukunft durch eine Umstrukturierung des § 632a BGB a. F. gelöst werden sollte:[1076] seit dem 01.01.2018 kann

---

1070 Gesetzesentwurf der Bundesregierung, BT-Drucks. 18/8486, S. 64.
1071 BeckOGK, *Mundt*, BGB § 632a Rn. 81 (Stand: 01.10.2017).
1072 Gesetzesentwurf der Bundesregierung, BT-Drucks. 18/8486, S. 64.
1073 Gesetzesentwurf der Bundesregierung, BT-Drucks. 18/8486, S. 64.
1074 Gesetzesentwurf der Bundesregierung, BT-Drucks. 18/8486, S. 48.
1075 Siehe Gesetzesentwurf der Bundesregierung, BT-Drucks. 18/8486, S. 64.
1076 Gesetzesentwurf der Bundesregierung, BT-Drucks. 18/8486, S. 46 f.

„der Unternehmer [...] von dem Besteller eine Abschlagszahlung in Höhe des Wertes der von ihm erbrachten und nach dem Vertrag geschuldeten Leistung verlangen.", § 632a Abs. 1 S. 1 BGB n. F.

Der Wortlaut der Vorschrift wurde somit dahingehend abgeändert, dass nunmehr nicht auf den Wertzuwachs beim Besteller abzustellen ist, sondern dass es für diese Abschlagszahlungen lediglich auf den Wert der vertragsgemäßen und geschuldeten unternehmerischen Leistung ankommt.[1077] Eine notwendige Ermittlung des Wertzuwachses durch die erbrachte Leistung entfällt somit künftig.[1078]

Die Ermittelbarkeit der Höhe der Abschlagszahlungen wurde daher für den Unternehmer dadurch vereinfacht, dass er diese auf die eigenen Kalkulationen stützen kann, die er seinem Angebot bereits zugrunde gelegt hat.[1079] Der Besteller kann die Höhe der Abschlagszahlungen seinerseits auf dieser Grundlage ebenso einfach nachprüfen und nachvollziehen.[1080]

Unter dem Gesichtspunkt des Besteller-Informationsinteresses ist darüber hinaus § 632a Abs. 1 S. 4 BGB a. F. als weitere Voraussetzung des Anspruchs auf Abschlagszahlungen unverändert in der neuen Fassung als § 632a Abs. 1 S. 5 BGB beibehalten worden.[1081] Hiernach sind die Leistungen „*durch eine Aufstellung nachzuweisen, die eine rasche und sichere Beurteilung der Leistungen ermöglichen muss*", § 632a Abs. 1 S. 5 BGB n. F. Dem Besteller muss sich die Zusammensetzung der Abschlagsforderung daher bereits alleinig aus dieser notwendigen Aufstellung ergeben können.[1082]

(2) Absatz 1 Satz 2

Das Verweigerungsrecht des Bestellers wurde ebenfalls aufgrund der bisherigen Differenzierung zwischen wesentlichen und unwesentlichen Mängeln korrigiert.[1083] Durch die Reform wurde dem Besteller in § 632a Abs. 1 S. 2 BGB

1077 Gesetzesentwurf der Bundesregierung, BT-Drucks. 18/8486, S. 47; Messerschmidt/Voit, *Messerschmidt*, § 632a Rn. 41; *Pionteck*, jM 2018, 403 (405 f.).
1078 Gesetzesentwurf der Bundesregierung, BT-Drucks. 18/8486, S. 47.
1079 Gesetzesentwurf der Bundesregierung, BT-Drucks. 18/8486, S. 47.
1080 Gesetzesentwurf der Bundesregierung, BT-Drucks. 18/8486, S. 47.
1081 Vgl. MüKoBGB, *Busche*, § 632a Rn. 7.
1082 MüKoBGB, *Busche*, § 632a Rn. 7.
1083 Gesetzesentwurf der Bundesregierung, BT-Drucks. 18/8486, S. 47; den Wegfall der Unterscheidung von wesentlichen und unwesentlichen Mängeln befürwortend *Pause*, NZBau 2017, 698 (703); teilweise befürwortend auch *Pionteck*, jM 2018, 403 (406 f.).

n. F. ein Recht zur Verweigerung der Zahlung eines angemessenen Teils des Abschlags für den Fall eingeräumt, dass der Unternehmer eine „*nicht vertragsgemäße*" Leistung erbracht hat.[1084]

Ein weiterer Grund für diese Neugestaltung des Verweigerungsrechts war, dass durch die bisherige Unterscheidung wesentlicher und unwesentlicher Mängel das zentrale Grundprinzip des Werkvertragsrechts tangiert wurde, wonach die Mangelhaftigkeit des Werkes erst bei oder nach Abnahme gegeben sein muss.[1085] Erst mit diesem Zeitpunkt ist der Werkunternehmer zur Mangelfreiheit der Sache verpflichtet und erst nach einer erfolgreichen Abnahme sind die Mängelgewährleistungsrechte nach dem gesetzgeberischen Grundgedanken anwendbar.[1086] Eine Mangelhaftigkeit des Werkes vor Abnahme ist folglich unter Beachtung dieses Grundgedankens nach der neuen Fassung des § 632a Abs. 1 S. 2 BGB unbeachtlich.[1087]

Die neue Ausgestaltung der Vorschrift gibt dem Besteller daher bei jeder Abweichung von der geschuldeten vertragsgemäßen Leistung ein Recht zur Verweigerung der Zahlung eines angemessenen Teils des Abschlags.[1088] Zur Zahlung des übrigen Abschlags bleibt der Besteller nach der neuen Ausgestaltung jedoch zukünftig verpflichtet.[1089] Eine vollständige Verweigerung der Abschlagszahlungen erscheint nach dieser Umgestaltung des § 632a BGB daher künftig unwahrscheinlich.[1090]

(3) Absatz 1 Satz 3

Die Beweislast für die Vertragsgemäßheit der Leistung bleibt bis zur Abnahme beim Unternehmer, § 632a Abs. 1 S. 3 BGB n. F.[1091] An dieser werkvertraglichen Gefahr- und Lastenverteilung ändert sich auch durch diese Reform nichts.[1092]

1084 Gesetzesentwurf der Bundesregierung, BT-Drucks. 18/8486, S. 47; siehe hierzu auch *Pionteck*, jM 2018, 403 (407).
1085 Gesetzesentwurf der Bundesregierung, BT-Drucks. 18/8486, S. 47.
1086 Gesetzesentwurf der Bundesregierung, BT-Drucks. 18/8486, S. 47.
1087 Gesetzesentwurf der Bundesregierung, BT-Drucks. 18/8486, S. 47.
1088 Gesetzesentwurf der Bundesregierung, BT-Drucks. 18/8486, S. 47.
1089 *Pionteck*, jM 2018, 403 (407).
1090 *Pionteck*, jM 2018, 403 (407).
1091 Gesetzesentwurf der Bundesregierung, BT-Drucks. 18/8486, S. 47.
1092 Gesetzesentwurf der Bundesregierung, BT-Drucks. 18/8486, S. 47.

Hierdurch wird die zentrale Bedeutung der Abnahme im Werkvertragsrecht abermals betont.[1093]

b) Problemstellung

Auch für IT-Verträge bemisst sich der Wert der Abschlagszahlungen nach der neuen Ausgestaltung des § 632a BGB nicht mehr nach dem Wertzuwachs auf Seiten des Bestellers, sondern nach dem Wert der erbrachten Leistung des Unternehmers.[1094] Wie bereits erwähnt, ist die Ermittlung der einzelnen Abschlagszahlungshöhen hierdurch zum einen für den Unternehmer unter Zugrundelegung seiner Kalkulationen einfacher und zum anderen für den Besteller gleichermaßen besser nachzuvollziehen.[1095] Die schwierige Ermittlung eines Wertzuwachses in der Praxis sollte durch diese Regelung vereinfacht werden.[1096] Hierbei hat der Gesetzgeber in Kauf genommen, dass der Wert der zu zahlenden Abschlagszahlungen vereinzelt höher sein kann als der Wert der erbrachten unternehmerischen Leistung.[1097]

Für den Auftraggeber entsteht daher bei einer solchen Ausgestaltung das Risiko, dass die erbrachten Leistungen des Auftragnehmers keinen äquivalenten Wert auf Auftraggeberseite herbeigeführt haben.[1098] Der Auftraggeber bezahlt in einem solchen Fall daher mit den einzelnen Abschlagszahlungen mehr, als er selbst durch die erbrachten Leistungen wertmäßig erhält.[1099] Vereinzelt besteht daher die Befürchtung, dass Auftraggeber künftig „*gesetzlich vorgeschriebenen Meilenstein-Zahlungen ausgesetzt*" werden.[1100] Eine Berücksichtigung des eigenen Wertzuwachses findet nicht mehr statt. Dieses Risiko sei für den Auftraggeber jedoch hinnehmbar.[1101]

1093 Zur Abnahme im Werkvertragsrecht unter Berücksichtigung dieser Reform siehe *Bachem/Bürger*, NJW 2018, 118; siehe dazu ferner auch *Antoine/Schneider*, ITRB 2018, 183 (186 f.).
1094 Siehe zur Abgrenzung von Abschlagszahlungen und Vorschüssen in einem softwarerechtlich gelagerten Sachverhalt OLG Koblenz, Urt. v. 27.06.2019, Az. 1 U 1405/18 = WM 2019, 1895; dazu auch *Roth-Neuschild*, ITRB 2017, 261 (263).
1095 Siehe oben unter **D.III.4.a)**.
1096 Gesetzesentwurf der Bundesregierung, BT-Drucks. 18/8486, S. 46 f.
1097 Gesetzesentwurf der Bundesregierung, BT-Drucks. 18/8486, S. 47.
1098 *Roth-Neuschild*, ITRB 2017, 261 (263).
1099 *Roth-Neuschild*, ITRB 2017, 261 (263).
1100 *Hoeren*, CR 2017, 281 (283).
1101 Gesetzesentwurf der Bundesregierung, BT-Drucks. 18/8486, S. 47.

Durch Abschlagszahlungen kann der Auftraggeber auch zu viel Vergütung leisten, die er in der Folge vom Auftragnehmer zurückverlangen möchte.[1102] In einem solchen Fall steht ihm nach Auffassung des *Bundesgerichtshofs* ein vertraglicher Anspruch auf Rückzahlung der überbezahlten Vergütung zu.[1103] Die Vorinstanzen gingen noch von einem Rückzahlungsanspruch aus Bereicherungsrecht aus,[1104] nach Ansicht des *Bundesgerichtshofs* ergibt sich eine solche Rückzahlungspflicht bereits aus der Vereinbarung von Abschlagszahlungen.[1105] Zur Ermittlung der Überbezahlung ist durch den Auftragnehmer eine Abrechnung zu erstellen.[1106] Den Auftragnehmer trifft einerseits die Pflicht zur Erstellung einer solchen Schlussabrechnung sowie andererseits die Pflicht zur Auskunftserteilung darüber, ob nach Schlussabrechnung noch weitere Zahlungen des Auftraggebers zu erbringen sind.[1107] Erstellt der Auftragnehmer eine solche Abrechnung nicht, kann der Auftraggeber eine auf den Überschuss gerichtete Zahlungsklage mit einer eigenen Berechnung begründen.[1108]

Trotz der neuen Ausgestaltung wird der Auftragnehmer auch künftig nicht von jedem Vergütungsrisiko befreit. Das Werkvertragsrecht schreibt dem Auftragnehmer bis zum Zeitpunkt der Abnahme die Vergütungsgefahr zu.[1109] Die Abschlagszahlungen sollen lediglich die Vorleistungspflicht des Auftragnehmers mildern. Bleibt jedoch die Abnahme und damit einhergehend eine Fälligkeit des Vergütungsanspruchs aus, ist der Auftragnehmer verpflichtet, geleistete

---

1102 Handbuch EDV-Recht, *Schneider*, M. „Grundlagen des IT-Vertragsrechts", Rn. 950.
1103 BGH, Urt. v. 08.01.2015, Az. VII ZR 6/14 = NJW-RR 2015, 469 = BauR 2015, 660 = CR 2015, 187; Handbuch EDV-Recht, *Schneider*, M. „Grundlagen des IT-Vertragsrechts", Rn. 950.
1104 OLG Düsseldorf, Urt. v. 05.12.2013, Az. I-5 U 58/13 = BeckRS 2015, 1994; LG Düsseldorf, Urt. v. 15.03.2013, Az. 15 O 406/11.
1105 So auch schon BGH, Urt. v. 11.02.1999, Az. VII ZR 399/97 = NJW 1999, 1867 = BauR 1999, 635 = BGHZ 140, 365 = ZfBR 1999, 349; BGH, Urt. v. 02.05.2002, Az. VII ZR 249/00 = NJW-RR 2002, 1097 = BauR 2002, 1407 = NZBau 2002, 562 = ZfBR 2002, 673.
1106 BGH, Urt. v. 08.01.2015, Az. VII ZR 6/14 = NJW-RR 2015, 469 = BauR 2015, 660 = CR 2015, 187; Handbuch EDV-Recht, *Schneider*, M. „Grundlagen des IT-Vertragsrechts", Rn. 950.
1107 BGH, Urt. v. 11.02.1999, Az. VII ZR 399/97 = NJW 1999, 1867 = BauR 1999, 635 = BGHZ 140, 365 = ZfBR 1999, 349.
1108 BGH, Urt. v. 11.02.1999, Az. VII ZR 399/97 = NJW 1999, 1867 = BauR 1999, 635 = BGHZ 140, 365 = ZfBR 1999, 349.
1109 Vgl. dazu auch Handbuch EDV-Recht, *Schneider*, Q. „Erstellung von Software - das Softwareprojekt", Rn. 345.

Abschlagszahlungen des Auftraggebers zurückzuerstatten.[1110] Eine solche Rückzahlungspflicht entfällt ausnahmsweise nur dann, wenn die erbrachten Teilleistungen dem Auftraggeber einen anrechenbaren vermögenswerten Vorteil eingebracht haben, § 323 Abs. 5 BGB.[1111]

Durch die Abschlagszahlungen wird die Vergütungsgefahr des Auftragnehmers im Falle des Vertragsscheiterns somit nicht abgemildert. Die Abschlagszahlungen mildern lediglich die Vorleistungspflicht des Auftragnehmers ab.

c) Lösungsansätze des Baurechts?

Auch im Bauvertragsrecht spielen Abschlagszahlungen für den Auftragnehmer eine wichtige Rolle. Die Parteien sind frei darin die Abschlagszahlungen auszugestalten.[1112] Sie können daher auch von der Ausgestaltung des § 632a BGB abweichen.[1113] Im privaten Baurecht wird die Zahlung von Abschlägen regelmäßig in einem (Raten-)Zahlungsplan festgelegt.[1114] In einem solchen (Raten-)Zahlungsplan sind in der Regel bestimmte Baufortschritte des Bauvorhabens oder zu erbringende Unternehmerleistungen festgelegt, bei deren Fertigstellung vereinbarte Abschlagszahlungen der Gesamtvergütung fällig werden.[1115]

Auch der *Bundesgerichtshof*[1116] sieht in einem solchen „*Zahlungsplan*" ganz offensichtlich eine Aufstellung von Abschlagszahlungen.[1117] Im Tatbestand dieses Urteils wurde eine vorformulierte Klausel des Vertrags als „*Zahlungsplan*" betitelt.[1118] Die Urteilsbegründung unterschied diesen Zahlungsplan im weiteren

---

1110 Siehe dazu auch *Redeker,* IT-Recht, B., II. Rn. 483.
1111 *Redeker,* IT-Recht, B., II. Rn. 483.
1112 OLG Frankfurt/M., Hinweisbeschluss v. 05.11.2002, Az. 9 U 141/11 = BeckRS 2013, 9725.
1113 OLG Frankfurt/M., Hinweisbeschluss v. 05.11.2002, Az. 9 U 141/11 = BeckRS 2013, 9725.
1114 BeckOGK, *Mundt,* BGB § 632a Rn. 11; Kniffka/Koeble, *Kniffka,* 5. Teil, F. Rn. 278; MüKoBGB, *Busche,* § 632a Rn. 22 mit Verweis auf *Hildebrandt,* BauR 2009, 4 (7), der zur Vereinbarung eines Zahlungsplans rät und *Pause,* BauR 2009, 898 (901), der darauf hinweist, dass häufig Zahlungspläne vereinbart werden; siehe hierzu auch *Karczewski/Vogel,* BauR 2001, 859; mit einer Empfehlung zur Aufteilung der Vergütung in einzelne Abschläge *Pionteck,* jM 2018, 403 (406).
1115 BeckOGK, *Mundt,* BGB § 632a Rn. 11.
1116 BGH, Urteil vom 08.11.2012, Az. VII ZR 191/12 = BGH NJW 2013, 219.
1117 BGH, Urt. v. 08.11.2012, Az. VII ZR 191/12 = NJW 2013, 219 = BauR 2013, 228 = MDR 2013, 26; mit anderer Auffassung hierzu BeckOGK, *Mundt,* BGB § 632a Rn. 92.
1118 BGH, Urt. v. 08.11.2012, Az. VII ZR 191/12 = NJW 2013, 219 = BauR 2013, 228 = MDR 2013, 26.

Verlauf allerdings nicht mehr von einer Abschlagszahlung,[1119] sondern überprüfte die Wirksamkeit der Klausel anhand der gesetzlichen Konzeptionierung des § 632a BGB. Dem Urteil ist wegen des Fehlens einer ausdrücklichen Differenzierung daher die Schlussfolgerung zu entnehmen, dass ein „*Zahlungsplan*" nach höchstrichterlicher Auffassung eine Aufstellung von Abschlagszahlungen darstellen kann. Haben die Parteien die Zahlungsfälligkeit in einem Zahlungsplan festgelegt, kann der Auftragnehmer keine hiervon abweichenden Abschlagszahlungen verlangen.[1120]

Für das Vorliegen eines Anspruchs auf Abschlagszahlungen ist der Auftragnehmer darlegungs- und beweispflichtig.[1121] Der Auftragnehmer hat zur Geltendmachung seines Anspruchs auf Abschlagszahlungen eine Aufstellung über die erbrachten Leistungen zu erstellen.[1122] Diese Aufstellung des Auftragnehmers muss verständlich sein und „*ohne weitere Unterlagen eine rasche und sichere Beurteilung ermöglichen, [...] welche vertragsgemäß geschuldeten Leistungen erbracht wurden und in welchem Umfang*".[1123] Behauptet der Auftragnehmer ein Recht zur Einbehaltung der Abschlagszahlungen, muss er dies darlegen und beweisen.[1124] Den Auftraggeber trifft hingegen die Darlegungs- und Beweislast über die Erbringung von Abschlagszahlungen sowie deren Höhe.[1125]

Vereinbaren die Parteien Abschlagszahlungen, besteht die Möglichkeit, dass alle Abschlagszahlungen zusammengenommen die vereinbarte Vergütung übersteigen.[1126] Aus diesem Grund hat der Auftragnehmer über die

---

1119 Siehe BGH, Urt. v. 08.11.2012, Az. VII ZR 191/12 = NJW 2013, 219 = BauR 2013, 228 = MDR 2013, 26.
1120 LG Memmingen, Endurteil v. 10.05.2013, Az. 34 O 1799/12 = BeckRS 2016, 10216.
1121 OLG Stuttgart, Vorbehaltsurteil v. 12.02.2019, Az. 10 U 152/18 = NJW 2019, 2708 = BauR 2019, 1454 = MDR 2019, 932.
1122 Vgl. OLG München, Hinweisbeschluss v. 06.09.2013, Az. 27 U 2646/13 = BeckRS 2016, 47312.
1123 OLG München, Hinweisbeschluss v. 06.09.2013, Az. 27 U 2646/13 = BeckRS 2016, 47312.
1124 BGH, Versäumnisurteil v. 24.01.2002, Az. VII ZR 196/00 = NJW 2002, 1567 = BauR 2002, 938; OLG Brandenburg, Urt. v. 24.01.2007, Az. 4 U 123/06 = BeckRS 2009, 7302.
1125 BGH, Versäumnisurteil v. 24.01.2002, Az. VII ZR 196/00 = NJW 2002, 1567 = BauR 2002, 938; zur Beweislast bei Rückforderung überhöhter Abschlagszahlungen für Ingenieurleistungen KG, Urt. v. 09.04.2001, Az. 24 U 3445/99 = NZBau 2001, 636 = BeckRS 9998, 26255.
1126 Siehe dazu BGH, Urt. v. 11.02.1999, Az. VII ZR 399/97 = NJW 1999, 1867 = BauR 1999, 635 = BGHZ 140, 365; siehe hierzu auch schon unter **D.III.4.b)**.

Abschlagszahlungen abzurechnen, damit ein eventueller Überschuss des Auftraggebers ermittelt werden kann.[1127] Dies gilt auch, wenn die Parteien einen Pauschalpreisvertrag geschlossen haben.[1128] Der Auftraggeber hat einen Anspruch auf Auszahlung des Überschusses gegen den Auftragnehmer.[1129] Dieser Anspruch ergibt sich direkt aus dem Vertrag und nicht aus Bereicherungsrecht.[1130] Eine Verrechnung von Abschlagszahlungen mit einzelnen Posten der Schlussrechnung ist nicht zulässig.[1131] Die Abschlagszahlungen müssen mit der Gesamtforderung verrechnet werden, die sich aus der Schlussrechnung ergibt.[1132]

Vereinzelt können Abschlagszahlungen auch schon während des laufenden Bauprojekts überhöht sein. Es besteht dann das Interesse des Auftraggebers, den zu viel gezahlten Betrag vor Schlussrechnungsstellung zurückzufordern.[1133] Nach

---

1127 BGH, Urt. v. 11.02.1999, Az. VII ZR 399/97 = NJW 1999, 1867 = BauR 1999, 635 = BGHZ 140, 365; BGH, Versäumnisurteil v. 24.01.2002, Az. VII ZR 196/00 = NJW 2002, 1567 = BauR 2002, 938; BGH, Urt. v. 30.09.2004, Az. VII ZR 187/03 = NJW-RR 2005, 129 = BauR 2004, 1940 = MDR 2005, 140; siehe zur Besonderheit einer Architektenrechnung über Abschlagszahlungen nach Erbringung der Leistungsphase 8 OLG Stuttgart, Urt. v. 16.04.1998, Az. 19 U 276(97 = NJW-RR 1998, 1392 = BauR 1999, 67; OLG Brandenburg, Urt. v. 24.01.2007, Az. 4 U 123/06 = BeckRS 2009, 7302; OLG Brandenburg, Urt. v. 02.04.2009, Az. 11 U 111/07 = BeckRS 2009, 10119; OLG Brandenburg, Urt. v. 16.03.2011, Az. 13 U 5/10 = BeckRS 2011, 20829.
1128 LG Frankfurt/M., Urt. v. 07.11.2011, Az. 2-26 O 202/11 = BeckRS 2011, 10608.
1129 Dazu schon BGH, Urt. v. 23.01.1986, Az. IX ZR 46/85 = NJW 1986, 1681 = ZfBR 1986, 162 = BauR 1986, 361; siehe dazu auch BGH, Urt. v. 11.02.1999, Az. VII ZR 399/97 = NJW 1999, 1867 = BauR 1999, 635 = BGHZ 140, 365; BGH, Versäumnisurteil v. 24.01.2002, Az. VII ZR 196/00 = NJW 2002, 1567 = BauR 2002, 938; zur Rückforderung überhöhter Abschlagszahlungen im Urkundenprozess LG Halle, Urkundenvorbehaltsurteil v. 02.12.2004, Az. 5 O 118/04 = NZBau 2004, 521 = NJW-Spezial 2005, 456.
1130 BGH, Urt. v. 11.02.1999, Az. VII ZR 399/97 = NJW 1999, 1867 = BauR 1999, 635 = BGHZ 140, 365 = ZfBR 1999, 349; BGH, Urt. v. 02.05.2002, Az. VII ZR 249/00 = NJW-RR 2002, 1097 = BauR 2002, 1407 = NZBau 2002, 562 = ZfBR 2002, 673; BGH, Urt. v. 08.01.2015, Az. VII ZR 6/14 = NJW-RR 2015, 469 = BauR 2015, 660 = CR 2015, 187; andere Ansicht OLG Düsseldorf, Urt. v. 05.12.2013, Az. I-5 U 58/13 = BeckRS 2015, 1994; bestätigend OLG Düsseldorf, Urt. v. 11.12.2014, Az. I-22 U 92/14 = NZBau 2015, 296 = NJW-RR 2015, 535 = BauR 2015, 842; andere Ansicht LG Düsseldorf, Urt. v. 15.03.2013, Az. 15 O 406/11.
1131 OLG Stuttgart, Teilurt. v. 14.07.2011, Az. 10 U 59/10 = BeckRS 2011, 19693.
1132 OLG Stuttgart, Teilurt. v. 14.07.2011, Az. 10 U 59/10 = BeckRS 2011, 19693.
1133 Vgl. KG, Urt. v. 16.06.2009, Az. 27 U 157/08 = NZBau 2009, 660 = OLGReport KG 2009, 769.

Auffassung des *Kammergerichts* kann ein solcher Anspruch jedoch erst geltend gemacht werden, nachdem der Vertrag beendet wurde.[1134] Eine bloße Verzögerung der Vertragsdurchführung reicht nicht aus, um eine Klage auf Rückzahlung zu begründen.[1135] Eine solche Klage ist vor Beendigung des entsprechenden Vertrages „*derzeit nicht begründet*".[1136] Der Auftraggeber hat auch keinen Anspruch auf Rückzahlung zu früh gezahlter Abschlagsraten, sofern die Abschlagszahlungen dem Werklohnanspruch des Auftragnehmers entsprechen.[1137] Die Verjährung des Anspruchs auf Rückzahlung einer versehentlich doppelt geleisteten Abschlagszahlung beginnt nicht vor Kenntnisnahme von der Schlussrechnung durch den Besteller.[1138] Ein auf diese Weise zustande kommender Überschuss ist im Rahmen der Schlussrechnung auszugleichen.[1139]

Der Auftragnehmer kann seinerseits jedoch keine Abschlagszahlungen mehr fordern, wenn das Vertragsverhältnis in ein Abrechnungsverhältnis übergegangen ist oder bereits eine Abnahme stattgefunden hat.[1140] Auch eine Schlussrechnungsreife lässt den Anspruch des Auftragnehmers auf Abschlagszahlungen erlöschen.[1141] Eine fehlende Schlussrechnungsreife ist daher nach Ansicht des *Oberlandesgerichts Stuttgart* negatives Tatbestandsmerkmal eines Anspruchs auf

---

1134 KG, Urt. v. 16.06.2009, Az. 27 U 157/08 = NZBau 2009, 660 = OLGReport KG 2009, 769.
1135 KG, Urt. v. 16.06.2009, Az. 27 U 157/08 = NZBau 2009, 660 = OLGReport KG 2009, 769.
1136 KG, Urt. v. 16.06.2009, Az. 27 U 157/08 = NZBau 2009, 660 = OLGReport KG 2009, 769.
1137 BGH, Urt. v. 19.03.2002, Az. X ZR 125/00 = NZBau 2002, 390 = NJW 2002, 2640 = BauR 2002, 1257.
1138 OLG Bremen, Urt. v. 16.01.2014, Az 3 U 44/13 = NZBau 2014, 229 = NJW 2014, 944 = MDR 2014, 332.
1139 OLG Bremen, Urt. v. 16.01.2014, Az 3 U 44/13 = NZBau 2014, 229 = NJW 2014, 944 = MDR 2014, 332.
1140 OLG Stuttgart, Vorbehaltsurteil v. 12.02.2019, Az. 10 U 152/18 = NJW 2019, 2708 = BauR 2019, 1454 = MDR 2019, 932; dazu ausführlich OLG Bamberg, Beschluss v. 16.04.2015, Az. 3 U 19/15 = BeckRS 2015, 120597.
1141 Siehe zum Anspruch auf Abschlagszahlung nach erteilter Schlussrechnung BGH, Urt. v. 15.06.2000, Az. VII ZR 30/99 = NZBau 2000, 507 = NJW 2000, 2818 = MDR 2000, 1187; siehe auch BGH, Urt. v. 20.08.2009, Az. VII ZR 205/07 = NJW-Spezial 2009, 668; OLG Nürnberg, Urt. v. 08.06.2000, Az. 13 U 77/00 = NZBau 2000, 509; OLG Naumburg, Urt. v. 23.06.2011, Az. 2 U 113/09 = NJW-RR 2011, 1389 = NZBau 2011, 750 = IBRRS 2011, 3256 = BeckRS 2011, 21708; LG Würzburg, Endurteil v. 16.12.2014, Az. 24 O 1222/14 = BeckRS 2014, 124584.

Abschlagszahlungen.[1142] Besteht jedoch Streit über eine Schlussrechnungsreife und ob noch weitere Leistungen zu erbringen sind, kann der Auftragnehmer weiterhin Abschlagszahlungen verlangen und ist nicht zur Schlussrechnungsstellung verpflichtet.[1143]

Auf die Abschlagszahlungen finden die allgemeinen Vorschriften zum Schuldnerverzug Anwendung.[1144] Begleicht der Auftraggeber die Abschlagsrechnungen nicht oder verspätet, kommt er in Schuldnerverzug gemäß § 286 BGB.[1145] Ein solcher Schuldnerverzug des Auftraggebers berechtigt den Auftragnehmer jedoch nicht zur Verweigerung von Mängelbeseitigungsmaßnahmen.[1146] Fordert der Auftragnehmer berechtigte Abschlagszahlungen und gerät der Auftraggeber in Verzug, kann der Auftragnehmer die Bauleistungen einstellen.[1147] Verlangt der Auftragnehmer jedoch ungerechtferige Abschlagszahlungen und droht mit Baueinstellung bei Nichtzahlung, kann der Auftraggeber den Bauvertrag außerordentlich kündigen.[1148]

Ist die Werkleistung mangelhaft, besteht kein Anspruch des Auftragnehmers aus Abschlagszahlungen.[1149] Das *Landgericht Essen* weist jedoch darauf hin, dass „*unbeachtliche Mängel*" wegen § 632a Abs. 1 S. 2 BGB nicht ausreichen, um die Abschlagszahlung zu verweigern.[1150] In den Fällen, in denen erhebliche Mängel vorliegen, kommt der Auftraggeber somit trotz Mahnung des Auftragnehmers nicht in Verzug. Der Auftragnehmer ist darlegungs- und beweispflichtig, dass seine erbrachten Leistungen nicht mangelhaft sind.[1151]

1142 OLG Stuttgart, Vorbehaltsurteil v. 12.02.2019, Az. 10 U 152/18 = NJW 2019, 2708 = BauR 2019, 1454 = MDR 2019, 932.
1143 OLG Koblenz, Hinweisbeschluss v. 17.12.2012, Az. 2 U 1320/11 = BeckRS 2013, 2333 = BauR 2013, 642 (nur Leitsätze); siehe hierzu auch KG, Urt. v. 27.08.2019, Az. 21 U 160/18 = ZfBR 2019, 788 = IBRRS 2019, 2758 = BeckRS 2019, 19940.
1144 LG Frankfurt/M., Urt. v. 03.12.2007, Az. 3-1 O 104/07 = BeckRS 2009, 7043.
1145 LG Frankfurt/M., Urt. v. 03.12.2007, Az. 3-1 O 104/07 = BeckRS 2009, 7043.
1146 OLG Bremen, Urt. v. 03.06.2016, Az. 2 U 59/15 = BeckRS 2016, 132266.
1147 OLG Köln, Urt. v. 07.06.2016, Az. 22 U 45/12 = NZBau 2017, 87 = BauR 2017, 741 = NJW 2017, 493; das Urteil befasst sich auch mit den erstattungsfähigen Schäden des Auftragnehmers infolge einer solchen Baueinstellung.
1148 So zumindest nach § 632a BGB in der bis zum 31.12.2012 geltenden Fassung, OLG Koblenz, Urt. v. 04.02.2014, Az. 3 U 819/13 = NZBau 2014, 499 = NJW-RR 2014, 913.
1149 OLG Schleswig, Urt. v. 30.03.2007, Az. 17 U 21/07 = BauR 2007, 1579 = MDR 2007, 946 = BeckRS 2007, 13648; OLG Brandenburg, Urt. v. 26.11.2008, Az. 4 U 58/08 = NZBau 2009, 58/08 = NJW-RR 2009, 233.
1150 LG Essen, Urt. v. 04.04.2014, Az. 17 O 273/13 = BeckRS 2014, 21609.
1151 OLG Brandenburg, Urt. v. 26.11.2008, Az. 4 U 58/08 = NZBau 2009, 58/08 = NJW-RR 2009, 233.

Der Auftragnehmer kann für zusätzliche Leistungen, die der Auftraggeber fordert, Abschlagszahlungen verlangen, auch ohne eine ausdrückliche Einigung hierüber.[1152]

Im Bauvertragsrecht kann sich das Recht auf Abschlagszahlungen nach dem Bürgerlichen Gesetzbuch oder der VOB/B (dort § 16 Abs. 1 Nr. 1 VOB/B) ergeben. Die Gesetzesbegründung zur *Reform des Bauvertragsrechts* beinhaltet den praktisch relevanten Hinweis, dass die Änderung des § 632a BGB für zahlreiche Bauverträge von Unternehmern keine Änderungen bringen wird.[1153] Oft werde in private Bauverträge die Vergabe- und Vertragsordnung für Bauleistungen Teil B einbezogen, welche in § 16 Abs. 1 Nr. 1 VOB/B eine entsprechende Regelung für Abschlagszahlungen beinhaltet.[1154] Vielmehr werde durch die Neuregelung ein „*Gleichlauf der Vorschrift des BGB mit der Regelung in der VOB/B hergestellt*".[1155]

d) Übertragbarkeit

Die „neuen" Regelungen des allgemeinen Werkvertragsrechts gelten für alle Werkverträge, somit auch für Softwareentwicklungsvertrag[1156] und Bauvertrag.[1157] Die Rechtsprechung, die in baurechtlichen Konstellationen ergangen ist, kann daher vollumfänglich herangezogen werden, um IT-rechtliche Probleme zu lösen.

Zu berücksichtigen ist diesbezüglich jedoch, dass zwar eine vertragscharakteristische Vergleichbarkeit von Bauverträgen und IT-Verträgen gegeben ist. Dennoch unterscheiden sich beide Vertragsarten darin, dass dem Besteller beim IT-Vertrag im Regelfall erst mit Fertigstellung des *gesamten* Werkes ein nennenswerter Wertzuwachs entsteht.[1158] Hierdurch ergibt sich für den Besteller die Problematik, dass er zwar die Abschlagszahlungen auf Grundlage der erbrachten Unternehmerleistung zahlt, zum Zeitpunkt der Zahlung jedoch keinen entsprechenden äquivalenten Gegenwert erhält.[1159] Die Zahlung der Vergütung

---

1152 BGH, Beschluss v. 24.05.2012, Az. VII ZR 34/11 = NZBau 2012, 493 = BauR 2012, 1395 = MDR 2012, 903.
1153 Gesetzesentwurf der Bundesregierung, BT-Drucks. 18/8486, S. 47; zur Abnahme im Werkvertragsrecht unter Berücksichtigung dieser Reform siehe *Bachem/Bürger*, NJW 2018, 118.
1154 Gesetzesentwurf der Bundesregierung, BT-Drucks. 18/8486, S. 47.
1155 Gesetzesentwurf der Bundesregierung, BT-Drucks. 18/8486, S. 47.
1156 Die notwendige werkvertragliche Ausgestaltung wird vorausgesetzt.
1157 *Roth-Neuschild*, ITRB 2017, 261.
1158 *Roth-Neuschild*, ITRB 2017, 261 (263).
1159 *Roth-Neuschild*, ITRB 2017, 261 (263).

entspricht daher gemäß dieser gesetzgeberischen Grundkonzeption bei regelmäßigen Abschlagszahlungen eher einer dienstvertragsähnlichen Zahlungsweise.[1160]

Durch diese Abschlagszahlungen steht von Seiten des Auftraggebers daher zu befürchten, dass die Abnahme als vergütungsrelevanter Zeitpunkt an Bedeutung verlieren wird.[1161] Wie bereits benannt bestehen in der Literatur die Bedenken, dass die Folge dieser Änderung für die Auftraggeber *„gesetzlich vorgeschriebene Meilenstein-Zahlungen"* sein werden.[1162]

Diesem Risiko des Auftraggebers soll jedoch durch die Verpflichtung des Auftragnehmers zur Erstellung einer prüffähigen und nachvollziehbaren Abrechnung der Abschlagszahlungen entgegengewirkt werden.[1163] Der *Bundesgerichtshof* sieht zugunsten des Auftraggebers daher in jeder Vereinbarung von Abschlagszahlungen die konkludente Verpflichtung des Auftraggebers zur Abrechnungserstellung.[1164] Hierauf gestützt kann er Auftraggeber die Überbezahlungen vom Auftragnehmer verlangen.[1165] Da der Anspruch aus Vertrag resultiert und nicht aus Bereicherungsrecht, kann sich der Auftragnehmer nicht auf Entreicherung gemäß § 818 Abs. 3 BGB berufen.[1166] Trotz dessen trägt der Auftraggeber das Insolvenzrisiko des Auftragnehmers und läuft Gefahr, seine überhöhten Zahlungen im Insolvenzfalle nicht mehr zurückverlangen zu können. Dieses Risiko war dem Gesetzgeber bei der Ausgestaltung der Vorschrift jedoch bekannt und wurde für *„hinnehmbar"* erklärt.[1167]

Dennoch bleiben die Parteien trotz des § 632a BGB frei in der Ausgestaltung der Abschlagszahlungen. Die Erstellung eines starren Zahlungsplans erscheint bei agilen Projekten nur schwer umsetzbar, da im Vorfeld nur die grobe Produktvision besteht und Änderungen während des Projektverlaufs nicht vorab planbar sind. Diese in der Baupraxis übliche Vereinbarung von Abschlagszahlungen erscheint daher für agile Projekte ungeeignet. Auch die prozentuale Vergütung einzelner *Sprints* (bei SCRUM) würde zum einen voraussetzen, dass

---

1160 *Roth-Neuschild*, ITRB 2017, 261 (263).
1161 *Roth-Neuschild*, ITRB 2017, 261 (263); siehe hierzu auch die entsprechende Auffassung von *Pionteck*, jM 2018, 403 (406 f.).
1162 *Hoeren*, CR 2017, 281 (283); dies aufgreifend *Roth-Neuschild*, ITRB 2017, 261 (263); siehe hierzu unter **D.III.4.b)**.
1163 Siehe hierzu ausführlich unter **D.III.4.c)**.
1164 Siehe hierzu ausführlich unter **D.III.4.c)**.
1165 Siehe hierzu ausführlich unter **D.III.4.c)**.
1166 Siehe hierzu ausführlich unter **D.III.4.c)**.
1167 Gesetzesentwurf der Bundesregierung, BT-Drucks. 18/8486, S. 47.

die finale Anzahl der *Sprints* bereits vorab absehbar ist. Zum anderen müssten alle Sprints entweder mit demselben Prozentsatz belegt werden oder nach Aufwand gequotelt werden. Beides ist bei agilen Projekten im Vorfeld jedoch nicht bekannt. Ungenommen bleibt den Parteien jedoch die Möglichkeit die einzelnen Abschlagszahlungen auf Basis des Ihnen bekannten Projektverlaufs sowie des aktuellen Projektfortschritts zu schätzen.

e) Fazit

Die Ermittlung der Höhe einzelner Abschlagszahlungen wird durch § 632a BGB n. F. vereinfacht werden. Die neue Ausgestaltung der Abschlagszahlungen gemäß § 632a Abs. 1 BGB n. F. ist wie vorstehend erläutert insbesondere bei privat-baurechtlichen Konstellationen, bei welchem aufgrund des Auftragsvolumens eine risikoreiche Vorleistungspflicht des Auftragnehmers besteht, ein probates Mittel.[1168] Es ist allerdings fraglich, ob die Abmilderung der Vorleistungspflicht auch abseits des privaten Baurechts relevant wird, insbesondere wenn Werkverträge wesentlich geringeren (finanziellen) Umfangs abgewickelt werden.[1169] Vereinzelt wird vertreten, dass die Verortung einer solchen Ausgestaltung der Abschlagszahlungen im allgemeinen Werkvertragsrecht deplatziert erscheint.[1170] Eine derartige Herabsetzung der Vorleistungspflicht des Unternehmers im allgemeinen Teil des Werkvertragsrechts erscheint in vielen Fällen nicht nachvollziehbar und höchst korrekturbedürftig.[1171]

Nicht selten ist eine Softwareentwicklung ebenfalls ein hochpreisiges Projekt. Durch die Verortung der Abschlagszahlungen im allgemeinen Werkvertragsrecht werden diese somit auch im Softwareentwicklungsvertrag gesetzlich ermöglicht. Dies wird insbesondere für die Auftragnehmer ein großer Vorteil sein. Für große Softwareentwicklungsprojekte besteht somit für sie daher die Möglichkeit zur Forderung von Abschlägen, durch die ihre Vorleistungspflicht verringert wird. Hiermit geht jedoch stets die Verpflichtung zur Abrechnung der Abschlagszahlungen einher, um eine mögliche Über-Vergütung durch den Auftraggeber ermitteln zu können.[1172] Die genaue Ermittlung von Abschlagszahlungen in Gestalt eines Zahlungsplans wird jedoch nicht umsetzbar sein. Vielmehr müssten einzelne Abschläge durch Schätzung ermittelt werden.

1168 *Pionteck*, jM 2018, 403 (407).
1169 *Pionteck*, jM 2018, 403 (407).
1170 *Pionteck*, jM 2018, 403 (407).
1171 *Pionteck*, jM 2018, 403 (407).
1172 Siehe hierzu ausführlich unter **D.III.4.c)**.

5. Abnahme, § 640 BGB

a) Änderungen der Vorschrift

Von der Reform ist auch die Abnahme gemäß § 640 BGB betroffen.[1173] Nach Auffassung des *Bundesgerichtshofs* besteht *„die Abnahme [...] regelmäßig darin, dass der Besteller das hergestellte Werk körperlich hinnimmt und zu erkennen gibt, er wolle die Leistung als in der Hauptsache dem Vertrag entsprechend annehmen."*[1174] Durch die Reform des Bauvertragsrechts wurde die sog. *fiktive Abnahme* gemäß § 640 Abs. 1 S. 3 BGB a. F. umgestaltet und in § 640 Abs. 2 S. 1 BGB n. F. neu eingefügt, wodurch der bisherige Absatz 2 zum neuen Absatz 3 der Vorschrift wurde.[1175]

Lediglich die fiktive Abnahme wurde durch die Reform korrigiert und neu ausgestaltet.[1176] Die übrigen Regelungen des § 640 BGB haben sich bewährt und sind von dieser Reform unberührt geblieben.[1177] Es erfolgt daher bloß die Darstellung der Neuregelung dieser fiktiven Abnahme gemäß § 640 Abs. 2 BGB n. F.

aa) Alte Rechtslage (bis 31.12.2017)

Bislang trat eine fiktive Abnahme dann ein, *„wenn der Besteller das Werk nicht innerhalb einer ihm vom Unternehmer bestimmten angemessenen Frist abnimmt, obwohl er dazu verpflichtet ist"*, § 640 Abs. 1 S. 3 BGB a. F.

1173 Gesetzesentwurf der Bundesregierung, BT-Drucks. 18/8486, S. 47 f.; dazu auch *Bachem/Bürger*, NJW 2018, 118; eine ausführliche Auseinandersetzung mit der Abnahme sowie einer möglichen Auswirkung der Reformvorschriften auf Alt-Verträge findet sich bei *Tschäpe/Werner*, ZfBR 2018, 215.
1174 Siehe hierzu auch schon Reichsgericht, Urt. v. 09.07.1923, Az. VI 1324/22 = RGZ 107, 339; sowie Reichsgericht, Urt. v. 24.04.1925, Az. VI 10/25 = RGZ 110, 404; BGH, Urt. v. 07.03.1960, Az. VII ZR 22/59; BGH, Urt. v. 18.09.1967, Az. VII ZR 88/65 = NJW 1965, 2259 = BGHZ 48, 257 = MDR 68, 41; BGH, Urt. v. 24.11.1969, Az. VII ZR 177/67 = NJW 1970, 421 = MDR 70, 317; BGH, Urt. v. 15.11.1973, Az. VII ZR 110/71 = NJW 1974, 95 = BauR 1974, 67 = MDR 74, 220.
1175 Gesetzesentwurf der Bundesregierung, BT-Drucks. 18/8486, S. 48 f.; siehe hierzu auch die Darstellung bei Messerschmidt/Voit, *Messerschmidt*, § 640 Rn. 5 f.; MüKoBGB, *Busche*, § 640 Rn. 1.
1176 ibr-online-Kommentar Bauvertragsrecht, *Pause/Vogel*, § 640 Rn. 1; Messerschmidt/Voit, *Messerschmidt*, § 640 Rn. 5; MüKoBGB, *Busche*, § 640 Rn. 1; ausführlich zur Neuregelung der Abnahmefiktion auch *Bachem/Bürger*, NJW 2018, 118.
1177 Gesetzesentwurf der Bundesregierung, BT-Drucks. 18/8486, S. 48; vgl. ibr-online-Kommentar Bauvertragsrecht, *Pause/Vogel*, § 640 Rn. 1; Messerschmidt/Voit, *Messerschmidt*, § 640 Rn. 5.

Nach der alten Rechtslage war Voraussetzung für eine fiktive Abnahme somit zunächst, dass der Besteller verpflichtet war, das hergestellte Werk abzunehmen.[1178] Eine Verpflichtung zur Abnahme liegt gemäß § 640 Abs. 1 S. 1 BGB dann vor, wenn das hergestellte Werk vertragsmäßig ist.[1179]

Problematisch war bei einer fiktiven Abnahme nach altem Recht allerdings stets die Frage, ob überhaupt eine Abnahmereife gegeben ist.[1180] Die Abnahmereife war bloß in solchen Fällen gegeben, in denen die vorliegenden Mängel höchstens unwesentlich waren.[1181] War das Werk jedoch mit einem wesentlichen Mangel behaftet, war keine Abnahmereife gegeben, mit der Folge, dass keine gesetzliche Pflicht zur Abnahme gemäß § 640 Abs. 1 S. 1 BGB eingetreten ist.[1182] Letztlich bestand damit sowohl für den Besteller, insbesondere jedoch für den Werkunternehmer stets die Ungewissheit, ob die fiktive Abnahme erfolgreich war oder nicht.[1183] Des Weiteren war der Ablauf einer angemessenen Frist eine notwendige Voraussetzung.[1184]

telos der Vorschrift war jedoch allen voran die Möglichkeit der zügigen Herbeiführung einer Abnahme durch den Werkunternehmer für solche Fälle, in denen sich der Besteller verweigerte das Werk abzunehmen.[1185]

Genau diesen Zweck verfehlte jene Ausgestaltung der fiktiven Abnahme jedoch, da eine Abnahmewirkung erst ab dem Zeitpunkt eintrat, zu welchem die Wesentlichkeit oder Unwesentlichkeit eines Mangels geklärt werden konnte.[1186] Diese Klärung konnte schlimmstenfalls erst in einem gerichtlichen Verfahren vorgenommen werden.[1187]

Nach Auffassung des Gesetzgebers bedurfte es somit einer Umgestaltung der fiktiven Abnahme.[1188] Es ist stets zu berücksichtigen, dass den Unternehmer trotz diverser gesetzlicher Regelungen[1189] eine Vorleistungspflicht trifft und erst

---

1178 BeckOGK, *Kögl*, BGB § 640 Rn. 112, 114, 118 (Stand: 01.10.2017); Kniffka/Koeble, *Kniffka*, 4. Teil, D. Rn. 41; *Bachem/Bürger*, NJW 2018, 118 (119).
1179 Kniffka/Koeble, *Kniffka*, 4. Teil, D. Rn. 41.
1180 Vgl. Kniffka/Koeble, *Kniffka*, 4. Teil, D. Rn. 41.
1181 BeckOGK, *Kögl*, BGB § 640 Rn. 118, 36 ff. (Stand: 01.10.2017); *Bachem/Bürger*, NJW 2018, 118 (119).
1182 BeckOGK, *Kögl*, BGB § 640 Rn. 118, 36 ff. (Stand: 01.10.2017).
1183 Kniffka/Koeble, *Kniffka*, 4. Teil, D. Rn. 41; vgl. *Bachem/Bürger*, NJW 2018, 118 (119).
1184 Kniffka/Koeble, *Kniffka*, 4. Teil, D. Rn. 42.
1185 Gesetzesentwurf der Bundesregierung, BT-Drucks. 18/8486, S. 48; BeckOGK, *Kögl*, BGB § 640 Rn. 112 (Stand: 01.10.2017).
1186 Kniffka/Koeble, *Kniffka*, 4. Teil, D. Rn. 41.
1187 Gesetzesentwurf der Bundesregierung, BT-Drucks. 18/8486, S. 48.
1188 Gesetzesentwurf der Bundesregierung, BT-Drucks. 18/8486, S. 48.
1189 Bspw. § 632a BGB; siehe hierzu oben unter **D.IV.2.a.**

mit der Abnahme u.a. eine Fälligkeit des Werklohns gemäß § 641 Abs. 1 S. 1 BGB sowie ein Gefahrübergang auf den Besteller gemäß §§ 644, 645 BGB eintritt.[1190] Die Möglichkeit, eine solche Abnahme nach Ablauf einer angemessenen Frist durch deren Fiktion einseitig herbeizuführen, ist für den Unternehmer daher von hoher Bedeutsamkeit.[1191]

Andernfalls hing u.a. die Werklohnfälligkeit ausschließlich vom Besteller ab, der alleinig entscheiden könnte, ob, wann und in welchem Umfang eine Abnahme erfolgt. Eine solche Abhängigkeit des Unternehmers vom Wohlwollen des Bestellers wäre jedoch nicht hinnehmbar, sodass es stets einer Möglichkeit bedarf, dass der Unternehmer aus eigenem Antrieb eine Abnahme herbeiführen kann.[1192] Hierbei sind die berechtigten Interessen beider Vertragsparteien ausreichend zu berücksichtigen.

bb) Neue Rechtslage (seit 01.01.2018)

(1) Absatz 2 Satz 1

Durch die Neuregelung der fiktiven Abnahme in § 640 Abs. 2 S. 1 BGB n. F. gilt ein Werk künftig auch dann als abgenommen, *„wenn der Unternehmer dem Besteller nach Fertigstellung des Werks eine angemessene Frist zur Abnahme gesetzt hat und der Besteller die Abnahme nicht innerhalb dieser Frist unter Angabe mindestens eines Mangels verweigert hat."*

Durch diese Neuregelung soll die fiktive Abnahme mit Blick auf die Praxis effektiver und interessengerechter ausgestaltet werden.[1193]

Seinem Wortlaut nach ermöglichte § 640 Abs. 1 S. 3 BGB a. F. es dem Unternehmer bei Abnahmereife des Werks und Abnahmepflicht des Bestellers jederzeit eine Abnahme verlangen zu können.[1194]

1190 MüKoBGB, *Busche*, § 640 Rn. 51; zu weiteren Wirkungen der Abnahme siehe Kniffka/Koeble, *Kniffka*, 4. Teil, C. Rn. 7 ff.
1191 Gesetzesentwurf der Bundesregierung, BT-Drucks. 18/8486, S. 48; vgl. *Pause*, NZBau 2017, 698 (701).
1192 Vgl. *Pause*, NZBau 2017, 698 (701 f.).
1193 Vgl. Gesetzesentwurf der Bundesregierung, BT-Drucks. 18/8486, S. 48.
1194 Siehe zu den Voraussetzungen der Abnahmefiktion gemäß § 640 Abs. 1 S. 2 BGB a. F. bei BeckOGK, *Kögl*, BGB § 640 Rn. 113 ff. (Stand: 01.10.2017).

Nach § 640 Abs. 1 S. 3 BGB a. F. musste das Werk nicht fertiggestellt sein, um eine Fiktion der Abnahme zu bewirken.[1195] Der Unternehmer musste dem Besteller bei Vorliegen der objektiven Abnahmereife lediglich eine angemessene Frist zur Abnahme setzen.[1196] Durch die Neuregelung soll jedoch die *„Fertigstellung des Werkes"* eine notwendige Voraussetzung für die fiktive Abnahme sein.[1197]

Des Weiteren ist eine angemessene Fristsetzung durch den Werkunternehmer erforderlich.[1198] Der Besteller kann den Eintritt der Abnahmefiktion gemäß § 640 Abs. 2 S. 1 BGB n. F. in der Folge bloß abwenden, indem er innerhalb dieser gesetzten Frist die Abnahme *„unter Angabe mindestens eines Mangels verweigert."*[1199] Eine Wesentlichkeit oder Unwesentlichkeit dieses Mangels ist nach dieser Neuregelung gerade nicht mehr von Bedeutung.[1200] Die Unterscheidung zwischen wesentlichem und unwesentlichem Mangel hat nach Auffassung des Gesetzgebers lediglich zur Folge, dass Unklarheit über den benannten Mangel entsteht.[1201] Es reicht irgendein Mangel des Werkes.[1202]

Im Hinblick auf die Benennung dieses Mangels orientiert sich der Gesetzgeber offensichtlich an der sog. *„Symptomtheorie".*[1203] Der Besteller ist nicht verpflichtet einen Mangel vollständig darzulegen.[1204] Er muss also nicht den

---

1195 OLG Karlsruhe, Urt. v. 21.12.2018, Az. 8 U 55/17 = NZBau 2019, 370 = NJW 2019, 2098 sieht die Fertigstellung hingegen als Voraussetzung jeder Abnahme, daher auch der fiktiven Abnahme; siehe dazu auch oben unter **D.IV.2.b.aa.**
1196 BeckOGK, *Kögl*, BGB § 640 Rn. 120 (Stand: 01.10.2017).
1197 Mit gleicher Auffassung auch OLG Karlsruhe, Urt. v. 21.12.2018, Az. 8 U 55/17 = NZBau 2019, 370 = NJW 2019, 2098; Gesetzesentwurf der Bundesregierung, BT-Drucks. 18/8486, S. 49; zum Begriff der „Fertigstellung" siehe *Bachem/Bürger*, NJW 2018, 118 (121).
1198 Gesetzesentwurf der Bundesregierung, BT-Drucks. 18/8486, S. 48.
1199 Siehe zur fiktiven Abnahme (nach der VOB/B) trotz bestehender verborgener Mängel OLG Karlsruhe, Urt. v. 21.12.2018, Az. 8 U 55/17 = NZBau 2019, 370 = NJW 2019, 2098; Gesetzesentwurf der Bundesregierung, BT-Drucks. 18/8486, S. 48.
1200 Gesetzesentwurf der Bundesregierung, BT-Drucks. 18/8486, S. 48; *Bachem/Bürger*, NJW 2018, 118 (120).
1201 Gesetzesentwurf der Bundesregierung, BT-Drucks. 18/8486, S. 48.
1202 Gesetzesentwurf der Bundesregierung, BT-Drucks. 18/8486, S. 48.
1203 Siehe hierzu nur beispielhaft BGH, Beschluss vom 24.08.2016, Az. VII ZR 41/14 = NJW-RR 2016, 1423 = BauR 2017, 106; siehe zur Symptomtheorie vertiefend bei Werner/Pastor, *Pastor*, Rdnr. 1980 m. w. N.
1204 Gesetzesentwurf der Bundesregierung, BT-Drucks. 18/8486, S. 48.

genauen Ursprung des Mangels vollumfänglich darlegen können, sondern lediglich vortragen und belegen, dass ein Mangel am Werk gegeben ist.[1205]
Es bedarf daher nach neuer Rechtslage einer aktiven Handlung des Bestellers zur Abwendung der Abnahmefiktion gemäß § 640 Abs. 2 S. 1 BGB n. F. Dies entspricht einem kompletten Gegensatz zur vorherigen Verweigerungsmöglichkeit. Nach der neuen Ausgestaltung bewirkt selbst ein Schweigen oder eine Nichtnennung der Mängel dann eine fiktive Abnahme, wenn diese Mängel wesentliche Mängel sind.[1206] Nach der alten Rechtslage brauchte der Besteller die Mängel nicht zu benennen, wenn diese wesentlich waren, da mangels Abnahmereife gemäß § 640 Abs. 1 S. 1 BGB keine Fiktion gemäß § 640 Abs. 1 S. 3 BGB a. F. eintreten konnte.[1207]
Es bedarf nach der neuen Ausgestaltung somit in jedem Fall einer aktiven Handlung des Bestellers zur Abwendung der fiktiven Abnahme, ansonsten wird die Abnahme fingiert.[1208] Dieses Aktivwerden ist dem Besteller auch zumutbar.[1209] Nach der gesetzgeberischen Intention soll diese neue Konzeption den Dialog zwischen den Vertragspartnern fördern.[1210] Einerseits soll hierdurch eine Ermittlung des Mangelursprungs stattfinden, andererseits soll es dem Werkunternehmer eine Möglichkeit bieten, den Mangel noch zu beseitigen.[1211]
Trotz Beseitigung dieser bestellerseits vorgebrachten Mängel kann der Besteller bei einem erneuten Abnahmebegehren des Unternehmers jedoch sodann andere (auch unwesentliche) Mängel vortragen, um der Abnahmefiktion erneut entgegenzuwirken.[1212] *Roth-Neuschild* befürchtet, dass hierdurch unberechtigte Abnahmeverweigerungen nahezu ausgeschlossen sein werden und die Besteller durch immer wiederkehrende Abnahmeverweigerungen unter Angabe auch unwesentlicher Mängel die Abnahme verhindern können.[1213]

1205 BGH, Beschluss vom 24.08.2016, Az. VII ZR 41/14 = NJW-RR 2016, 1423 = BauR 2017, 106; Gesetzesentwurf der Bundesregierung, BT-Drucks. 18/8486, S. 48.
1206 Gesetzesentwurf der Bundesregierung, BT-Drucks. 18/8486, S. 48.
1207 BeckOGK, *Kögl*, BGB § 640 Rn. 118, 36 ff. (Stand: 01.10.2017).
1208 Gesetzesentwurf der Bundesregierung, BT-Drucks. 18/8486, S. 48.
1209 Gesetzesentwurf der Bundesregierung, BT-Drucks. 18/8486, S. 48 f.
1210 Gesetzesentwurf der Bundesregierung, BT-Drucks. 18/8486, S. 49.
1211 Gesetzesentwurf der Bundesregierung, BT-Drucks. 18/8486, S. 49.
1212 *Schwenker/Wessel*, MDR 2017, 1093 (1095).
1213 *Roth-Neuschild*, ITRB 2017, 261 (262).

(2) Absatz 2 Satz 2

Wie bereits erwähnt war auch der effektive Verbraucherschutz ein wichtiger Grund für die Reform des Werk- und Bauvertragsrechts.[1214] § 640 Abs. 2 S. 2 BGB n. F. wurde daher für diejenigen Besteller, die gleichzeitig Verbraucher sind, im Hinblick auf das Eintreten einer fiktiven Abnahme gemäß § 640 Abs. 2 S. 1 BGB n. F. wie folgt ausgestaltet:

> „Ist der Besteller ein Verbraucher, so treten die Rechtsfolgen des Satzes 1 nur ein, wenn der Unternehmer den Besteller zusammen mit der Aufforderung zur Abnahme auf die Folgen einer nicht erklärten oder ohne Angabe von Mängeln verweigerten Abnahme hingewiesen hat; der Hinweis muss in Textform erfolgen."

Es ist davon auszugehen, dass Verbraucher regelmäßig keine Kenntnis der weitreichenden rechtlichen Konsequenzen einer Abnahme haben.[1215] Aus Gründen eines effektiven Verbraucherschutzes sah die Reform des Werkvertragsrechts somit vor, eine Hinweispflicht der Unternehmer gegenüber den Verbrauchern im Hinblick auf das Eintreten einer Abnahmefiktion einzuführen, § 640 Abs. 2 S. 2 BGB n. F.[1216] Der Verbraucher ist somit durch den Unternehmer bei dessen Aufforderung zur Abnahme darauf hinzuweisen, welche Handlungen zur Abwendung der Fiktion geboten sind und welche rechtlichen Konsequenzen eine nicht erklärte oder ohne Angabe von Mängeln abgegebene Verweigerung bewirkt.[1217] Über die Wirkungen einer Abnahmefiktion muss der Verbraucher durch den Unternehmer jedoch nicht aufgeklärt werden.[1218] Unterlässt der Unternehmer diese Hinweispflicht, tritt die Fiktion der Abnahme nicht ein, § 640 Abs. 2 S. 2 BGB n. F.[1219]

Das Textformerfordernis dient hierbei dazu, den Verbraucher durch unmissverständliche Informationen vor einer übereilten Entscheidung zu schützen.[1220] Es gelten die Grundregeln zum § 126b BGB.[1221]

1214 siehe oben unter **D.III.3.**
1215 Gesetzesentwurf der Bundesregierung, BT-Drucks. 18/8486, S. 49.
1216 Gesetzesentwurf der Bundesregierung, BT-Drucks. 18/8486, S. 49.
1217 Gesetzesentwurf der Bundesregierung, BT-Drucks. 18/8486, S. 49; dazu auch BeckOGK, *Kögl*, BGB § 640 Rn. 159 ff.
1218 BeckOGK, *Kögl*, BGB § 640 Rn. 164.
1219 Gesetzesentwurf der Bundesregierung, BT-Drucks. 18/8486, S. 49.
1220 MüKoBGB, *Busche*, § 640 Rn. 31.
1221 Vgl. BeckOGK, *Kögl*, BGB § 640 Rn. 170.

(3) Absatz 1

Wie bereits beschrieben wurde Absatz 1 lediglich durch die Streichung des ehemaligen Satzes 3 gekürzt.[1222] § 640 Abs. 1 S. 1 und 2 BGB sind unverändert übernommen worden.

Wie vorstehend dargestellt, wird fortan allerdings nicht mehr zwischen wesentlichen und unwesentlichen Mängeln unterschieden.[1223] Trotz dessen wurde der Wortlaut des § 640 Abs. 1 S. 2 BGB a. F. unbearbeitet in die neue Fassung übernommen. § 640 Abs. 1 S. 2 BGB n. F. lautet daher wie vormals: *„Wegen unwesentlicher Mängel kann die Abnahme nicht verweigert werden."*

Hierin könnte jedoch ein Widerspruch zur vorbenannten Abschaffung der Unterscheidung von wesentlichem und unwesentlichem Mangel zu erkennen sein.[1224]

Diesbezüglich ist jedoch zu nennen, dass § 640 Abs. 1 S. 2 BGB nicht auf die Verweigerung der fiktiven Abnahme gerichtet ist, sondern lediglich zur Klärung der Frage heranzuziehen ist, ob der Unternehmer einen Anspruch auf Abnahme des Werkes gegen den Besteller hat.[1225] Durch § 640 Abs. 1 S. 2 BGB soll ausschließlich klargestellt werden, dass der Besteller bei nur unwesentlichen Mängeln zur Abnahme des Werkes verpflichtet bleibt.[1226]

b) Problemstellung

Schon die Definition der Abnahme selbst kann in der IT-Praxis für Probleme sorgen. Während die Rechtswissenschaft die Abnahme wie eingangs dargestellt definiert,[1227] fordert die Wirtschaftsinformatik weitergehende Testverfahren *„als unabdingbaren Bestandteil der Qualitätssicherung im Sinne der DIN EN ISO 9000 ff."*.[1228] Durch verschiedene Auffassungen eines Test- und Abnahmeverfahrens sind Missverständnisse und Konflikte vorprogrammiert. Daher ist es für zur Konfliktprävention unerlässlich, die genauen Test- und Abnahmeverfahren

---

1222 Siehe oben unter **D.IV.2.b.**
1223 Gesetzesentwurf der Bundesregierung, BT-Drucks. 18/8486, S. 48; siehe oben unter **D.IV.2.a.aa.(2)**
1224 *Orlowski,* ZfBR 2016, 419 (422).
1225 BeckOGK, *Kögl,* BGB § 640 Rn. 52; MüKoBGB, *Busche,* § 640 Rn. 12 ff.; *Bachem/Bürger,* NJW 2018, 118 (120).
1226 BeckOGK, *Kögl,* BGB § 640 Rn. 52; MüKoBGB, *Busche,* § 640 Rn. 12 ff.; *Bachem/Bürger,* NJW 2018, 118 (120).
1227 Siehe unter **D.III.5.**
1228 *Müller-Hengstenberg/Kirn,* CR 2008, 755.

vertraglich zu vereinbaren und diese als echte (und damit einklagbare) Vertragspflichten auszugestalten.[1229]

Häufig kommt eine Abnahme nur durch deren Fiktion zustande. Auch die Abnahmefiktion gemäß § 640 Abs. 2 S. 1 BGB n. F. wird für das IT-Vertragsrecht Änderungen bewirken.[1230] Zu berücksichtigen ist hierbei insbesondere, dass die Abnahmefiktion im IT-Vertragsrecht voraussichtlich weitaus schwieriger zu verhindern werden wird als beispielsweise in der Baupraxis. Die Angabe von (einzelnen) Mängeln kann sich bei IT-Projekten vereinzelt schwierig erweisen.

aa) Angabe eines einzelnen Mangels im Baugewerbe

Im Baugewerbe ist die Angabe eines einzelnen Mangels tendenziell gut möglich.[1231] Die ab dem 01.01.2018 geltende Abnahmefiktion gemäß § 640 Abs. 2 S. 1 BGB n. F. dürfte daher bei Bauverträgen durch den Besteller vergleichsweise unproblematisch unter Angabe mindestens eines Mangels verhindert werden können.

Durch zahlreiche Richtlinien und technische Normen bestehen in der Baubranche umfassende Regelwerke. Nur beispielhaft seien hierbei die DIN-Vorschriften des Deutschen Instituts für Normung e. V. (DIN e. V.)[1232] oder die VDI-Richtlinien des Vereins Deutscher Ingenieure (VDI) genannt.[1233]

Diese Richtlinien und technischen Normen werden herangezogen, um die sog. *allgemein anerkannten Regeln der Technik* festzulegen.[1234] Diese allgemein anerkannten Regeln der Technik sind allerdings weiter gefasst.[1235] Sie werden

---

1229 Dazu ausführlich *Müller-Hengstenberg/Kirn*, CR 2008, 755.
1230 *Hoeren*, CR 2017, 281 (283); *Roth-Neuschild*, ITRB 2017, 261 f.; für Aus-wirkungen bei agiler Programmierung *Hoeren/Pinelli*, MMR 2018, 199 (202).
1231 *Hoeren*, CR 2017, 281 (283); siehe zum Mangel im Bauvertragsrecht auch Kuffer/Wirth, Englert/Fuchs/Schalk/Schwartz, 1. Kapitel, A., Rn. 245 ff.
1232 Siehe für weitere Informationen hierzu die Satzung des DIN e. V., diese ist online abrufbar unter https://www.din.de/blob/75564/b5ecaadf153628dda1fe16ae06ee8cf7/satzung-din-data.pdf (zuletzt abgerufen am 24.11.2019); siehe darüber hinaus den Internetauftritt des DIN e. V. unter https://www.din.de/de (zuletzt abgerufen am 24.11.2019); Herberger/Martinek/Rüßmann/Weth, *Genius*, § 633 Rn. 29; Werner/Pastor, *Pastor*, Rn. 1967 m. w. Rspr. zu DIN-Normen (in Fn. 42).
1233 Siehe hierzu auch Staudinger, *Peters/Jacoby*, § 633 Rn. 179.
1234 Herberger/Martinek/Rüßmann/Weth, *Genius*, § 633 Rn. 29; Staudinger, *Peters/Jacoby*, § 633 Rn. 179.
1235 Siehe hierzu auch OLG Hamm, Urt. v. 14.08.2019, Az. 12 U 73/18 = ZfBR 2019, 783 = IBRRS 2019, 2551; Herberger/Martinek/Rüßmann/Weth, *Genius*, § 633 Rn. 29; Werner/Pastor, *Pastor*, Rn. 1968.

in den juristischen Kommentierungen definiert als „*technische Regeln für den Entwurf und die Ausführung von Werkanlagen [...], die in der Wissenschaft keinem (grundlegenden) Meinungsstreit ausgesetzt und damit als theoretisch richtig anerkannt sind und feststehen sowie insbesondere in dem Kreise der für die Anwendung der betreffenden Regeln maßgeblichen, nach dem neuesten Erkenntnisstand vorgebildeten Techniker durchweg bekannt und auf Grund fortdauernder praktischer Erfahrung als technisch geeignet, angemessen und notwendig anerkannt sind*"[1236]. DIN-Normen oder andere (technische) Regelwerke, die schriftlich niedergelegt sind, können daher den allgemein anerkannten Regeln der Technik entsprechen;[1237] sie können jedoch auch durch Fortschritt und Entwicklung überholt sein und daher in der Folge als allgemein anerkannte Regeln der Technik ausgeschieden sein.[1238] Beispielsweise können sich die allgemein anerkannten Regeln der Technik stillschweigend verändern, ohne, dass eine Umschreibung der entsprechenden DIN-Vorschriften stattgefunden hat.[1239] Üblicherweise wird bei technischen Vorschriften (bspw. DIN-Normen) jedoch vermutet, dass sie die allgemein anerkannten Regeln der Technik darstellen.[1240]

Die allgemein anerkannten Regeln der Technik formen die übliche Beschaffenheit des Werkes aus.[1241] In § 13 Abs. 1 VOB/B sind die allgemein anerkannten Regeln der Technik sogar ausdrücklich genannt.[1242] Dies gilt nach ganz überwiegender Auffassung auch dann, wenn die Parteien bei Vertragsschluss keinen ausdrücklichen Bezug auf die allgemein anerkannten Regeln der Technik genommen haben.[1243] Bei einer Abweichung von den allgemein anerkannten

---

1236 MüKoBGB, *Busche*, § 633 Rn. 18; Staudinger, *Peters/Jacoby*, § 633 Rn. 178; mit ähnlicher Definition Herberger/Martinek/Rüßmann/Weth, *Genius*, § 633 Rn. 29; siehe hierzu auch Werner/Pastor, *Pastor*, Rn. 1966 mit reichsgerichtlicher Rechtsprechung.
1237 Herberger/Martinek/Rüßmann/Weth, *Genius*, § 633 Rn. 29.
1238 Herberger/Martinek/Rüßmann/Weth, *Genius*, § 633 Rn. 29.
1239 Werner/Pastor, *Pastor*, Rn. 1970.
1240 Siehe hierzu auch OLG Hamm, Urt. v. 14.08.2019, Az. 12 U 73/18 = ZfBR 2019, 783 = IBRRS 2019, 2551; Herberger/Martinek/Rüßmann/Weth, *Genius*, § 633 Rn. 29; Werner/Pastor, *Pastor*, Rn. 1969 m. w. N.; durch diese Vermutung wird eine Beweislastumkehr zu Lasten desjenigen bewirkt, der den entsprechenden DIN-Normen die Eigenschaft einer allgemein anerkannten Regel der Technik abspricht, aaO.
1241 Staudinger, *Peters/Jacoby*, § 633 Rn. 177.
1242 Staudinger, *Peters/Jacoby*, § 633 Rn. 177.
1243 MüKoBGB, *Busche*, § 633 Rn. 21 m. w. N.

Regeln der Technik hat das Werk folglich nicht die übliche Beschaffenheit und ist mit einem Mangel behaftet.[1244]

Die Feststellung, dass die Werkleistung von den allgemein anerkannten Regeln der Technik abweicht, ist im Zweifel durch einen Sachverständigen vornehmen zu lassen.[1245] Es ist es dem Besteller daher im Baugewerbe mit vergleichsweise geringem Aufwand möglich, einzelne Mängel benennen zu können, um eine Abnahmefiktion zu verweigern.

bb) Angabe eines einzelnen Mangels bei IT-Projekten

Bei IT-Verträgen ist diese Möglichkeit üblicherweise nicht in dieser Einfachheit gegeben:[1246] Vereinzelt wird bezweifelt, dass es bei IT-Projekten ebenso einfach möglich sein wird, einen einzelnen Mangel ausfindig machen zu können.[1247] Bei IT-Projekten sind als Ursache für Funktionsstörungen sowohl Teilmängel als auch selbstständige Mängel denkbar.[1248] Auf die Art des Mangels kommt es allerdings zunächst gar nicht an, um die Abnahmefiktion zu verhindern, § 640 Abs. 2 S. 1 BGB. Es ist nach neuer Rechtslage nicht mehr relevant, ob der angegebene Mangel wesentlich oder unwesentlich ist.[1249] Es reicht aus, dass überhaupt irgendein Mangel gegeben ist.[1250]

Zugunsten des Bestellers ist hierbei insbesondere zu berücksichtigen, dass er gerade nicht die Ursachen des erkannten Mangels darlegen können muss (Mangelsymptom).[1251] Er muss lediglich aktiv werden und darlegen können,

---

1244 Vgl. Herberger/Martinek/Rüßmann/Weth, *Genius*, § 633 Rn. 30; hierzu auch MüKoBGB, *Busche*, § 633 Rn. 7 ff.
1245 Siehe zu den Kosten eines privaten Sachverständigen und ihrer Erstattungsfähigkeit BGH, Beschluss v. 07.02.2013, Az. VII ZB 60/11 = ZfBR 2013, 351 = BauR 2013, 990 = MDR 2013, 494 (Kostenentstehung im selbstständigen Beweisverfahren); OLG Koblenz, Beschluss v. 20.05.2015, Az. 14 W 335/15 = NZBau 2015, 706 = NJW-RR 2015, 1166 = DS 2015, 254.
1246 zum Mangel im IT-Vertragsrecht Heussen/Hamm, *Prinz zu Löwenstein*, Teil B, 1. Abschnitt, § 40 Rn. 14 ff.; zum Umfang einer Dokumentation nach den allgemein anerkannten Regeln der Technik im Projektmanagement siehe *Liesegang*, CR 2015, 541.
1247 *Hoeren*, CR 2017, 281 (283).
1248 *Hoeren*, CR 2017, 281 (283).
1249 Siehe hierzu unter **D.III.4.a)bb)**.
1250 Siehe hierzu unter **D.III.4.a)bb)**.
1251 BGH, Urt. v. 05.06.2014, Az. VII ZR 276/14 = NJW-RR 2014, 1204 = CR 2014, 568 = MDR 2014, 1131; andere Ansicht OLG Celle, Urt. v. 12.09.2013, Az. 5 U 63/13; siehe ausführlich hierzu unter **D.III.4.a)bb)(1)**.

dass überhaupt ein Mangel gegeben ist.[1252] Trotz dessen bleibt jedoch bereits die Benennung eines einzelnen Software-Mangels zur Abwendung der Abnahmefiktion im IT-Vertragsrecht schwierig. Die Darlegung eines Mangels wird im Zweifel nicht ohne Hinzuziehung eines Sachverständigen möglich sein.

cc) Stellungnahme

Wie vorstehend dargestellt, ist die nunmehr eingeführte Notwendigkeit des Aktivwerdens zur Verweigerung der Abnahmefiktion ein großer Unterschied zur alten Rechtslage der fiktiven Abnahme.[1253] Bei wesentlichen Mängeln war die Fiktion nach alter Rechtslage stets ausgeschlossen.[1254] Der Besteller brauchte nicht aktiv zu verweigern. Nach der neuen Rechtslage ist allerdings selbst bei wesentlichen Mängeln eine Abnahmefiktion möglich, wenn der Besteller diese Fiktion nicht verweigert.[1255]

Dies muss für den Besteller bei IT-Verträgen (insb. agilen IT-Verträgen) jedoch nicht automatisch von Nachteil sein: der Besteller ist nach der neuen Ausgestaltung des § 640 Abs. 2 S. 1 BGB n. F. „gezwungen" sich aktiv in das Projekt zu integrieren und hierbei Mängel festzustellen und zu benennen.[1256] Es ist hierbei durch den Gesetzgeber nicht verlangt worden, dass der Besteller diese Mängel selbst entdeckt. Auch im IT-Vertragsrecht kann er sich dafür eines Sachverständigen bedienen.

Wie bereits benannt, haftet es der agilen Programmierung an, dass der Kunde bzw. Auftraggeber aktiv in den Entwicklungsprozess eingebunden wird. Durch das somit notwendige Aktivwerden des Bestellers *muss* dieser am Entwicklungsprozess mitwirken und kann nicht passiv außen vor bleiben. Im Ergebnis ist eine möglichst frühzeitige Erkennung und Benennung von Mängeln – insbesondere bei agilen IT-Projekten – somit sogar idealerweise förderlich, um im anschließenden Dialog mit den weiteren Entwicklungsbeteiligten einen Lösungskonsens zu finden.[1257]

1252 BGH, Urt. v. 05.06.2014, Az. VII ZR 276/14 = NJW-RR 2014, 1204 = CR 2014, 568 = MDR 2014, 1131; andere Ansicht OLG Celle, Urt. v. 12.09.2013, Az. 5 U 63/13; Gesetzesentwurf der Bundesregierung, BT-Drucks. 18/8486, S. 48; siehe ausführlich hierzu unter **D.III.4.a)bb)(1)**.
1253 Dazu auch *Hoeren,* CR 2017, 281 (283).
1254 Siehe hierzu unter **D.III.4.a)aa)**.
1255 Siehe hierzu unter **D.III.4.a)bb)**.
1256 *Hoeren/Pinelli*, MMR 2018, 199 (203).
1257 *Hoeren/Pinelli*, MMR 2018, 199 (203).

Durch die Neuregelungen zur Verhinderung der Abnahmefiktion ist der Unternehmer allerdings im IT-Vertragsrecht – verglichen mit dem Besteller – härter getroffen: auch im IT-Vertragsrecht ist die Abnahme ein zentraler Moment für den Unternehmer. Durch die Abnahme wird nicht nur die Vergütung fällig, § 641 BGB, sondern auch der Gefahrübergang auf den Besteller gemäß §§ 644, 645 BGB bewirkt.[1258] Dem Unternehmer wird es aufgrund der vergleichsweise einfachen Abnahmeverweigerung nur schwer möglich sein, die Abnahme einseitig herbeizuführen.[1259] Der Besteller wird immer wieder andere Mängel angeben können, um die Fiktion zu verhindern. Im Ergebnis ist der Unternehmer daher folglich ohne erfolgreiche Aussicht auf eine Abnahmefiktion gewissermaßen auf das Einvernehmen des Bestellers angewiesen.

Positiv bleibt für den Unternehmer jedoch die Tatsache, dass er nach der neuen Rechtslage im Falle des Besteller-Schweigens sicher sein kann, dass die Abnahmefiktion erfolgreich sein wird.[1260] Vormals musste der Unternehmer immer davon ausgehen, dass selbst ein Schweigen des Bestellers bei Vorliegen wesentlicher Mängel dazu führen kann, dass die Abnahmefiktion nicht erfolgreich sein wird.[1261]

c) Weitere Lösungsansätze des Baurechts

Die zentrale Bedeutung der Abnahme gilt gleichermaßen im Bauvertragsrecht. Eine Abnahme muss dabei nicht ausdrücklich erklärt werden, sondern kann auch konkludent zum Ausdruck gebracht werden.[1262] Bezieht der Auftraggeber beispielsweise vorbehaltlos das Bauwerk, ist hierin nach Ablauf einer „angemessenen Prüfungsfrist eine konkludente Abnahme" zu sehen.[1263] Die angemessene

---

1258 *Hoeren*, Gedächtnisschrift für Manfred Wolf (2011), S. 66.
1259 *Roth-Neuschild*, ITRB 2017, 261 (262).
1260 *Roth-Neuschild*, ITRB 2017, 261 (262).
1261 *Roth-Neuschild*, ITRB 2017, 261 (262).
1262 OLG Brandenburg, Urt. v. 29.04.2009, Az. 4 U 85/07 = NZBau 2009, 513 = NJW-RR 2009, 957 = BeckRS 2009, 11307; zum Verjährungsbeginn für Mängelansprüche bei konkludenter Abnahme OLG München, Urt. v. 10.11.2015, Az. 9 U 4218/14 = NZBau 2016, 161 = NJW-Spezial 2015, 716 = BauR 2016, 846; OLG Köln, Urt. v. 05.07.2017, Az. 16 U 138/15 = BeckRS 2017, 117302 = BauR 2018, 992.
1263 Siehe hierzu schon BGH, Urt. v. 20.09.1984, Az. VII ZR 377/83 = NJW 1985, 731 = BauR 1985, 200 = ZfBR 1985, 71; OLG Hamm, Urt. v. 29.10.1992, Az. 23 U 3/92 = NJW-RR 1993, 340; andere Ansicht OLG Stuttgart, Urt. v. 16.11.2010, Az. 10 U 77/10 = NZM 2011, 123 = NJW-RR 2011, 527 = NZBau 2011, 167; siehe dazu auch OLG Stuttgart, Urt. v. 19.04.2011, Az. 10 U 116/10 = NJW-Spezial 2011, 333; mit

Prüfungsfrist beträgt dabei nicht pauschal sechs Monate.[1264] Die Angemessenheit einer solchen Prüfungsfrist ist im Einzelfall unter Berücksichtigung der Auftraggeber- und Auftragnehmerinteressen sowie der Gesamtumstände zu bestimmen.[1265]

Das *Oberlandesgericht Naumburg* ist der Auffassung, dass es für den Eintritt der Abnahmefiktion nicht auf den wirklichen Willen des Auftraggebers ankommt, sondern die tatsächliche Ingebrauchnahme der Werkleistungen maßgebend ist.[1266] Auch die fiktive Abnahme führt zu einer Beweislastumkehr zu Lasten des Bestellers für Mängel an der Werkleistung.[1267]

Die Vereinbarung einer förmlichen Abnahme schließt die fiktive oder konkludente Abnahme aus.[1268] Die Vereinbarung einer förmlichen Abnahme ist ausweislich der Entscheidung des *Oberlandesgerichts Karlsruhe* nicht unwiderruflich.[1269] Sehen beide Parteien nach Stellung der Schlussrechnung davon ab eine Abnahme zu fordern, obwohl die förmliche Abnahme zuvor vereinbart wurde, ist das Verhalten beider Parteien dahingehend auszulegen, dass sie stillschweigend auf die förmliche Abnahme verzichten und eine formlose Abnahme eintreten soll.[1270] Eine Abnahmefiktion ist ferner ausgeschlossen, wenn das

---

gleicher Auffassung OLG Düsseldorf, Urt. v. 08.04.2016, Az. I-22 U 165/15 = BauR 2017, 1540 = BeckRS 2016, 116666.

1264 Vgl. BGH, Urt. v. 26.09.2013, Az. VII ZR 220/12 = NJW 2013, 3513 = BauR 2013, 2031 = MDR 2013, 1394; OLG Düsseldorf, Urt. v. 08.04.2016, Az. I-22 U 165/15 = BauR 2017, 1540 = BeckRS 2016, 116666.

1265 Siehe hierzu schon BGH, Urt. v. 12.06.1975, Az. VII ZR 55/73 = NJW 1975, 1701; OLG Stuttgart, Urt. v. 16.11.2010, Az. 10 U 77/10 = NZM 2011, 123 = NJW-RR 2011, 527 = NZBau 2011, 167; OLG Düsseldorf, Urt. v. 08.04.2016, Az. I-22 U 165/15 = BauR 2017, 1540 = BeckRS 2016, 116666.

1266 Siehe zu den Voraussetzungen der Abnahmefiktion bei OLG Köln, Beschluss v. 10.01.2013, Az. 19 U 127/12 = BeckRS 2013, 16280; OLG Naumburg, Urt. v. 10.05.2017, Az. 5 U 3/17 = BeckRS 2017, 141723.

1267 OLG Köln, Beschluss v. 10.01.2013, Az. 19 U 127/12 = BeckRS 2013, 16280.

1268 Siehe zum Ausschluss einer fiktiven Abnahme auch OLG Frankfurt, Urt. v. 19.11.1992, Az. 5 U 65/91 = BeckRS 2013, 2445; OLG Hamm, Urt. v. 30.04.2019, Az. 24 U 14/18 = NJW 2019, 3240 = NZBau 2019, 709 = ZfBR 2019, 570 m. w. N.; siehe dazu auch LG Halle/Saale, Urt. v. 24.11.2011, Az. 3 O 1493/08 = BeckRS 20012, 25532.

1269 OLG Karlsruhe, Urt. v. 23.09.2003, Az. 17 U 234/02 = NJW-RR 2004, 745 = BauR 2004, 518 = NZBau 2004, 331; OLG Hamm, Urt. v. 30.04.2019, Az. 24 U 14/18 = NJW 2019, 3240 = NZBau 2019, 709 = ZfBR 2019, 570.

1270 OLG Karlsruhe, Urt. v. 23.09.2003, Az. 17 U 234/02 = NJW-RR 2004, 745 = BauR 2004, 518 = NZBau 2004, 331; OLG Hamm, Urt. v. 30.04.2019, Az. 24 U 14/18 = NJW 2019, 3240 = NZBau 2019, 709 = ZfBR 2019, 570.

Werk unvollständig erbracht wurde und der Auftraggeber dem Auftragnehmer mitteilt, dass er die erbrachte Leistung nicht als *"vertragsgemäße Leistung anerkennt"*.[1271] Die Abnahmeverweigerung unter Hinweis auf vorhandene Mängel schließt die fiktive Abnahme aus.[1272] In einem solchen Fall fehlt es bereits ausdrücklich an der Billigung der erbrachten Leistung.[1273] Das alleinige Fehlen geringfügiger Restarbeiten schließt eine fiktive Abnahme durch Ingebrauchnahme jedoch nicht pauschal aus.[1274] Hat das Werk versteckte (wesentliche oder unwesentliche) Mängel, die beiden Parteien nicht bekannt sind, hindern diese die Wirksamkeit einer Abnahmefiktion hingegen nicht.[1275]

Eine Klausel in Allgemeinen Geschäftsbedingungen, nach der eine Abnahme unverzüglich durch Unterzeichnung einer Übergabeabklärung herbeizuführen ist, ist nach Auffassung des *Oberlandesgerichts Hamm* unwirksam.[1276] Unwirksam ist auch die darauf aufbauende Klausel, die die Abnahme vier Wochen nach tatsächlicher Übergabe fingiert, wenn die Übergabeerklärung nicht unterschrieben wird.[1277] Knüpft eine Klausel die Abnahme an zahlreiche weitere Voraussetzungen, kann sie gemäß § 305c Abs. 1 BGB überraschend sein und wird somit nicht Vertragsbestandteil.[1278] Unwirksam ist nach Auffassung des *Oberlandesgerichts Hamm* eine Klausel, durch die *"sowohl eine Abnahme durch Inbesitz- bzw.*

1271 OLG Hamm, Urt. v. 23.06.1995, Az. 12 U 25/95 = NJW-RR 1996, 86 = BauR 1996, 123 = BeckRS 9998, 14705; OLG Naumburg, Urt. v. 10.05.2017, Az. 5 U 3/17 = BeckRS 2017, 141723; siehe dazu auch LG Konstanz, Urt. v. 28.03.2008, Az. 2 O 474/06 = BeckRS 2014, 12809; LG Duisburg, Urt. v. 22.11.2013, Az. 10 O 236/04 = BeckRS 2015, 17805.
1272 BGH, Urt. v. 10.06.1999, Az. VII ZR 170/98 = NJW-RR 1999, 1246 = BauR 1999, 1186 = MDR 1999, 1061; OLG Karlsruhe, Urt. v. 28.10.2004, Az. 17 U 19/01 = BeckRS 2004, 16906.
1273 BGH, Urt. v. 10.06.1999, Az. VII ZR 170/98 = NJW-RR 1999, 1246 = BauR 1999, 1186 = MDR 1999, 1061; OLG Hamm, Urt. v. 23.06.1995, Az. 12 U 25/95 = NJW-RR 1996, 86 = BauR 1996, 123 = BeckRS 9998, 14705; OLG Brandenburg, Urt. v. 29.04.2009, Az. 4 U 85/07 = NZBau 2009, 513 = NJW-RR 2009, 957 = BeckRS 2009, 11307; OLG Düsseldorf, Urt. v. 04.12.2012, Az. I-23 U 181/11 = BeckRS 2013, 10036; OLG Naumburg, Urt. v. 10.05.2017, Az. 5 U 3/17 = BeckRS 2017, 141723.
1274 So OLG Brandenburg, Urt. v. 29.04.2009, Az. 4 U 85/07 = NZBau 2009, 513 = NJW-RR 2009, 957 = BeckRS 2009, 11307.
1275 OLG München, Urt. v. 10.11.2015, Az. 9 U 4218/14 = NZBau 2016, 161 = NJW-Spezial 2015, 716 = BauR 2016, 846; OLG Karlsruhe, Urt. v. 21.12.2018, Az. 8 U 55/17 = NJW 2019, 2098 = NZBau 2019, 370.
1276 OLG Hamm, Urt. v. 12.12.1988, Az. 31 U 104/87 = NJW 1989, 1041 = CR 1989, 385.
1277 OLG Hamm, Urt. v. 12.12.1988, Az. 31 U 104/87 = NJW 1989, 1041 = CR 1989, 385.
1278 OLG Hamm, Urt. v. 09.07.2013, Az. 21 U 121/10 = BeckRS 2015, 9167.

Ingebrauchnahme als auch eine fiktive Abnahme i. S. v. § 640 Abs. 1 Satz 3 BGB bzw. § 12 Nr. 5 VOB/B ausgeschlossen" wird.[1279] Als wirksam wurde hingegen durch das *Landgericht Duisburg* eine Klausel erachtet, nach der eine *„eigenmächtige Inbesitznahme die Fiktion einer mängelfreien Abnahme und die Verlagerung der Beweislast für Mängel auf den Erwerber"* bewirkt.[1280]

Die Abnahme als zentraler Moment des Werkvertrages ist speziell im Bauvertragsrecht ferner relevant für einseitige Anordnungsrechte des Auftraggebers.[1281] Mit der Abnahme endet das werkvertragliche Erfüllungsstadium und mithin auch das Recht des Auftraggebers den Leistungsgegenstand zu beeinflussen.[1282] Es besteht somit keine Notwendigkeit der einseitigen Anordnung von weiteren Leistungen durch den Auftraggeber.

Nach Ansicht des *Oberlandesgerichts Naumburg* findet bei einem gemeinsamen Abnahmetermin zwischen Bauträger, Generalübernehmer und späterem Nutzer eine *„Abnahme im Verhältnis aller Beteiligter"* statt, sofern keine anderen Absprachen getroffen wurden.[1283] Bei Verträgen mit der öffentlichen Hand kann in der Vereinbarung, dass *„die Verjährung der Gewährleistungs- und Schadensersatzansprüche mit der Übergabe der baulichen Anlage an die nutzende Verwaltung beginnen soll"*, die *„stillschweigende Vereinbarung eines fiktiven Abnahmezeitpunkts"* gesehen werden.[1284]

Den Auftraggeber trifft die Pflicht zur Durchführung einer Abnahme nach Kündigung des Werkvertrages.[1285] Im Falle eines gekündigten Werkvertrages hat die Abnahme für alle Leistungen zu erfolgen, die die Voraussetzungen einer Abnahme erfüllen.[1286] Die Abnahme ist in prozessualer Hinsicht daher nicht nur relevant für Werklohnklagen des Auftragnehmers.[1287] Sie kann auch

---

1279 OLG Hamm, Urt. v. 09.07.2013, Az. 21 U 121/10 = BeckRS 2015, 9167.
1280 LG Duisburg, Urt. v. 18.10.2012, Az. 8 O 277/10 = NJW-RR 2013, 595 = NZM 2013, 277 = BeckRS 2013, 3137.
1281 OLG Hamm, Urt. v. 18.01.2019, Az. I-12 U 54/18 = ZfBR 2019, 459 = NZBau 2019, 298 = NJW-RR 2019, 651 = IBRRS 2019, 1682.
1282 OLG Hamm, Urt. v. 18.01.2019, Az. I-12 U 54/18 = ZfBR 2019, 459 = NZBau 2019, 298 = NJW-RR 2019, 651 = IBRRS 2019, 1682.
1283 OLG Naumburg, Urt. v. 08.02.2013, Az. 1 U 76/12 = NJW 2013, 2367 = NZBau 2013, 380 = BeckRS 2013, 5535.
1284 FG Düsseldorf, Urt. v. 12.04.2011, Az. 13 K 3413/07 F = BeckRS 2012, 95297.
1285 BGH, Urt. v. 19.12.2002, Az. VII ZR 103/00 = BGHZ 153, 244 = BauR 2003, 689 = MDR 2003, 503 = NJW 2003, 1450.
1286 BGH, Urt. v. 19.12.2002, Az. VII ZR 103/00 = BGHZ 153, 244 = BauR 2003, 689 = MDR 2003, 503 = NJW 2003, 1450.
1287 Vgl. dazu LG Halle/Saale, Urt. v. 24.11.2011, Az. 3 O 1493/08 = BeckRS 20012, 25532.

selbst Gegenstand einer (Leistungs-)Klage sein. Der *Bundesgerichtshof* entschied bereits, dass auch eine „*isolierte Abnahmeklage*" möglich ist, d. h. eine Klage, die nur darauf gerichtet ist, eine Abnahme des Werkes herbeizuführen, ohne gleichermaßen den Werklohn geltend zu machen.[1288]

Erst kürzlich stellte der *Bundesgerichtshof* darüber hinaus klar, dass die Klärung der Frage, ob eine Abnahmeerklärung nicht abgegeben wurde und deshalb die Abnahmewirkungen nicht eingetreten sind, Gegenstand einer negativen Feststellungsklage gemäß § 256 Abs. 1 ZPO sein kann.[1289] Die Abnahme stellt nach Auffassung des *Bundesgerichtshofs* ein „*der Feststellung zugängliches Rechtsverhältnis*" dar.[1290]

Streitig war lange Zeit, ob Mängelgewährleistungsrechte erst ab dem Zeitpunkt der Abnahme geltend gemacht werden können oder auch schon vor Abnahme.[1291] Der *Bundesgerichtshof* entschied am 19.01.2017 in drei Verfahren, dass die Mängelrechte nach der Grundkonzeption des Werkvertragsrechts erst nach Abnahme der Werkleistung geltend gemacht werden können.[1292] Eine

---

1288 BGH, Urt. v. 27.02.1996, Az. X ZR 3/94 = NJW 1996, 1749 = BauR 1996, 386 = BGHZ 132, 96 = MDR 1996, 496.
1289 BGH, Urt. v. 09.05.2019, Az. VII ZR 154/19 = NZBau 2019, 572 = BauR 2019, 1648 = ZfBR 2019, 665 = IBR 2019, 528 = BeckRS 2019, 15708.
1290 BGH, Urt. v. 09.05.2019, Az. VII ZR 154/19 = NZBau 2019, 572 = BauR 2019, 1648 = ZfBR 2019, 665 = IBR 2019, 528 = BeckRS 2019, 15708; OLG München, Endurteil v. 12.05.2015, Az. 9 U 2280/14 = BeckRS 2015, 125282; andere Ansicht LG München I, Endurteil v. 28.03.2014, Az. 11 O 16909/11 = BeckRS 2014, 123947.
1291 Siehe hierzu BGH, Urt. v. 19.01.2017, Az. VII ZR 301/13 = NJW 2017, 1604 = BauR 2017, 875 = MDR 2017, 328 = ZfBR 2017, 340 = NZBau 2017, 216; BGH, Urt. v. 19.01.2017, Az. 235/15 = NJW 2017, 1607 = BauR 2017, 1024 = BGHZ 213, 319 = MDR 2017, 513 = NZBau 2017, 211; BGH, Urt. v. 19.01.2017, Az. VII ZR 193/15 = MDR 2017, 390 = ZfIR 2017, 345 = BauR 2017, 879; zur Geltendmachung der Mängelrechte aus §§ 634 ff. BGB schon OLG Köln, Hinweisbeschluss v. 12.11.2012, Az. 11 U 146/12 = NJW 2013, 1104 = BauR 2013, 641 = NZBau 2013, 306; siehe zur Frage, ob eine Vorschussanspruch des Auftragnehmers schon vor Abnahme gegeben ist OLG Schleswig, Urt. v. 16.07.2015, Az. 7 U 124/14 = BeckRS 2015, 17864; vor der Schuldrechtsmodernisierung konnten Mängelrechte vor Abnahme geltend gemacht werden, *Nicklisch*, in: Nicklisch, Der komplexe Langzeitvertrag (1987), S. 365 f.
1292 BGH, Urt. v. 19.01.2017, Az. VII ZR 301/13 = NJW 2017, 1604 = BauR 2017, 875 = MDR 2017, 328 = ZfBR 2017, 340 = NZBau 2017, 216; BGH, Urt. v. 19.01.2017, Az. 235/15 = NJW 2017, 1607 = BauR 2017, 1024 = BGHZ 213, 319 = MDR 2017, 513 = NZBau 2017, 211 BGH, Urt. v. 19.01.2017, Az. VII ZR 193/15 = MDR 2017, 390 = ZfIR 2017, 345 = BauR 2017, 879; siehe zu den Folgen dieser Entscheidungen für Softwareverträge *Antoine/Schneider*, ITRB 2018, 183.

Ausnahme soll nur dann gelten, wenn der Auftraggeber Mängelrechte gemäß § 634 Nr. 2-4 BGB geltend macht (d.h. Selbstvornahme, Rücktritt, Minderung oder Schadensersatz) und er nicht weiter die Nacherfüllung vom Auftragnehmer verlangen kann.[1293] Darüber hinaus muss das „Vertragsverhältnis in ein Abrechnungsverhältnis übergegangen" sein.[1294] Das *Oberlandesgericht Hamm* definiert ein solches Abrechnungsverhältnis wie folgt: *„Ein Abrechnungsverhältnis entsteht, wenn der Auftraggeber deutlich macht, dass er vom Auftraggeber endgültig keine weiteren Leistungen mehr erwartet und eine vollständige Abrechnung des Vertragsverhältnisses wünscht, was etwa dann der Fall ist, wenn sich nur noch Restwerklohnanspruch und Minderungs- oder Schadensersatzansprüche gegenüberstehen".*[1295] Liegen diese Voraussetzungen vor, kann der Auftraggeber ausnahmsweise die Mängelrechte gemäß § 634 Nr. 2-4 BGB vor Abnahme der Werkleistung geltend machen.[1296]

Nach Auffassung des *Kammergerichts* ist eine außerordentliche Kündigung so auszulegen, dass *„sämtliche Erfüllungs- und Nacherfüllungspflichten aus dem*

1293 BGH, Urt. v. 19.01.2017, Az. VII ZR 301/13 = NJW 2017, 1604 = BauR 2017, 875 = MDR 2017, 328 = ZfBR 2017, 340 = NZBau 2017, 216; BGH, Urt. v. 19.01.2017, Az. 235/15 = NJW 2017, 1607 = BauR 2017, 1024 = BGHZ 213, 319 = MDR 2017, 513 = NZBau 2017, 211; BGH, Urt. v. 19.01.2017, Az. VII ZR 193/15 = MDR 2017, 390 = ZfIR 2017, 345 = BauR 2017, 879; ein Vorschussanspruch des Auftragnehmers gemäß § 637 Abs. 3 BGB kann vor Abnahme geltend gemacht werden, OLG Schleswig, Urt. v. 16.07.2015, Az. 7 U 124/14 = BeckRS 2015, 17864 m. w. N.
1294 BGH, Urt. v. 19.01.2017, Az. VII ZR 301/13 = NJW 2017, 1604 = BauR 2017, 875 = MDR 2017, 328 = ZfBR 2017, 340 = NZBau 2017, 216; BGH, Urt. v. 19.01.2017, Az. 235/15 = NJW 2017, 1607 = BauR 2017, 1024 = BGHZ 213, 319 = MDR 2017, 513 = NZBau 2017, 211; BGH, Urt. v. 19.01.2017, Az. VII ZR 193/15 = MDR 2017, 390 = ZfIR 2017, 345 = BauR 2017, 879.
1295 Vgl. auch BGH, Urt. v. 23.06.2005, Az. VII ZR 197/03 = BGHZ 163, 274 = NJW 2005, 2771 = BauR 2005, 1477 = MDR 2005, 1344; sowie OLG Karlsruhe, Urt. v. 29.05.2012 = BeckRS 2012, 211816; Originalzitat bei OLG Hamm, Urt. v. 18.01.2019, Az. I-12 U 54/18 = ZfBR 2019, 459 = NZBau 2019, 298 = NJW-RR 2019, 651 = IBRRS 2019, 1682 m. w. N.
1296 BGH, Urt. v. 19.01.2017, Az. VII ZR 301/13 = NJW 2017, 1604 = BauR 2017, 875 = MDR 2017, 328 = ZfBR 2017, 340 = NZBau 2017, 216; BGH, Urt. v. 19.01.2017, Az. 235/15 = NJW 2017, 1607 = BauR 2017, 1024 = BGHZ 213, 319 = MDR 2017, 513 = NZBau 2017, 211; BGH, Urt. v. 19.01.2017, Az. VII ZR 193/15 = MDR 2017, 390 = ZfIR 2017, 345 = BauR 2017, 879.

Vertrag" beendet werden sollen.[1297] Infolge einer außerordentlichen Kündigung entsteht somit ein Abrechnungsverhältnis.

d) Übertragbarkeit

Die Rechtsprechung zum Bauvertragsrecht sollte helfen, um Problemfälle im IT-Vertragsrecht zu lösen. Insbesondere ist hierbei von Relevanz, dass auch eine Benutzung der Software durch den Auftraggeber nicht automatisch die konkludente Abnahme bewirken muss.[1298] Vielmehr ist auch in solchen Fällen eine entsprechende Prüfungsfrist des Auftraggebers zu berücksichtigen, die idealerweise im Einzelfall zu ermitteln ist.[1299]

Darüber hinaus ist auch bei IT-Projekten darauf zu achten, dass wenn eine förmliche Abnahme vereinbart wird, diese auch mit Schlussrechnungsstellung durch den Auftragnehmer verlangt wird.[1300] Bleibt ein solches Begehren aus und fordert auch der Auftraggeber keine Abnahme, kann hierin gleichermaßen in IT-Projekten die stillschweigende Abbedingung der förmlichen Abnahme gesehen werden.[1301]

Auch im IT-Recht wird für eine fiktive Abnahme des Werkes vorausgesetzt, dass das Werk fertiggestellt wurde. Die Abnahmefiktion tritt daher nicht ein, wenn die Werkleistung nicht vollständig erbracht wurde oder wesentliche Mängel aufweist, die den Parteien bekannt sind.[1302]

Auch in Generalunternehmer-Konstellationen im Rahmen eines IT-Projekts ist die Rechtsprechung des *Oberlandesgerichts Naumburg*[1303] heranzuziehen, wonach ein gemeinsamer Abnahmetermin aller Projektbeteiligter (d.h. Auftraggeber, Auftragnehmer sowie dessen Sub-Unternehmer) für eine „*Abnahme im Verhältnis aller Beteiligter*" zueinander sorgt.[1304]

1297 KG, Teil- und Vorbehaltsurteil v. 16.02.2018, Az. 21 U 66/16 = NJW 2018, 3721 = MDR 2018, 521 = NZBau 2018, 533.
1298 Siehe zur konkludenten Abnahme von Computersoftware auch OLG München, Urt. v. 24.01.1990, Az. 27 U 901/88 = NJW 1991, 2158; siehe hierzu ausführlich unter **D.III.5.c)**.
1299 Siehe hierzu ausführlich unter **D.III.5.c)**.
1300 Siehe hierzu ausführlich unter **D.III.5.c)**.
1301 Siehe hierzu ausführlich unter **D.III.5.c)**.
1302 Siehe hierzu ausführlich unter **D.III.5.c)**.
1303 OLG Naumburg, Urt. v. 08.02.2013, Az. 1 U 76/12 = NJW 2013, 2367 = NZBau 2013, 380 = BeckRS 2013, 5535.
1304 Siehe ausführlich zur Vertragsgestaltung für Generalunternehmer in IT-Projekten *Witzel*, CR 2018, 345; siehe hierzu ausführlich unter **D.III.5.c)**.

Die Rechtsprechung des *Bundesgerichtshofs*[1305] zur ausnahmsweisen Anwendbarkeit der Mängelrechte gemäß § 634 Nr. 2-4 BGB vor Abnahme ist bei Softwareentwicklungsprojekten jedoch problematisch, da es zum einen nicht selten an einem einzigen, konkret erkennbaren Abnahmezeitpunkt fehlt.[1306] Dies gilt vor allem für agile Projekte, bei denen bislang durch die Gerichte offen gelassen wurde, ob die Durchführung der folgenden Iteration als *„Billigung des bisher Geleisteten"* anzusehen ist.[1307] Die Problematik ist jedoch auch bei linearer Programmierung gegeben, wenn nicht eine einheitliche Werkleistung erstellt wird, die abzunehmen ist, sondern ein *„modulweises Vorgehen"* stattfindet.[1308]

Zum anderen werden häufig durch Parteivereinbarungen *„mängelbezogene Wertungen"* durch Prüfungen und Testläufe in Phasen vor Abnahme der Werkleistung gezogen.[1309] Beispielsweise wird vereinzelt *„zwischen abnahmeprüfungshindernden und abnahmehindernden Mängeln"* unterschieden.[1310] Hierdurch wird jedoch die Frage der Mangelhaftigkeit des Werkes vor den Zeitpunkt der Abnahme gezogen, obwohl nach der gesetzlichen Konzeption erst im Zeitpunkt der Abnahme eine mangelfreie Werkleistung vorliegen muss.[1311] Diese Vereinbarungen in IT-Verträgen stehen damit allerdings im Widerspruch zur gesetzlichen Ausgestaltung des Werkvertrages und dessen Mängelbegriff.[1312] Es ließe sich zwar der Wortlaut des § 640 Abs. 1 S. 2 BGB selbst heranziehen, wonach der Auftraggeber eine Abnahme bei unwesentlichen Mängeln nicht verweigern kann.[1313] Hierdurch bringt der Gesetzgeber zum Ausdruck, dass zumindest die Prüfung der Wesentlichkeit oder Unwesentlichkeit eines Mangels vor Abnahme vorgenommen werden kann und muss.[1314] Ungeachtet dessen hat der Auftraggeber

---

1305 BGH, Urt. v. 19.01.2017, Az. VII ZR 301/13 = NJW 2017, 1604 = BauR 2017, 875 = MDR 2017, 328 = ZfBR 2017, 340 = NZBau 2017, 216; BGH, Urt. v. 19.01.2017, Az. 235/15 = NJW 2017, 1607 = BauR 2017, 1024 = BGHZ 213, 319 = MDR 2017, 513 = NZBau 2017, 211; BGH, Urt. v. 19.01.2017, Az. VII ZR 193/15 = MDR 2017, 390 = ZfIR 2017, 345 = BauR 2017, 879
1306 Dazu ausführlich *Antoine/Schneider*, ITRB 2018, 183; *Schuster*, CR 2019, 345.
1307 OLG Frankfurt/M., Urt. v. 17.08.2018, Az. 5 U 152/16 = CR 2017, 646 = MMR 2018, 100 = BeckRS 2017, 128017; vgl. *Antoine/Schneider*, ITRB 2018, 183 (184).
1308 *Antoine/Schneider*, ITRB 2018, 183 (184).
1309 *Antoine/Schneider*, ITRB 2018, 183 (184); siehe hierzu bspw. auch entsprechende Empfehlungen bei *Witzel*, CR 2017, 213.
1310 *Antoine/Schneider*, ITRB 2018, 183 (184).
1311 *Antoine/Schneider*, ITRB 2018, 183 (184 f.) mit weitergehender Diskussion hierzu.
1312 *Antoine/Schneider*, ITRB 2018, 183 (184 f.).
1313 Vgl. *Antoine/Schneider*, ITRB 2018, 183 (184 f.).
1314 *Antoine/Schneider*, ITRB 2018, 183 (184 f.).

nach Auffassung des *Bundesgerichtshofs* jedoch keine Mängelrechte in Bezug auf solche Mängel vor Abnahme, sofern er weiterhin einen Erfüllungs- oder Nacherfüllungsanspruch gegen den Auftragnehmer hat. Es liegt kein Abrechnungsverhältnis vor, sodass der Auftraggeber für diese Mängel vor Abnahme keine Mängelrechte gem. § 634 Nr. 2-4 BGB geltend machen kann.

e) Fazit

Im IT-Projekt stellen sich nicht selten Probleme rund um die Abnahme, die nicht auch in Bauprojekten denkbar sind. Die *Reform des Bauvertragsrechts* hat die Vorschrift aufgrund der nun erleichterten Verweigerungsmöglichkeit einer fiktiven Abnahme eher zu Lasten der Auftragnehmer ausgestaltet.[1315] Dennoch können Auftragnehmer bei unterbliebener Verweigerung des Auftraggebers nun im Unterschied zur alten Rechtslage (bis 31.12.2017) sicher sein, dass die Abnahme auch bei Vorliegen wesentlicher Mängel erfolgreich fingiert wurde.

Die Abnahme gemäß § 640 BGB als allgemein werkvertragliche Vorschrift einerseits und zentraler Moment des Werkvertragsrechts andererseits ist sowohl für IT-Projekte als auch für Bauprojekte von ungemein hoher Relevanz. Vorstehend wurde herausgearbeitet, dass die baurechtlichen Lösungsansätze auf IT-Projekte übertragbar sind. Sofern sich daher Probleme in Bezug auf die Abnahme in IT-Projekten auftun, kann zur Lösung die privat-baurechtliche Rechtsprechung mitsamt der dort bestehenden Lösungsansätze herangezogen werden.

6. Kündigung aus wichtigem Grund, § 648a BGB n. F.

a) Änderungen der Vorschrift

Durch das Gesetz zur Reform des Werk- und Bauvertragsrecht wurde erstmalig eine Kündigung aus wichtigem Grund in das Werkvertragsrecht eingearbeitet, § 648a BGB n. F.[1316] Bislang hatte ausschließlich der Besteller ein jederzeitiges gesetzliches (ordentliches) Kündigungsrecht, § 649 BGB a. F., welches durch die Reform unverändert in § 648 BGB n. F. verschoben wurde.[1317]

1315 Siehe dazu auch *Roth-Neuschild*, ITRB 2017, 261 (262).
1316 Siehe Gesetzesentwurf der Bundesregierung, BT-Drucks. 18/8486, S. 49 ff.; dies geschah auf Vorschlag der Arbeitsgruppe Bauvertragsrecht, *Langen*, NZBau 2015, 658 (660).
1317 Gesetzesentwurf der Bundesregierung, BT-Drucks. 18/8486, S. 49.

aa) Alte Rechtslage (bis 31.12.2017)

Eine Möglichkeit, sich vom Vertrag zu lösen, hatte insbesondere der Werkunternehmer auf Grundlage eines Gesetzes bislang nicht. Vielmehr war ein außerordentliches Kündigungsrecht für beide Vertragsparteien lediglich durch Richterrecht entwickelt.[1318] Bis zum 01.01.2018 war die Kündigung aus wichtigem Grund im allgemeinen Werkvertragsrecht nicht vorgesehen, sondern entsprach bloß ständiger Rechtsprechung.[1319]

Bereits im Jahr 1942 entschied das *Reichsgericht*, dass auch bei Dauerschuldverhältnissen ein Kündigungsrecht aus wichtigem Grund gegeben ist.[1320] Dieser Rechtsauffassung des *Reichsgerichts* schloss sich der *Bundesgerichtshof* im Jahr 1951 an.[1321] Ein solches außerordentliches Kündigungsrecht wurde hierbei unter Verweis auf § 242 BGB damit begründet, dass es den Vertragsparteien bei einem Dauerschuldverhältnis möglich sein muss sich vom Vertrag zu lösen, wenn ihnen ein Festhalten am Vertrag unzumutbar ist.[1322]

Am 05.04.1962 entschied der *Bundesgerichtshof* unter Verweis auf die vorbenannten Rechtsprechungen, dass eine Kündigung aus wichtigem Grund auch für „*Dauerschuldverhältnisse werkvertraglicher Art*" gelten müsse.[1323] Diese Auffassung bestätigte der *Bundesgerichtshof* in seiner weiteren Rechtsprechung der folgenden Jahre.[1324]

1318 Gesetzesentwurf der Bundesregierung, BT-Drucks. 18/8486, S. 49 ff.; zur Dogmatik der Kündigung aus wichtigem Grund siehe *Peters*, NZBau 2014, 682.
1319 Gesetzesentwurf der Bundesregierung, BT-Drucks. 18/8486, S. 49 ff.; Messerschmidt/Voit, *Oberhauser*, § 648a Rn. 1; siehe für eine Übersicht einzelner bisheriger Entscheidungen zu außerordentlichen Kündigungen bei Kniffka/Koeble, *Kniffka*, 7. Teil, D. Rn. 28 f.
1320 Reichsgericht, RGZ 169, 203 (206 f.) - jedoch verneinend bzgl. einer Kündigung aus wichtigem Grund beim Werkvertrag.
1321 BGH, Urt. v. 15.06.1951, Az. V ZR 86/50 = NJW 1951, 836; weitere Auflistung reichsgerichtlicher Entscheidungen zur Kündigung aus wichtigem Grund bei Dauerschuldverhältnissen aaO.
1322 BGH, Urt. v. 15.06.1951, Az. V ZR 86/50 = NJW 1951, 836.
1323 BGH, Urt. vom 05.04.1962, Az. VII ZR 56/61 = BeckRS 1962, 31189866.
1324 Siehe bspw. BGH, Urt. v. 19.02.1998, Az. VII ZR 207/96 = NJW-RR 1998, 1391; siehe dazu auch die Rechtsprechung des OLG Köln, NJW 1993, 73.

Auch nach der Schuldrechtsmodernisierung im Jahr 2002 sprach der *Bundesgerichtshof* dem Unternehmer ein Recht zur Kündigung aus wichtigem Grund bzgl. eines Werkvertrages zu.[1325]

Laut der Gesetzesbegründung ist nunmehr allerdings die Schaffung von „*Rechtssicherheit*" das Argument für eine gesetzliche Normierung der Kündigung des Werkvertrages aus wichtigem Grund.[1326]

bb) Neue Rechtslage (seit 01.01.2018)

(1) Absatz 1

In § 648a BGB n. F. wird nun die Kündigung aus wichtigem Grund gesetzlich eingeführt:

> „Beide Vertragsparteien können den Vertrag aus wichtigem Grund ohne Einhaltung einer Kündigungsfrist kündigen. Ein wichtiger Grund liegt vor, wenn dem kündigenden Teil unter Berücksichtigung aller Umstände des Einzelfalls und unter Abwägung der beiderseitigen Interessen die Fortsetzung des Vertragsverhältnisses bis zur Fertigstellung des Werks nicht zugemutet werden kann", § 648a Abs. 1 BGB n. F.[1327]

α. Ausgestaltung der Kündigung aus wichtigem Grund

Die Ausgestaltung der Vorschrift wurde angelehnt an § 314 BGB, wobei allerdings nicht vollumfänglich der gleiche Wortlaut des § 314 BGB übernommen wurde.[1328] Im Unterschied zu § 314 Abs. 1 S. 1 BGB sowie der vorbenannten Rechtsprechung ist § 648a Abs. 1 BGB nicht auf Dauerschuldverhältnisse beschränkt.[1329] § 648a BGB n. F. gilt generell für Werkverträge ungeachtet ihres Umfanges.[1330]

Begründet wird die weitestgehende Angleichung des § 648a Abs. 1 BGB n. F. an § 314 BGB mit allgemeiner Wirkung auf alle Werkverträge einerseits damit, dass auch ein Werkvertrag vielfach eine „*längere vertrauensvolle Zusammenarbeit der Vertragsparteien*" erfordert.[1331] Andererseits soll hierdurch die

---

1325 Siehe bspw. BGH, Urt. v. 13.06.2006, Az. X ZR 167/04 = NJW-RR 2006, 1309; siehe zur Dogmatik dieses Kündigungsrechts aus wichtigem Grund auch *Hebel*, BauR 2011, 330 (331).
1326 Gesetzesentwurf der Bundesregierung, BT-Drucks. 18/8486, S. 50.
1327 Die Ausgestaltung der Vorschrift entspricht der ständigen Rechtsprechung, *Langen*, NZBau 2015, 658 (660).
1328 Gesetzesentwurf der Bundesregierung, BT-Drucks. 18/8486, S. 49 f.
1329 MüKoBGB, *Busche*, § 648a Rn. 1.
1330 Gesetzesentwurf der Bundesregierung, BT-Drucks. 18/8486, S. 49 ff.
1331 Gesetzesentwurf der Bundesregierung, BT-Drucks. 18/8486, S. 50.

vielzählige Rechtsprechung, die bislang zu § 314 BGB ergangen ist, als Orientierungshilfe für die künftige Rechtsprechung und Abwägung im Rahmen des § 648a BGB dienlich sein.[1332]

§ 648a Abs. 1 BGB wurde darüber hinaus bewusst nicht nach dem Vorbild des § 8 VOB/B ausgestaltet, da diese Vorschrift einzelne Kündigungstatbestände aufzählt, die eine Kündigung aus wichtigem Grund rechtfertigen.[1333] Ausweislich der Gesetzesbegründung wurde hiervon abgesehen, um auch „*besondere Einzelfälle*" durch diese allgemein werkvertragliche Norm erfassen zu können.[1334] Systematisch zu beachten bleibt darüber hinaus, dass § 648a BGB n. F. in Kapitel 1 des Untertitels 1 verortet ist und damit eine allgemein werkvertragliche Regelung darstellt, die sich nicht bloß an den baurechtlich geprägten Kündigungstatbeständen des § 8 VOB/B orientieren sollte.[1335] Auch außerhalb baubezogener Werkverträge ist § 648a BGB n. F. anwendbar.[1336]

Insbesondere relevant ist allerdings bei bauwerkvertraglichen Konstellationen die ständige Gefahr für den Besteller bzw. Bauherrn, dass sein Werkunternehmer insolvent wird. § 8 Abs. 2 Nr. 1 VOB/B gibt dem Auftraggeber für den Fall der Beantragung oder Eröffnung eines Insolvenzfahrens des Auftragnehmers oder bei dessen Ablehnung der Eröffnung mangels Masse ein außerordentliches Kündigungsrecht.[1337]

Die Gesetzesbegründung beinhaltet eine ausführliche Stellungnahme zur Nicht-Aufnahme eines insolvenzbedingten Kündigungstatbestandes in § 648a BGB n. F.[1338] Abgesehen wurde hiervon insbesondere, da eine solche Ausformung eines Kündigungstatbestandes nicht der „*Vielgestaltigkeit der Lebensverhältnisse*" gerecht werde.[1339] Die Insolvenz des Bauunternehmers wird in vielen Fällen – wenige hiervon sind auch in knapper Form in der Stellungnahme zum Gesetzesentwurf aufgelistet – für den Besteller unzumutbar sein, sodass sich ein Kündigungsrecht auch bereits aus dieser abstrakten Formulierung sowie einer daran anknüpfenden Abwägung der Interessen im Einzelfall ergeben wird.[1340]

1332 Gesetzesentwurf der Bundesregierung, BT-Drucks. 18/8486, S. 50.
1333 Gesetzesentwurf der Bundesregierung, BT-Drucks. 18/8486, S. 50.
1334 Gesetzesentwurf der Bundesregierung, BT-Drucks. 18/8486, S. 49.
1335 Gesetzesentwurf der Bundesregierung, BT-Drucks. 18/8486, S. 49 ff.
1336 Gesetzesentwurf der Bundesregierung, BT-Drucks. 18/8486, S. 50 f.
1337 Siehe ausführlich zu § 8 VOB/B bei Kapellmann/Messerschmidt, *Lederer*, § 8 VOB/B Rn. 1 ff.
1338 Gesetzesentwurf der Bundesregierung, BT-Drucks. 18/8486, S. 50.
1339 Gesetzesentwurf der Bundesregierung, BT-Drucks. 18/8486, S. 50.
1340 Gesetzesentwurf der Bundesregierung, BT-Drucks. 18/8486, S. 50.

β. Voraussetzungen des Kündigungsrechts aus wichtigem Grund

Eine Kündigung aus wichtigem Grund gemäß § 648a BGB n. F. setzt zunächst bereits begrifflich voraus, dass der kündigende Vertragspartner - zum Zeitpunkt der Kündigungserklärung[1341] - einen „*wichtigen Grund*" hat, das Vertragsverhältnis ohne Einhaltung einer Frist beenden zu können.[1342] Eine Definition dieses wichtigen Grundes ist weder im Gesetzeswortlaut noch in dessen Gesetzesbegründung vorgesehen.[1343] Vielmehr handelt es sich hierbei um einen auslegungsbedürftigen unbestimmten Rechtsbegriff.[1344]

Gemäß § 648a Abs. 1 S. 2 BGB ist zur Ermittlung des wichtigen Grundes eine Einzelfallbetrachtung mit umfassender Interessenabwägung vorzunehmen. Dem kündigenden Vertragspartner muss die Fortsetzung des Vertrages unzumutbar sein.[1345] Die Beeinträchtigung durch den Vertragspartner wird dabei in aller Regel schwerwiegend sein müssen, um eine außerordentliche Kündigung des Vertrages begründen zu können.[1346]

Weitere Voraussetzung ist die Kündigungserklärung gegenüber dem Vertragspartner, §§ 648a Abs. 3 n. F., 314 Abs. 3 BGB. Hiernach hat der Kündigende binnen angemessener Frist nach Kenntniserlangung vom Kündigungsgrund die Kündigung dem anderen Teil gegenüber auszusprechen.[1347] Im Hinblick auf die Angemessenheit der Kündigungserklärung wird sicherlich eine Orientierung an der Frist des § 626 Abs. 2 BGB geboten sein:[1348] hiernach ist die fristlose

---

1341 MüKoBGB, *Busche,* § 648a Rn. 6.
1342 Siehe zu den Voraussetzungen des § 648a BGB n. F. auch bei MüKoBGB, *Busche,* § 648a Rn. 2 ff.; hierzu auch *Schwenker/Wessel,* MDR 2017, 1093 (1095).
1343 Vgl. Gesetzesentwurf der Bundesregierung, BT-Drucks. 18/8486, S. 49 ff.; vgl. auch MüKoBGB, *Busche,* § 648a Rn. 2.
1344 Vgl. MüKoBGB, *Busche,* § 648a Rn. 2.
1345 Siehe hierzu schon BGH, Urt. v. 29.06.1989, Az. VII ZR 330/87 = NJW 1989, 1248 = BauR 1989, 626 = ZfBR 1989, 248 = JZ 1989, 808; BGH, Urt. v. 10.10.1996, Az. VII ZR 250/94 = NJW 1997, 259 = BauR 1997, 156 = ZfIR 1997, 26 = ZfBR 1997, 37 = MDR 1997, 139; BGH, Urt. v. 04.05.2000, Az. VII ZR 53/99 = NJW 2000, 2988 = NZBau 2000, 375 = BGHZ 144, 242 = BauR 2000, 1182 = MDR 2000, 966 = ZfBR 2000, 472; OLG Köln, Urt. v. 29.07.2003, Az. 24 U 129/02 = BeckRS 2010, 9453; siehe für Beispiele der unzumutbaren Vertragsfortsetzung MüKoBGB, *Busche,* § 648a Rn. 3 ff.
1346 MüKoBGB, *Busche,* § 648a Rn. 5; *Reiter,* JA 2018, 161 (164 f.).
1347 Gesetzesentwurf der Bundesregierung, BT-Drucks. 18/8486, S. 51; siehe hierzu auch weitergehend bei MüKoBGB, *Busche,* § 648a Rn. 7.
1348 MüKoBGB, *Busche,* § 648a Rn. 7; *Reiter,* JA 2018, 161 (164); für den VOB/B-Bauvertrag bereits anerkannt *Hebel,* BauR 2011, 330 (337).

Kündigung des Dienstvertrages aus wichtigem Grund binnen vierzehn Tagen nach Kenntniserlangung des wichtigen Grundes auszusprechen.[1349]

γ. *Notwendigkeit einer Abmahnung bei Vertragspflichtverletzungen*
Die Notwendigkeit einer vorherigen Abmahnung bei Verletzungen von Vertragspflichten vor Erklärung der Kündigung aus wichtigem Grund ergibt sich aus §§ 648a Abs. 3 n. F., 314 Abs. 2 BGB.[1350] Im Falle vertragspflichtbezogener Kündigungen ist somit vorher eine Abmahnung auszusprechen, um die Unzulässigkeit der Kündigung auszuschließen, vgl. § 314 Abs. 2 S. 1 BGB.

(2) Absatz 2
§ 648a Abs. 2 BGB n. F. bestimmt in Erweiterung des Absatzes 1, dass auch eine Teilkündigung möglich ist, wobei Halbsatz 2 vorschreibt, dass eine solche Teilkündigung nur möglich ist, wenn sie sich auf einen *„abgrenzbaren Teil des geschuldeten Werks"* bezieht.[1351]

Klärungsbedürftig könnte dabei sein, was unter einem *„abgrenzbaren Teil"* des Werkes zu verstehen ist.[1352] Einerseits könnte hierunter eine rechtliche Abgrenzbarkeit verstanden werden, sodass der zur Teilkündigung in Rede stehende Teil beispielsweise eigenständig abnahmefähig ist und auch eine isolierte rechtliche Betrachtung dieses Werk-Teils möglich ist. Andererseits könnte hierunter eine reale Abgrenzbarkeit verstanden werden, wonach der maßgebliche Teil des Werkes nach objektiven Maßstäben als eigenständiger Teil des Gesamtwerkes anzusehen ist.

Ausweislich der Gesetzesbegründung ist eine Abgrenzbarkeit dann gegeben, wenn es einem anderen Unternehmer möglich ist, die teilgekündigten Leistungen ohne besondere Beeinträchtigungen durchzuführen.[1353] Anders als in § 8 Abs. 3 Nr. 1 S. 2 VOB/B bedarf es daher keines *„in sich abgeschlossenen Teils der Leistung".*[1354] Der Bundesgerichtshof legt die Abgeschlossenheit von Teilen der Leistung unter Berücksichtigung der gleichlautenden Formulierung in § 12 Abs. 2 VOB/B sowie der hierzu ergangenen Rechtsprechung eng aus.[1355]

1349 Dazu auch MüKoBGB, *Busche*, § 648a Rn. 7.
1350 MüKoBGB, *Busche*, § 648a Rn. 8.
1351 Zur Teilkündigung außerhalb der VOB/B (vor der Reform) auch bereits Kniffka/Koeble, *Kniffka*, 7. Teil, A. Rn. 29.
1352 Siehe hierzu BeckOGK, *Reiter*, BGB § 648a Rn. 35 f.; MüKoBGB, *Busche*, § 648a Rn. 9.
1353 Gesetzesentwurf der Bundesregierung, BT-Drucks. 18/8486, S. 51.
1354 Gesetzesentwurf der Bundesregierung, BT-Drucks. 18/8486, S. 51.
1355 BGH, NJW 2009, 3717 (3718); siehe zur Teilkündigung gemäß § 8 Abs. 3 Nr. 1 S. 2 VOB/B auch Jansen/Kandel/Preussner, *Kleineke*, § 8 Rn. 9 ff.

Dieses Merkmal der Abgeschlossenheit bei der VOB/B-Teilkündigung ist nach Auffassung des Gesetzgebers nicht förderlich für die Praxistauglichkeit der Vorschrift.[1356] Aus diesem Grund wurde die Abgrenzbarkeit der Teilleistung zur Ermöglichung der Teilkündigung herangezogen.[1357]

(3) Absatz 3

Wie bereits angesprochen[1358] ordnet § 648a Abs. 3 BGB n. F. die entsprechende Anwendbarkeit des § 314 Abs. 2 und 3 BGB an. Durch diese Verweisung wird auch in der Vorschrift selbst nochmals die Anlehnung der Vorschrift an § 314 BGB verdeutlicht. Der Gesetzgeber hat sich gegen eine Wiederholung der dort in Absatz 2 und 3 genannten Regelungen entschieden und stattdessen die Möglichkeit der Verweisung auf diese Absätze des § 314 BGB gewählt.

(4) Absatz 4

§ 648a Abs. 4 S. 1 BGB n. F. ordnet an, dass jede Vertragspartei nach der Kündigung von der anderen verlangen kann, dass sie an einer gemeinsamen Feststellung des Leistungsstandes mitwirkt.[1359]

Die Vorschrift ist in Zusammenhang mit § 648a Abs. 5 BGB n. F. zu lesen, wonach *„der Unternehmer nur berechtigt (ist), die Vergütung zu verlangen, die auf den bis zur Kündigung erbrachten Teil des Werks entfällt."* Zur Ermittlung dieser Vergütungshöhe ist jedoch notwendige Voraussetzung, dass eine Ermittlung der bisherigen Werkleistung möglich ist. Dies soll durch eine gemeinsame Leistungsstandfeststellung ermöglicht werden. § 648a Abs. 4 S. 1 BGB n. F. ist somit als Anspruchsgrundlage für beide Vertragsparteien ausgestaltet.[1360] Ähnlich wie § 650g Abs. 1 BGB ist auch § 648a Abs. 4 BGB ohne abnahmeähnliche Wirkungen ausgestaltet und lediglich auf Dokumentation des Leistungsstandes zur Streitprävention ausgelegt.[1361]

Für den Fall, dass eine Vertragspartei ihre Mitwirkung verweigert oder einer vereinbarten oder einem von der anderen Vertragspartei innerhalb einer angemessenen Frist bestimmten Termin zur Leistungsstandfeststellung fernbleibt, trifft sie die Beweislast für den Leistungszustand zum Zeitpunkt der

---

1356 Vgl. Gesetzesentwurf der Bundesregierung, BT-Drucks. 18/8486, S. 51.
1357 Gesetzesentwurf der Bundesregierung, BT-Drucks. 18/8486, S. 51.
1358 Siehe oben unter **D.IV.2.c.bb.(1).β.** sowie **D.IV.2.c.bb.(1).γ.**
1359 Gesetzesentwurf der Bundesregierung, BT-Drucks. 18/8486, S. 51.
1360 Gesetzesentwurf der Bundesregierung, BT-Drucks. 18/8486, S. 51.
1361 Gesetzesentwurf der Bundesregierung, BT-Drucks. 18/8486, S. 51.

Kündigung.[1362] § 648a Abs. 4 S. 2 BGB n. F. bewirkt somit eine Beweislastumkehr für den Fall, dass eine Leistungsstandfeststellung aufgrund einer Partei nicht vorgenommen werden kann.[1363] Rechtsfolge einer solchen Verweigerung oder eines Fernbleibens vom Leistungsstandfeststellungstermin ist folglich eine Zuweisung der Beweislast zu Lasten der säumigen Partei.[1364]

Hierbei ist jedoch zu berücksichtigen, dass Satz 3 einen Ausschluss dieser Beweislastverteilung beinhaltet.[1365] Gemäß § 648a Abs. 4 S. 3 BGB n. F. gilt diese Beweislastumkehr nicht, wenn die Vertragspartei der Leistungsstandfeststellung infolge eines Umstands fernbleibt, den sie nicht zu vertreten hat und den sie der anderen Vertragspartei unverzüglich mitgeteilt hat.[1366] Ein unverschuldetes Fernbleiben sowie dessen unverzügliche Mitteilung an den Vertragspartner führt somit nicht zu einer Umkehr der Beweislast, wie es § 648a Abs. 4 S. 2 BGB n. F. anordnet.[1367]

Sinn der Vorschrift ist nach gesetzgeberischer Vorstellung, dass die Vertragsparteien auch über den Zeitpunkt der Kündigung hinaus zur gemeinsamen Leistungsstandsfeststellung verpflichtet sind und durch die Rechtsfolge der Beweislastzuweisung ein *„angemessener Anreiz geschaffen"* wird den Leistungsstand zu dokumentieren.[1368]

(5) Absatz 5

In Absatz 5 wird lediglich die Vergütung des Unternehmers infolge einer Kündigung aus wichtigem Grund (gleich welche Partei sie erklärt) festgelegt.[1369] Bei Kündigung einer Vertragspartei *„ist der Unternehmer nur berechtigt, die Vergütung zu verlangen, die auf den bis zur Kündigung erbrachten Teil des Werks entfällt."*

Durch die Vorschrift wird dem Begehren des Unternehmers vorgebeugt, nach einer außerordentlichen Kündigung des Vertragsverhältnisses die volle Vergütung zu beanspruchen (vgl. § 648 BGB),[1370] allen voran, wenn dieser selbst die außerordentliche Kündigung erklärt haben sollte. Eine solche Vergütungsfolge

---

1362 Gesetzesentwurf der Bundesregierung, BT-Drucks. 18/8486, S. 51.
1363 Gesetzesentwurf der Bundesregierung, BT-Drucks. 18/8486, S. 51.
1364 Gesetzesentwurf der Bundesregierung, BT-Drucks. 18/8486, S. 51.
1365 Gesetzesentwurf der Bundesregierung, BT-Drucks. 18/8486, S. 51.
1366 Gesetzesentwurf der Bundesregierung, BT-Drucks. 18/8486, S. 51.
1367 MüKoBGB, *Busche*, § 648a Rn. 13.
1368 Gesetzesentwurf der Bundesregierung, BT-Drucks. 18/8486, S. 51.
1369 Gesetzesentwurf der Bundesregierung, BT-Drucks. 18/8486, S. 52.
1370 Gesetzesentwurf der Bundesregierung, BT-Drucks. 18/8486, S. 52.

erscheint dem Gesetzgeber als nicht sachgerecht.[1371] Aufgrund dessen ist der Unternehmer nur berechtigt die bislang erbrachte Leistung abzurechnen.[1372]

(6) Absatz 6
Absatz 6 beinhaltet lediglich die Anmerkung, dass die Geltendmachung eines Schadensersatzes nicht durch die Kündigung aus wichtigem Grund ausgeschlossen wird. Ein solcher Schadensersatzanspruch ist insbesondere dann denkbar, wenn der zur Kündigung führende wichtige Grund durch die verantwortliche Vertragspartei schuldhaft herbeigeführt worden ist.[1373]

b) Problemstellung

Insbesondere bei einem *komplexen Langzeitvertrag*, der seinem Wesen nach auf Vertrauen und Kooperation der Vertragsparteien ausgelegt ist,[1374] muss es für die Parteien die Möglichkeit geben, sich auch ohne Einhaltung einer Kündigungsfrist vom Vertrag lösen zu können. Die Kündigung aus wichtigem Grund gemäß § 648a BGB n. F. wird sich daher auch auf IT-Projekte auswirken.

aa) Absatz 1

Die Einführung einer Vorschrift zur Kündigung aus wichtigem Grund in § 648a Abs. 1 BGB n. F. wird künftig keine neuen Probleme aufwerfen und keine bestehenden Probleme lösen.[1375] Durch die Einführung der Kündigung aus wichtigem Grund ergehen keine rechtlichen Neuerungen, es wurde lediglich bisher ständige Rechtsprechung in eine gesetzliche Vorschrift gefasst.[1376]

bb) Absatz 2

Die Möglichkeit der Teilkündigung hingegen wird das IT-Recht positiv beeinflussen: nach der neuen Ausgestaltung wird es eine rechtssicherere Möglichkeit

---

1371 Gesetzesentwurf der Bundesregierung, BT-Drucks. 18/8486, S. 52.
1372 Gesetzesentwurf der Bundesregierung, BT-Drucks. 18/8486, S. 52.
1373 Gesetzesentwurf der Bundesregierung, BT-Drucks. 18/8486, S. 52; mit weitergehenden Ausführungen zu denkbaren Schadensersatzansprüchen BeckOGK, *Reiter*, BGB § 648a Rn. 58 ff.S.
1374 *Nicklisch*, in: Nicklisch, Der Komplexe Langzeitvertrag (1987), S. 20 f.
1375 Vgl. *Roth-Neuschild*, ITRB 2017, 261 (263); vgl. *Langen*, NZBau 2015, 658 (660); *Leinemann*, NJW 2017, 3113 (3114).
1376 *Langen*, NZBau 2015, 658 (660); vgl. *Roth-Neuschild*, ITRB 2017, 261 (263); siehe hierzu unter **D.III.6.a)aa)** & **D.III.6.a)bb)**.

geben, das Vertragsverhältnis im Hinblick auf einen abgrenzbaren Teil außerordentlich zu kündigen.[1377] Gerade durch diese Möglichkeit der Teilkündigung wird es für die Vertragsparteien notwendig sein, Projekte in klar abgrenzbare Abschnitte zu teilen, bei denen jeweils die Möglichkeit besteht die Kündigung lediglich für einen dieser Abschnitte auszusprechen.[1378] Besonders reizvoll ist hierbei, dass dieses Recht zur Teilkündigung beiden Vertragsparteien zusteht.[1379] In der Literatur wird allerdings zu recht angemerkt, dass es für den Besteller mit Schwierigkeiten verbunden sein könnte einen anderen Unternehmer ausfindig zu machen, der genau einen solchen gekündigten Teil der Werkleistung erbringen wird.[1380]

cc) Absatz 4

Die Leistungsstandsfeststellung gemäß § 648a Abs. 4 BGB n. F. orientiert sich an Regelungen der VOB/B (§ 4 Abs. 10, § 8 Abs. 7 VOB/B), ist aber hierbei weiter gefasst.[1381] Darüber hinaus weicht sie von vereinzelter Rechtsprechung des Bundesgerichtshofes ab, die zu den entsprechenden Vorschriften der VOB/B ergangen ist.[1382]

Die Teilnahme an einer gemeinsamen Leistungsstandsfeststellung ist eine *„Mitwirkungspflicht im Rahmen der Nebenpflichten"*[1383]. Rechtsfolge bei Verweigerung der Mitwirkung ist gemäß § 648a Abs. 4 S. 2 BGB n. F. letztlich eine Beweislastumkehr *„für den Leistungsstand zum Zeitpunkt der Kündigung"*[1384]. Die säumige Partei trifft künftig die Beweislast für den Zustand des Werks.

Trotz dessen, dass die Vorschrift vereinzelt als *„bedeutende Neuerung"*[1385] eingestuft wird, bleibt dabei offen, wie die Pflichten des § 648a Abs. 4 BGB n. F.

1377 *Hoeren/Pinelli*, MMR 2018, 199 (203); dazu auch *Roth-Neuschild*, ITRB 2017, 261 (264).
1378 BeckOGK, *Lutzenberger*, § 631 Rn. 1817; *Hoeren/Pinelli*, MMR 2018, 199 (203); *Hoeren*, CR 2017, 281 (284); auch thematisiert bei *Roth-Neuschild*, ITRB 2017, 261 (264).
1379 *Roth-Neuschild*, ITRB 2017, 261 (264); mit einem vertraglichen Lösungsvorschlag hierzu *Lapp*, ITRB 2018, 263(266).
1380 *Roth-Neuschild*, ITRB 2017, 261 (264).
1381 *Hoeren/Pinelli*, MMR 2018, 199 (204); *Hoeren*, CR 2017, 281 (284); *Roth-Neuschild*, ITRB 2017, 261 (264).
1382 Hierzu ausführlicher *Roth-Neuschild*, ITRB 2017, 261 (264).
1383 *Hoeren*, CR 2017, 281 (284); siehe dazu auch oben unter **D.III.1.**
1384 *Roth-Neuschild*, ITRB 2017, 261 (264).
1385 *Hoeren*, CR 2017, 281 (284).

"*jemals durchgesetzt werden können*"[1386]. Die Regelung erweckt den Eindruck der Unpraktikabilität.[1387] Es wird ferner bezweifelt, dass eine Feststellung des Leistungsstandes ohne IT-Sachverständigen überhaupt umsetzbar sein wird – vorausgesetzt die Parteien haben einen solchen Sachverständigen vorher überhaupt erst gemeinsam festlegen können.[1388] Der Grundgedanke einer präventiven Konfliktvermeidung nach einer außerordentlichen Kündigung widerspricht vielmehr der üblichen Realität, die mit einer außerordentlichen Kündigung einhergeht.[1389]

c) Weitere Lösungsansätze des Baurechts

Wie bereits benannt, beinhaltet der VOB/B-Bauvertrag in §§ 8, 9 VOB/B eigenständige Kündigungstatbestände.[1390] § 8 VOB/B enthält Kündigungstatbestände für eine Kündigung durch den Auftraggeber, § 9 VOB/B enthält solche für eine Kündigung durch den Auftragnehmer.

Losgelöst von eigenständigen Kündigungstatbeständen bestand vor Einführung des § 648a BGB n. F. allerdings auch im Bauvertragsrecht die Notwendigkeit einer Kündigung aus wichtigem Grund. Zum einen ist nicht jeder Bauvertrag ein VOB/B-Bauvertrag. Dies hat zur Folge, dass die §§ 8, 9 VOB/B nicht für alle Bauverträge herangezogen werden können. Zum anderen ist auch der Bauvertrag komplex und langfristig,[1391] sodass jede Vertragspartei sich auch außerordentlich vom Vertragspartner lösen können muss. Daher wurde auch in baurechtlichen Streitigkeiten die Kündigung aus wichtigem Grund durch die Rechtsprechung anerkannt.[1392] Der Umfang der zu erbringenden Werkleistung

---

1386 *Hoeren*, CR 2017, 281 (284).
1387 Vgl. *Roth-Neuschild*, ITRB 2017, 261 (264).
1388 *Roth-Neuschild*, ITRB 2017, 261 (264).
1389 Vgl. *Roth-Neuschild*, ITRB 2017, 261 (264).
1390 Siehe zu § 8 VOB/B bei Kapellmann/Messerschmidt, *Lederer*, § 8 VOB/B Rn. 1 ff.; siehe zu § 9 VOB/B bei VOB/B bei Kapellmann/Messerschmidt, *von Rintelen*, § 9 VOB/B Rn. 1 ff.
1391 *Nicklisch*, in: Nicklisch, Der Komplexe Langzeitvertrag (1987), S. 18 f.; vgl. dazu auch die entsprechende Auffassung von *Kniffka*, wonach auch ein Bauvertrag als „Langzeit-Systemvertrag" zu verstehen ist, ibr-online-Kommentar Bauvertragsrecht, *Kniffka*, Einf. vor § 631 Rn. 36; *Hoeren*, NJW 2017, 1587 (1589).
1392 Siehe hierzu schon BGH, Urt. v. 29.06.1989, Az. VII ZR 330/87 = NJW 1989, 1248 = BauR 1989, 626 = ZfBR 1989, 248 = JZ 1989, 808; BGH, Urt. v. 10.10.1996, Az. VII ZR 250/94 = NJW 1997, 259 = BauR 1997, 156 = ZfIR 1997, 26 = ZfBR 1997, 37 = MDR 1997, 139; BGH, Urt. v. 04.05.2000, Az. VII ZR 53/99 = NJW 2000, 2988 = NZBau 2000, 375 = BGHZ 144, 242 = BauR 2000, 1182 = MDR 2000, 966 = ZfBR 2000, 472;

ist dabei nicht von Relevanz für das Bestehen oder Nichtbestehen eines außerordentlichen Kündigungsrechts.[1393]

Auch im Bauvertragsrecht war Grundvoraussetzung einer außerordentlichen Kündigung allerdings der wichtige Grund, den nunmehr auch § 648a BGB n. F. fordert.[1394] Eine Legaldefinition des wichtigen Grundes gibt es in der nun gesetzlichen Ausformung des Kündigungsrechts nicht.[1395]

Auch in der Rechtsprechung war der wichtige Grund im Einzelfall zu ermitteln: Ein wichtiger Grund wurde für den Fall angenommen, dass dem Auftraggeber bewusst war, *„dass der Auftragnehmer eine Vertragsfrist aus von ihm zu vertretenden Gründen nicht einhalten wird".*[1396] Darüber hinaus musste diese Pflichtverletzung allerdings so schwerwiegend sein, dass die weitere Vertragsdurchführung dem Auftraggeber nicht zuzumuten ist.[1397] Die Unzumutbarkeit der Vertragsfortsetzung muss der Vertragspartei zuzurechnen sein, die den wichtigen Grund für die außerordentliche Kündigung liefert.[1398]

Ist die Pflichtverletzung nicht von solcher Intensität, dass sie eine Unzumutbarkeit begründet, steht dem anderen Vertragsteil kein außerordentliches Kündigungsrecht zu.[1399] Nach Auffassung des *Landgerichts Bremen* ist es sogar ein *„negatives Tatbestandsmerkmal"* der Kündigung aus wichtigem Grund, dass sie nicht bloß rechtsmissbräuchlich erklärt wird, *„etwa bei Geringfügigkeit des Mangels oder des Mangelbeseitigungsaufwands".*[1400]

OLG Köln, Urt. v. 29.07.2003, Az. 24 U 129/02 = BeckRS 2010, 9453; zur Kündigung aus wichtigem Grund beim Ingenieurvertrag OLG Koblenz, Urt. v. 08.03.2006, Az. 5 U 877/06 = VersR 2007, 845 = OLGR Koblenz 2007, 392; dazu auch OLG Celle, Urt. v. 22.04.2015, Az. 14 U 172/13 = BauR 2016, 699 = BeckRS 2016, 7532.
1393 OLG Bremen, Urt. v. 24.02.2000, Az. 2 U 90/95 = NZBau 2000, 379 = OLG-Report 2000, 153.
1394 Siehe dazu unter **D.III.6.a)bb)(1)β**.
1395 Siehe dazu unter **D.III.6.a)bb)(1)β**.
1396 BGH, Urt. v. 04.05.2000, Az. VII ZR 53/99 = NJW 2000, 2988 = NZBau 2000, 375 = BGHZ 144, 242 = BauR 2000, 1182 = MDR 2000, 966 = ZfBR 2000, 472.
1397 BGH, Urt. v. 04.05.2000, Az. VII ZR 53/99 = NJW 2000, 2988 = NZBau 2000, 375 = BGHZ 144, 242 = BauR 2000, 1182 = MDR 2000, 966 = ZfBR 2000, 472.
1398 BGH, Urt. v. 13.06.2006, Az. X ZR 167/04 = NJW-RR 2006, 1309 = BauR 2006, 1488 = MDR 2006, 20 = ZfBR 2007, 33 = NZBau 2006, 638.
1399 BGH, Urt. v. 13.06.2006, Az. X ZR 167/04 = NJW-RR 2006, 1309 = BauR 2006, 1488 = MDR 2006, 20 = ZfBR 2007, 33 = NZBau 2006, 638.
1400 LG Bremen, Urt. v. 20.06.2019, Az. 2 O 2021/10 = BauR 2019, 1782 = BeckRS 2019, 12000.

Begründet wird diese Auffassung mit der Kooperationspflicht gemäß § 242 BGB des Bauvertrages.[1401]

Nach einer Entscheidung des *Oberlandesgerichts Düsseldorf* stellt es beispielsweise keinen wichtigen Grund zur Kündigung dar, wenn ein Architekt jahrelang an den Vorstellungen der Vertragspartner vorbei plant.[1402] Ist hingegen das Vertrauensverhältnis zwischen den Parteien zerrüttet, liegt ein wichtiger Grund zur Kündigung vor.[1403] Fehlendes Vertrauen zwischen den Vertragsparteien steht im Widerspruch zum Kooperationsgedanken des *komplexen Langzeitvertrages*.[1404] Ein Vertrauensbruch zwischen den Parteien wurde vom *Oberlandesgericht Koblenz* darin gesehen, dass ein Architekt nicht die finanziellen und zeitlichen Vorgaben des Auftraggebers eingehalten hat, keinen Kooperationswillen gezeigt hat und durch verbale Entgleisungen persönlich geworden ist.[1405] Des Weiteren ist der Auftraggeber berechtigt den Vertrag zu kündigen, wenn der Auftragnehmer baugenehmigungsrelevante Eintragungen in der Ausführungsplanung unterlässt, seinen Aufsichtspflichten nur unzureichend nachkommt oder eigene Fehler nicht eingesteht und stattdessen andere Baubeteiligte in die Verantwortung zieht.[1406] Kündigt ein Vertragsteil unberechtigt den Vertrag, ergibt sich hieraus für den anderen Vertragsteil ein wichtiger Grund zur außerordentlichen Kündigung.[1407] Das gleiche gilt, wenn ein Vertragsteil unberechtigt nur einen Teil der Werkleistung (hier: einzelne Bauabschnitte) kündigt.[1408] In Ausnahmefällen

---

1401 LG Bremen, Urt. v. 20.06.2019, Az. 2 O 2021/10 = BauR 2019, 1782 = BeckRS 2019, 12000.
1402 OLG Düsseldorf, Urt. v. 06.07.2007, Au. I-22 U 44/05 = BeckRS 2007, 14897 = NJOZ 2007, 5274.
1403 Siehe zur Verletzung von Kooperationspflichten durch den Auftragnehmer auch OLG Brandenburg, Urt. v. 07.05.2003, Az. 11 U 77/01 = ZfBR 2003, 770; zur Zerrüttung des Vertrauensverhältnisses OLG Koblenz, Urt. v. 08.03.2007, Az. 5 U 877/06 = NJOZ 2007, 1416 = BeckRS 2007, 4316 = VersR 2007, 845.
1404 Vgl. *Nicklisch*, in: Nicklisch, Der Komplexe Langzeitvertrag (1987), S. 20 f.
1405 OLG Koblenz, Urt. v. 08.03.2007, Az. 5 U 877/06 = NJOZ 2007, 1416 = BeckRS 2007, 4316 = VersR 2007, 845.
1406 OLG Düsseldorf, Urt. v. 26.03.2013, Az. I-23 U 102/12 = NJOZ 2014, 135 = BauR 2013, 1698 = BeckRS 2013, 13867.
1407 BGH, Urt. v. 20.08.2009, Az. VII ZR 212/07 = NJW 2009, 3717 = NZBau 2010, 47 = ZfBR 2010, 48 = IBRRS 2009, 3002 = BeckRS 2009, 25199; OLG Frankfurt/M., Urt. v. 28.04.2017, Az. 29 U 166/16 = NJW 2018, 79 = NZBau 2017, 543 = BauR 2017, 2012.
1408 OLG München, Urt. v. 13.11.2007, Az. 9 U 2947/07 = NZBau 2009, 122 = BauR 2008, 1474 = BeckRS 2008, 21341 = IBRRS 2008, 2727 = LRGReport München 2008, 513.

können selbst Pflichtverletzungen des Auftragnehmers vor Vertragsschluss (in der sog. Akquisitionsphase) herangezogen werden, um einen wichtigen Grund zur Kündigung des Vertrages darzustellen.[1409] Vorzuwerfen ist dem Auftragnehmer dabei, dass er durch die Pflichtverletzung bereits die Grundlage des späteren Rechtsgeschäfts erschüttert hat und die vorvertragliche Pflichtverletzung sich nach Vertragsschluss realisiert hat.[1410]

Hat der Auftraggeber den Verdacht, dass der Auftragnehmer Schwarzarbeit betreibt, kann er nach erfolgloser Abmahnung und Fristsetzung zur Einsichtnahme in die erforderlichen Unterlagen den Vertrag außerordentlich kündigen.[1411] Ist ein Werkvertrag aufgrund einer *„Ohne-Rechnung-Abrede"* nichtig gemäß § 134 BGB, § 1 Abs. 2 Nr. 2 SchwarzArbG, kann der Auftraggeber keine Mängelansprüche geltend machen.[1412]

Ein Kündigungsrecht kann durch Verwirkung entfallen, wenn im Anschluss an eine Kündigungsandrohung unter Fristsetzung ernsthafte Verhandlungen zwischen den Parteien stattfinden und der Kündigende hierdurch erkennen lässt, dass er wohl an der Kündigung nicht mehr festhalten will.[1413]

Nach Auffassung des *Oberlandesgerichts Koblenz* bedarf es weder einer Abmahnung noch einer Fristsetzung vor der außerordentlichen Kündigung.[1414] Das *Oberlandesgericht Zweibrücken* sieht die Kündigungsandrohung unter Fristsetzung hingegen als notwendig an, sofern der vorgeworfene Verstoß nicht ausnahmsweise derart gewichtig ist, dass ein Festhalten am Vertrag dem kündigenden Vertragsteil unzumutbar ist.[1415]

Kündigen beide Vertragsparteien den Vertrag außerordentlich, können nicht beide außerordentlichen Kündigungen wirksam sein.[1416] Wirksam ist ausschließlich diejenige der beiden Kündigungen, die *„bei einer materiellen*

1409 LG Bamberg, Endurteil v. 19.02.2016, Az. 3 S 108/15 = BeckRS 2016, 18421 m. w. N.
1410 LG Bamberg, Endurteil v. 19.02.2016, Az. 3 S 108/15 = BeckRS 2016, 18421 m. w. N.
1411 LG Potsdam, Urt. v. 15.02.2019, Az. 6 O 352/13 = NJW-RR 2019, 850 = NZBau 2019, 510 = IBRRS 2019, 1295 = BeckRS 2019, 4160.
1412 OLG Hamm, Urt. v. 18.10.2017, Az. I-12 U 115/16 = NJW-RR 2018, 273 = NZBau 2018, 160 = IBRRS 2017, 3760 = BeckRS 2017, 131242.
1413 OLG Zweibrücken, Urt. v. 29.09.2016, Az. 6 U 6/15 = NJW-RR 2017, 338 = NZBau 2017, 149 = BauR 2017, 735 = IBRRS 2017, 0062.
1414 OLG Koblenz, Urt. v. 08.03.2007, Az. 5 U 877/06 = NJOZ 2007, 1416 = BeckRS 2007, 4316 = VersR 2007, 845.
1415 OLG Zweibrücken, Urt. v. 29.09.2016, Az. 6 U 6/15 = NJW-RR 2017, 338 = NZBau 2017, 149 = BauR 2017, 735 = IBRRS 2017, 0062 = BeckRS 2016, 20574.
1416 KG, Teil- und Vorbehaltsurteil v. 16.02.2018, Az. 21 U 66/16 = NJW 2018, 3721 = MDR 2018, 521 = NZBau 2018, 533.

Gesamtbetrachtung als vorrangig anzusehen ist."[1417] Eine außerordentliche Kündigung ist dabei so auszulegen, dass „*sämtliche Erfüllungs- und Nacherfüllungspflichten aus dem Vertrag*" beendet werden sollen.[1418]

Einigen sich die Vertragsparteien auf die Beendigung des Werkvertrages durch Abschluss eines Aufhebungsvertrages,[1419] steht dem Auftragnehmer kein „*großer Vergütungsanspruch*" (vgl. § 648 BGB n. F.; § 649 BGB a. F.) zu, wenn „*im Zeitpunkt der Vertragsaufhebung zugunsten des Bestellers ein wichtiger Kündigungsgrund verwirklicht war*".[1420] Kündigungsgründe, die im Zeitpunkt der Kündigung vorgelegen haben, können nach Auffassung des *Bundesgerichtshofs* der Kündigung „*jederzeit nachgeschoben werden*".[1421]

Kündigt der Auftraggeber den Werkvertrag berechtigterweise außerordentlich, hat der Auftragnehmer nur einen Anspruch auf Vergütung der mangelfrei erbrachten Werkleistungen.[1422] Behauptet der Auftragnehmer einen Anspruch auf Vergütung, hat er die Mangelfreiheit seiner bis zur Kündigung erbrachten Leistungen darzulegen und zu beweisen.[1423] Ein Anspruch des Auftragnehmers entfällt jedoch, wenn der Auftraggeber darlegen und beweisen kann, dass er die erbrachten Leistungen nicht verwerten kann oder ihm diese Verwertung nicht zuzumuten ist.[1424]

1417 KG, Teil- und Vorbehaltsurteil v. 16.02.2018, Az. 21 U 66/16 = NJW 2018, 3721 = MDR 2018, 521 = NZBau 2018, 533.
1418 KG, Teil- und Vorbehaltsurteil v. 16.02.2018, Az. 21 U 66/16 = NJW 2018, 3721 = MDR 2018, 521 = NZBau 2018, 533.
1419 Siehe zur Vergütung bei einvernehmlicher Beendigung des Vertrages auch BGH, Urt. v. 26.04.2018, Az. VII ZR 82/17 = NJW 2018, 2564 = BauR 2018, 1267 = MDR 2018, 734.
1420 KG, Urt. v. 11.06.2019, Az. 21 U 142/18 = BeckRS 2019, 11996.
1421 BGH, Beschluss v. 11.10.2017, Az. VII ZR 46/15 = NJW 2018, 50 = NZBau 2018, 32 = ZfBR 2018, 51 = BauR 2018, 255 = MDR 2017, 1419 = ZinsO 2017, 2574; dazu auch OLG Stuttgart, Teilurteil v. 14.07.2011, Az. 10 O 59/10 = BeckRS 2011, 19693.
1422 OLG Düsseldorf, Urt. v. 26.03.2013, Az. I-23 U 102/12 = NJOZ 2014, 135 = BauR 2013, 1698 = BeckRS 2013, 13867; OLG Stuttgart, Urt. v. 28.11.2017, Az. 10 U 68/17 = NZBau 2018, 360 = IBRRS 2018, 0240 = BauR 2018, 1304.
1423 OLG Düsseldorf, Urt. v. 26.03.2013, Az. I-23 U 102/12 = NJOZ 2014, 135 = BauR 2013, 1698 = BeckRS 2013, 13867; dazu auch OLG Brandenburg, Urt. v. 05.04.2017, Az. 4 U 112/14 = NZBau 2017, 425 = BauR 2018, 696 = NJW-RR 2017, 850; OLG Stuttgart, Urt. v. 28.11.2017, Az. 10 U 68/17 = NZBau 2018, 360 = IBRRS 2018, 0240 = BauR 2018, 1304.
1424 OLG Düsseldorf, Urt. v. 26.03.2013, Az. I-23 U 102/12 = NJOZ 2014, 135 = BauR 2013, 1698 = BeckRS 2013, 13867; OLG Stuttgart, Urt. v. 28.11.2017, Az. 10 U 68/17 = NZBau 2018, 360 = IBRRS 2018, 0240 = BauR 2018, 1304.

Ein Anspruch auf Vergütung gemäß § 648a Abs. 5 S. 2 BGB n. F. ist nach Auffassung des *Kammergerichts* jedoch auch ohne Abnahme fällig, da durch eine außerordentliche Kündigung ein Abrechnungsverhältnis entsteht.[1425] Kündigt der Auftraggeber berechtigterweise außerordentlich, hat er einen Anspruch auf Vorschuss der kündigungsbedingten Fertigstellungsmehrkosten gegen den Auftragnehmer.[1426] Der Auftraggeber hat jedoch die Schadenminderungspflicht gemäß § 254 BGB bei der Auswahl eines „neuen" Auftragnehmers zu berücksichtigen.[1427] Den Auftraggeber trifft hierdurch keine Pflicht zur Durchführung einer neuen Ausschreibung, vielmehr darf er auch einen geeigneten Bewerber der ursprünglichen Ausschreibung heranziehen und diesen mit der Fortsetzung der Werkleistung beauftragen.[1428]

Vor Inkrafttreten des § 648a Abs. 2 BGB n. F. war die Möglichkeit der Teilkündigung des BGB-Bauvertrages umstritten.[1429] Wie auch die außerordentliche Kündigung wurde ein Teilkündigungsrecht jedoch auch für den BGB-Vertrag überwiegend angenommen.[1430] Während die Teilkündigung beim VOB/B-Bauvertrag gemäß § 8 Abs. 3 VOB/B für einen *„in sich abgeschlossenen Teil der Leistung"* ermöglicht wird,[1431] wurde dieses Merkmal für den BGB-Bauvertrag in der Rechtsprechung relativiert und es reichte aus, dass die Leistung von den übrigen klar abgrenzbar ist.[1432] Durch den nun eingefügten § 648a Abs. 2 BGB n. F. hat sich dieser Streit relativiert. Die Teilkündigung ist bei Vorliegen der Voraussetzungen nun für alle Werkverträge möglich.

d) Übertragbarkeit

Die vorgenannten Beispiele aus der baurechtlichen Rechtsprechung verdeutlichen besonders, wieso die Klärung des wichtigen Grundes auch mit Einführung

---

1425 KG, Teil- und Vorbehaltsurteil v. 16.02.2018, Az. 21 U 66/16 = NJW 2018, 3721 = MDR 2018, 521 = NZBau 2018, 533.
1426 OLG Frankfurt/M., Urt. v. 28.04.2017, Az. 29 U 166/16 = NJW 2018, 79 = NZBau 2017, 543 = BauR 2017, 2012.
1427 OLG Frankfurt/M., Urt. v. 28.04.2017, Az. 29 U 166/16 = NJW 2018, 79 = NZBau 2017, 543 = BauR 2017, 2012.
1428 OLG Frankfurt/M., Urt. v. 28.04.2017, Az. 29 U 166/16 = NJW 2018, 79 = NZBau 2017, 543 = BauR 2017, 2012.
1429 Kniffka/Koeble, *Kniffka*, 7. Teil, A. Rn. 29; dazu ausführlich *Kirberger*, BauR 2011, 343.
1430 Kniffka/Koeble, *Kniffka*, 7. Teil, A. Rn. 29; dazu ausführlich *Kirberger*, BauR 2011, 343.
1431 Siehe dazu bei Kapellmann/Messerschmidt, *Lederer*, § 8 VOB/B Rn. 99 f.
1432 Kniffka/Koeble, *Kniffka*, 7. Teil, A. Rn. 29; siehe hierzu auch Kuffer/Wirth, *Oberhauser/Kins*, 3. Kapitel, A. Rn. 59 ff.

des § 648a BGB n. F. dem Einzelfall vorbehalten bleibt und nicht konkret auf Regelbeispiele reduziert wurde. Insbesondere das Merkmal der Unzumutbarkeit einer Vertragsfortführung macht eine abstrakte Ausgestaltung mit der Abwägung im Einzelfall notwendig.

Die außerordentliche Kündigung soll für die Fälle herangezogen werden, bei denen die sofortige Beendigung der Vertragsbeziehungen geboten ist. Sie soll jedoch *ultima ratio* der Vertragsbeendigung sein. Die baurechtliche Rechtsprechung hat hierbei deutlich gemacht, dass insbesondere ein Vertrauensbruch zwischen den Parteien zur außerordentlichen Kündigung berechtigen soll. Eine vertrauensvolle Kooperation beider Vertragsparteien ist für einen *„komplexen Langzeitvertrag"* zwingend. Fehlt es hieran kann der Vertrag nicht fortgeführt werden. Für solche Fälle dient die außerordentliche Kündigung als Beendigungsmöglichkeit.

Eine Übertragbarkeit baurechtlicher Wertungen auf Softwareentwicklungsverträge ist hinsichtlich der Kündigung aus wichtigem Grund aufgrund der Einzelfallabhängigkeit nur begrenzt möglich. Auch im IT-Vertrag sind die Gesamtumstände zu berücksichtigen.[1433] Trotz dessen sind die baurechtlichen Konstellationen geeignet, um als Lösungsansatz für Problemstellungen im IT-Vertragsrecht herangezogen zu werden. Sofern bei einem Softwareentwicklungsvertrag daher die Kündigung aus wichtigem Grund problematisch ist, kann ein Blick ins private Baurecht ratsam sein. Das gilt allen voran vor dem Hintergrund der künftig auf § 648a BGB n. F. gestützten Rechtsprechung. Da es sich um eine allgemein werkvertragliche Vorschrift handelt, sind die Entscheidungen, die in bauvertraglichen Rechtsstreiten ergehen, auch für IT-rechtliche gelagerte Sachverhalte von hoher Relevanz.

e) Fazit

Wie bereits benannt,[1434] wird die Einarbeitung der Kündigung aus wichtigem Grund (§ 648a Abs. 1 BGB n. F.) in das Bürgerliche Gesetzbuch keine Neuerungen bringen, da die Vorschrift lediglich die vormals ständige Rechtsprechung wiedergibt.[1435]

Für agile Programmierung dürfte die Teilkündigung gemäß § 648a Abs. 2 BGB n. F. gute Eignung versprechen, da hierdurch künftig die Möglichkeit

---

1433 Siehe ausführlich zur Kündigung aus wichtigem Grund in IT-Projektverträgen *Heydn*, CR 2018, 621.
1434 Siehe oben unter **D.III.6.b).(1)**.
1435 *Langen*, NZBau 2015, 658 (660); siehe oben unter **D.III.6.b).(1)**.

eröffnet wird, das Projekt nicht vollumfänglich gezwungenermaßen mit dem Vertragspartner zu Ende führen zu müssen.[1436] Vielmehr schafft die Vorschrift einen Anreiz das Projekt „*in in sich abgeschlossene Einheiten zu unterteilen*",[1437] die dann jeweils durch eine Teilkündigung beendet werden können. Für die weiteren Einheiten kann der Auftraggeber dann einen anderen Auftragnehmer beauftragen. Bei einer agilen Programmierung unter Einsatz von SCRUM bietet es sich beispielsweise an die einzelnen *Sprints* als jeweils abgeschlossene Einheit anzusehen oder eine fixe Anzahl an *Sprints* zusammenzufassen und diese als abgeschlossene Einheit auszugestalten.

IV. Fazit

Ausweislich des *Agilen Manifests* soll eine agile Programmierung ohne große Vertragsverhandlungen auskommen.[1438] Agile Programmierung ist ihrem Grundgedanken nach daher darauf ausgelegt die Vertragsgestaltung so schlank wie möglich zu halten („*customer collaboration over contract negotiation*").[1439] Dennoch sind vereinzelte Regelungen trotz der Agilität empfehlenswert und für die Vertragsparteien im Konfliktfall von hoher Bedeutsamkeit.[1440] Vorstehend wurden sechs ausgewählte Problemfelder der Softwareentwicklung aufgezeigt, für die das Bürgerliche Gesetzbuch für sich genommen keine ausreichenden Lösungsansätze liefert. Aufgrund dessen wurde der Versuch angestellt aufzuzeigen, ob und inwieweit bestehende Probleme der Softwareentwicklung durch Ansätze des Bauvertragsrechts gelöst werden können.

Zusammengefasst zeigt ein Blick ins private Baurecht: für das IT-Recht kann man aus privat-baurechtlichen Konstellationen zahlreiche Lehren ziehen und hierdurch bestehende Probleme lösen. Es zeigt sich jedoch auch, dass Wertungen des Baurechts nicht zwangsläufig einheitlich sind und auch dort Uneinigkeiten bestehen. Das Bauvertragsrecht ist aufgrund der Vielzahl an ergangener Rechtsprechung vereinzelt nicht einheitlich und selbst unter den Oberlandesgerichten werden stellenweise grundlegend unterschiedliche Auffassungen vertreten.

1436 Mit positiver Bewertung auch *Hoeren*, CR 2017, 281 (284); *Hoeren/Pinelli*, MMR 2018, 199, (203).
1437 *Hoeren/Pinelli*, MMR 2018, 199 (203).
1438 http://agilemanifesto.org/ (zuletzt abgerufen am 24.11.2019).
1439 *Bortz*, MMR 2018, 287 (291); *Witte*, ITRB 2010, 44 (47); zu den Grundprinzipien von agile: http://agilemanifesto.org/ (zuletzt abgerufen am 24.11.2019).
1440 Hierzu *Lapp*, ITRB 2018, 263 (265 f.); *Witte*, ITRB 2010, 44 (47).

Hiervon losgelöst sind baurechtliche Wertungen trotzdem gute Leitbilder für (agile) Softwareentwicklungsverträge.

Die vorangegangenen Gegenüberstellungen haben die Gemeinsamkeiten von Bauverträgen und Softwareentwicklungsverträgen deutlich gemacht: häufig wurde bereits genannt, dass beide Verträge keine punktuellen Austauschverträge sind.[1441] Sie sind dogmatisch zwischen punktuellen Austauschverträgen und den Dauerschuldverhältnissen einzuordnen.[1442] Es handelt sich um *komplexe Langzeitverträge*, bei denen die Vertragsbeziehung über die konkreten Leistungsbeziehungen hinaus geht und von den Vertragsparteien ein kooperatives und vertrauensvolles Zusammenwirken erfordert.[1443]

Aufgrund dieses Erfordernisses einer kooperativen Zusammenarbeit der Vertragsparteien wurden die Mitwirkungspflichten des Auftraggebers erörtert.[1444] Da das Werkvertragsrecht keine Mitwirkungs*pflichten* des Auftraggebers beinhaltet, wurden Konstellationen des Bauvertragsrechts herangezogen, da dort einerseits durch die VOB/B entsprechende Pflichten begründet werden und sich andererseits durch die baurechtliche Rechtsprechung allgemeine Auftraggeber-Pflichten zur Mitwirkung gefestigt haben. Dennoch erfolgt die Auslegung als Mitwirkungs*pflicht* auch im privaten Baurecht tendenziell eher restriktiv, sodass den Parteien[1445] zu raten ist, durch transparente und aufklärende Vertragsgestaltung die Mitwirkung des Auftraggebers als Pflicht auszugestalten.

Die Langfristigkeit eines *komplexen Langzeitvertrages* macht es erforderlich, dass der Auftraggeber den Leistungsgegenstand im Laufe der Entwicklung auch weiter beeinflussen kann. Idealerweise gelingt ihm das, wenn er einseitige Anordnungen gegenüber dem Auftragnehmer treffen kann. Im Bauvertragsrecht werden einseitige Anordnungen seit Jahrzehnten durch die VOB/B ermöglicht. Darüber hinaus hat der Gesetzgeber durch die *Reform des Bauvertragsrechts* auch für den BGB-Bauvertrag seit dem 01.01.2018 ein Anordnungsrecht in § 650b BGB verortet. Diese einseitigen Anordnungsrechte sind jedoch ausschließlich dem Bauvertrag vorbehalten. Die Parteien eines Softwareentwicklungsvertrages haben daher bei der Vertragsgestaltung entsprechende Anordnungsrechte (ein sog. *Change Management*) einzuarbeiten, um auch bei einem solchen IT-Projekt

---

1441 *Nicklisch*, in: Nicklisch, Der Komplexe Langzeitvertrag (1987), S. 17 ff.
1442 *Nicklisch*, in: Nicklisch, Der Komplexe Langzeitvertrag (1987), S. 18.
1443 *Nicklisch*, in: Nicklisch, Der Komplexe Langzeitvertrag (1987), S. 18, 20 f.
1444 Siehe dazu ausführlich auch *Schneider*, in: Nicklisch, Der Komplexe Langzeitvertrag (1987), S. 289 ff.; sowie *Schlotke*, in: Nicklisch, Der Komplexe Langzeitvertrag (1987), S. 377 ff.
1445 Insb. den Auftragnehmern.

(einseitige) Anordnungen des Auftraggebers zu ermöglichen. Gleichermaßen müssen die Parteien jedoch dabei die Vergütung des Auftragnehmers berücksichtigen, die je nach Anordnung gemindert oder erhöht werden muss. Es bedarf somit eines entsprechenden Anpassungsmechanismus für die Vergütung des Auftragnehmers. Bei der Ausgestaltung dieser Vereinbarungen können die Parteien die baurechtlichen „Vorbilder" zugrunde legen. Hierdurch können somit in der Folge baurechtliche Rechtsprechung und Lösungsansätze herangezogen werden, um die Vereinbarungen im IT-Projektvertrag auszulegen oder aufkommende Probleme zu lösen.

Das Werkvertragsrecht schreibt den Parteien keine Vergütungsmethode vor. Insbesondere die in der Praxis üblichen Vergütungsmodelle haben daher die Parallelen von Bauvertragsrecht und IT-Recht besonders aufgezeigt. Es ließ sich erkennen, dass die Vergütung auf *Time-and-Material*-Basis dem Stundenlohnvertrag des Bauvertrages entspricht. Auch der Festpreisvertrag, der üblicherweise bei einer linearen Programmierung nach dem Wasserfallmodell vereinbart wird, hat im Pauschalpreisvertrag ein baurechtliches Pendant. Einzig der Einheitspreisvertrag, der im VOB/B-Bauvertrag gemäß § 2 Abs. 2 VOB/B sogar das primäre Vergütungsmodell darstellt, bleibt ohne ein gleichlaufendes Modell im IT-Recht. Es zeigte sich, dass eine Vergütung auf Basis von Einheitspreisen gerade bei einer agilen Programmierung unter Einsatz von SCRUM keine Eignung verspricht. Aufgrund des fehlenden Pflichtenheftes und der flexiblen Änderungen des *Product Backlogs* während des iterativen Entwicklungsprozesses ist die Kalkulation einer pauschalen Vergütungssumme bei SCRUM gleichermaßen vage und ungeeignet. Insoweit ist hierbei eine zeit- und aufwandsbezogene Vergütung empfehlenswert, wobei die Besonderheiten des iterativen Vorgehens durch eine *Pay-per-Sprint*-Vergütung berücksichtigt werden. Die baurechtlichen Wertungen zum Stundenlohnvertrag lassen sich hierauf jedoch übertragen. Demzufolge können Probleme bei einem solchen Vergütungsmodell ebenfalls durch das Baurecht gelöst werden.

Die neu ausgestalteten Regelungen des allgemeinen Werkvertragsrechts sind wie aufgezeigt nicht vollumfänglich geeignet, um den Besonderheiten des IT-Rechts bzw. der Softwareentwicklung gerecht zu werden.[1446] Sowohl die Abschlagszahlungen gemäß § 632a BGB n. F., die Abnahmefiktion gemäß § 640 Abs. 2 BGB n. F. als auch die Kündigung aus wichtigem Grund gemäß § 648a BGB n. F. bewirken entweder zu Lasten des Bestellers oder zu Lasten des Unternehmers Neuerungen, die für die Durchführung eines IT-Projektes erfahrungsgemäß ungeeignet sein werden.[1447]

1446 Siehe hierzu im Einzelnen unter **D.III.4., D.III.5. & D.III.6.**
1447 Siehe hierzu im Einzelnen unter **D.III.4., D.III.5. & D.III.6.**

Da insbesondere der lineare Softwareentwicklungsvertrag seit Längerem als Werkvertrag eingeordnet wird, existiert hinsichtlich der allgemein werkvertraglichen Vorschriften (§ 632a BGB a. F., § 640 BGB a. F.) sowie der bis zum 31.12.2017 durch Rechtsprechung anerkannten Kündigung aus wichtigem Grund auch IT-rechtliche Rechtsprechung. Diese steht allerdings in keinem Verhältnis zu der Fülle an baurechtlicher Rechtsprechung, sodass auch für die Probleme wegen der Regelungen des allgemeinen Werkvertragsrechts zahlreiche Wertungen des Bauvertragsrechts herangezogen werde können. Auch für die neuen Ausgestaltungen der allgemein werkvertraglichen Vorschriften wird die baurechtliche Rechtsprechung zügiger wachsen als die des IT-Rechts. Es wird für die Parteien einer agilen Softwareentwicklung daher künftig trotz der Agilität von hoher Bedeutsamkeit sein eine ausführliche Vertragsgestaltung anzustreben, um die ungeeigneten gesetzlichen Strukturen vertraglich zu modifizieren. Entsprechende Modifikationen werden im Bauvertrag gleichermaßen stattfinden und können daher auch für IT-Verträge herangezogen werden.

Für die praktische Umsetzung eines agilen Softwareentwicklungsprojektes sei daher darauf hingewiesen, dass es den Parteien in jedem Fall dringend anzuraten ist, trotz der Agilität eine umfassende Vertragsgestaltung vorzunehmen.[1448] Aufgrund dessen, dass *Agile* lediglich einen Oberbegriff für verschiedene Prozesse und Rahmenwerke darstellt, sollte darüber hinaus im Vertrag klargestellt werden, nach welchem Prozess oder Rahmenwerk die Entwicklung stattfinden wird. Es bietet sich an, dies dem Vertrag vorangestellt in einer Präambel festzulegen.[1449]

1448 *Redeker*, IT-Recht, Rn. 311e; *von Schenck*, MMR 2019, 139 (140) mit einem Vertragsmuster für ein agiles Softwareprojekt mit Anmerkungen; mit Empfehlungen auch *Schuster*, CR 2019, 345; *Bortz*, MMR 2018, 287 (291); mit umfassenden Vertragsgestaltungs- und Formulierungsvorschlägen *Kühn/Ehlenz*, CR 2018, 139, mit explizitem Rat zur werkvertraglichen Ausgestaltung (143); mit Rat zur Vertragsgestaltung (bzgl. allgemein werkvertraglicher Regelungen) auch *Roth-Neuschild*, ITRB 2017, 261 (264); mit Gestaltungsmöglichkeiten für „worst-case"-Szenarien bei IT-Projekten (insb Abnahme, Projektbeendigung und Schadensersatz) siehe *Witzel*, CR 2017, 213; mit weiteren Gestaltungsanforderungen *Welkenbach*, CR 2017, 639 (644 ff.); *Bischof*, ITRB 2014, 117 (118); auch Söbbing, ITRB 2014, 214 (217); *Frank*, CR 2011, 138 (140) sieht eine akzeptable Vertragsgestaltung kritisch; mit Empfehlungen zu berücksichtigender Einzelheiten bei der Vertragsgestaltung *Kremer*, ITRB 2010, 283 (288 f.); siehe auch bei *Beardwood/Shour*, CRi 2010, Heft 6, 161; mit allgemeinem Rat zur Ausgestaltung und zum Verständnis eines Projektvertrages *Schuhmann/Eich-horn*, projektManagementaktuell, Ausgabe 5.2016, S. 57.
1449 Siehe zur Präambel auch *Lapp*, ITRB 2010, 69 (71); *Kühn/Ehlenz*, CR 2018, 139 (144).

E. Ausblick: Building Information Modeling (BIM)

Wie eingangs des **Kapitels D.** bereits genannt,[1450] ist auch im Bausektor eine technologische Entwicklung zu erkennen.[1451] In den letzten Jahren ist die Planungsmethode *Building Information Modeling*[1452] (kurz: BIM) zunehmend in den Fokus gerückt.[1453] *Building Information Modeling* ist keine reine Zukunftsmusik. Bereits 2016 wurde *Building Information Modeling* von renommierten Baurechtlern klar als gegenwärtige Planungsmethode ausgerufen:

> „BIM ist bereits da! […] Der BIM-Planungsmethode gehört letztlich die Zukunft."[1454].

Im Folgenden soll – im angemessenen Umfang – dargestellt werden, worum es sich bei *Building Information Modeling* handelt. Weiterhin soll bloß überblicksweise erörtert werden, welche rechtlichen Aspekte für diese Planungsmethode von Relevanz sind. Im Übrigen wird herausgearbeitet, ob eine Vergleichbarkeit oder eine gemeinsame Schnittstelle von *Building Information Modeling* und agilem Programmieren erkennbar ist und ob hierdurch eventuell wechselseitige Rückschlüsse gezogen werden können.

1450 Siehe oben unter **D.I.**
1451 *Eschenbruch/Gerstberger*, NZBau 2018, 3 (4); *Ritter*, NZBau 2017, 633; *Eschenbruch/Bodden*, BauR 2016, 1991; *ohne Autor*, BauR 2016, 1557 (1558).
1452 Teilweise ist auch die Bezeichnung *Building Information Modelling* zu lesen; der Verfasser orientierte sich bei der Schreibweise jedoch an der geläufigen Bezeichnung, die insbesondere durch *Eschenbruch* herangezogen wird; siehe hierfür nur beispielhaft *Eschenbruch*, BauR 2016, 358; *Eschenbruch/Grüner*, NZBau 2014, 402; für eine Definition des Begriffs siehe *Egger/Hausknecht/Liebich/Przybylo*, BIM-Leitfaden für Deutschland (2013), S. 18, 85; siehe für u.a. technische Anmerkungen zu *Building Information Modeling* die Beitragsreihe *Bahnert/Heinrich/Johrendt*, DS 2018, 191; sowie *Bahnert/Heinrich/Johrendt*, DS 2018, 193; *Bahnert/Heinrich/Johrendt*, DS 2018, 198; *Bahnert/Heinrich/Johrendt*, DS 2018, 203; *Bahnert/Heinrich/Johrendt*, DS 2018, 207; *Bahnert/Heinrich/Johrendt*, DS 2018, 210.
1453 *Ritter*, NZBau 2017, 633 (634); zu den Auswirkungen des neuen Architekten- und Ingenieurvertragsrechts auf *Building Information Modeling* siehe *Dischke/Ritter*, BauR 2018, 727.
1454 *Eschenbruch*, BauR 2016, 358 (375); *Fuchs*, NZBau 2014, 409 (412) sieht Potential, dass BIM „*nach der Einführung von CAD-Planungssystemen die nächste planungstechnische Entwicklungsstufe und damit einen revolutionären Fortschritt im Planungsbereich*" auslösen kann; vgl. auch *Eschenbruch/Grüner*, NZBau 2014, 402 (409).

I. Was ist Building Information Modeling?

1. Allgemeines

Building Information Modeling ist keine eigenständige Software, sondern eine Methode,[1455] deren Umsetzung durch Software erfolgt.[1456] Einfach gesagt bezeichnet *Building Information Modeling* den Oberbegriff einer Planungsmethode,[1457] bei der ein virtuelles dreidimensionales Gebäudemodell erstellt wird, welches von allen Planungsbeteiligten bearbeitet wird.[1458] Seinem Grundgedanken nach soll dieses Gebäudemodell sowohl während der Planungsphase, als auch während der Errichtungs- und späteren Bewirtschaftungsphase herangezogen werden können.[1459] *Building Information Modeling* liegt üblicherweise das Prinzip zugrunde, dass das Gebäudemodell samt Datenbank auch nach Fertigstellung des Bauobjekts für dessen umfassende weitere Bewirtschaftung verwendet werden kann.[1460] Hiervon soll allen voran das *Facility Management* profitieren.[1461]

Aus diesem Grund wird eine mit dem Gebäudemodell verbundene Datenbank durch die Planungsbeteiligten mit weitergehenden notwendigen Informationen zum Gebäude gespeist, insbesondere zu Terminen, Kosten und Qualitäten.[1462] Hierdurch soll beispielsweise gewährleistet werden, dass unter anderem im Falle

---

[1455] Werner/Pastor, *Werner*, Rn. 860; *Eschenbruch*, BauR 2016, 358.
[1456] Locher/Koeble/Frik, *Zahn*, 43. Building Information Modeling (BIM), Rn. 529; vgl. *Eschenbruch*, BauR 2016, 358.
[1457] „*Es gibt nicht 'das' BIM, sondern verschiedene Formen des gemeinsamen Planens und Bauens am digitalen Modell*", *Ritter*, NZBau 2017, 633; hierzu auch *Fischer/Jungedeitering*, BauR 2015, 8.
[1458] *Eschenbruch*, Projektmanagement und Projektsteuerung, Kapitel 1 Rn. 79; *Eschenbruch/Grüner*, NZBau 2014, 402; dieser BIM-Ansatz wird als sog. *Big BIM* bezeichnet, BIM und Recht, *Kappes*, Kapitel 4 Rn. 14.
[1459] *Fuchs*, NZBau 2014, 409 (412).
[1460] Werner/Pastor, *Werner*, Rn. 860; *ohne Autor*, BauR 2016, 1557 (1558); *Fischer/Jungedeitering*, BauR 2015, 8 (9); *Eschenbruch/Grüner*, NZBau 2014, 402; *Fuchs*, NZBau 2014, 409 (412).
[1461] *Eschenbruch*, BauR 2016, 358; *Kemper*, BauR 2016, 426; *ohne Autor*, BauR 2016, 1557 (1558); *Eschenbruch/Grüner*, NZBau 2014, 402 m. w. N.; dazu auch *Braun*, ZD-Aktuell 2019, 06644, dort unter 1.
[1462] *Eschenbruch*, BauR 2016, 358; siehe auch *Fischer/Jungedeitering*, BauR 2015, 8 (9); *Eschenbruch/Grüner*, NZBau 2014, 402; siehe zur modellbasierten Kosten- und Terminplanung auch bei BIM und Recht, *Elixmann*, Kapitel 5 Rn. 43 f.

von Planungsänderungen eine Abschätzbarkeit der anfallenden Kosten und Terminablaufänderungen möglich ist.[1463]

2. Open-BIM und closed-BIM

Grundansatz des *Building Information Modeling* ist ein einzelnes dreidimensionales Gebäude-Modell, welches von allen Planungsbeteiligten bearbeitet und mit Informationen versehen werden soll.[1464] Ein solches Arbeiten an einem einzigen Modell ist momentan noch nicht Stand der Technik.[1465] Aufgrund dessen haben sich daher verschiedene Ansätze des *Building Information Modeling* herausgebildet.[1466] Unterschieden wird insbesondere zwischen dem sog. *open-BIM* und dem sog. *closed-BIM*.[1467]

a) Open-BIM

Open-BIM bezeichnet den Ansatz, dass alle Planungsbeteiligten mit ihren üblichen Planungsprogrammen weiterarbeiten und unter Verwendung dieser Software eigene Fachmodelle erstellen und bearbeiten.[1468] Auf diese Weise erstellt jeder Fachplaner ein eigenes Gebäudemodell.[1469]

Hierdurch entsteht in der Folge die Notwendigkeit des Austauschs und des Zusammenfügens der einzelnen Gebäudemodelle zu einem einheitlichen Modell (sog. Koordinationsmodell[1470]).[1471] Ein solcher Austausch erfolgt über

---

1463 *Eschenbruch*, Projektmanagement und Projektsteuerung, Kapitel 1 Rn. 79; *Eschenbruch*, BauR 2016, 358.
1464 *Eschenbruch*, Projektmanagement und Projektsteuerung, Kapitel 1 Rn. 79; *Eschenbruch/Grüner*, NZBau 2014, 402.
1465 *Eschenbruch*, Projektmanagement und Projektsteuerung, Kapitel 1 Rn. 80.
1466 BIM und Recht, *Kappes,* Kapitel 4 Rn. 13 ff.
1467 Siehe hierzu auch BIM und Recht, *Elixmann*, Kapitel 5 Rn. 28, 30; *Eschenbruch*, BauR 2016, 358 f.; bei *Eschenbruch/Grüner*, NZBau 2014, 402 wurden die Begriffe *open-BIM* und *closed-BIM* zunächst noch entgegengesetzt verwendet, sodass die gemeinsame Arbeit aller Planungsbeteiligten an einem Gebäudemodell seinerzeit als *open-BIM* bezeichnet wurde und die Herstellung eigenständiger Fachmodelle, die zu einem Modell zusammengesetzt werden, als *closed-BIM* bezeichnet wurde.
1468 BIM und Recht, *Kappes*, Kapitel 4 Rn. 16; BIM und Recht, *Elixmann*, Kapitel 5 Rn. 32 f.; *Eschenbruch,* BauR 2016, 358 f.; siehe hierzu auch *Fischer/Jungedeitering*, BauR 2015, 8 (11 f.); wonach die Praxis „*eine Tendenz zu mehreren fachspezifischen Bauwerksmodellen*" zeigt.
1469 BIM und Recht, *Kappes*, Kapitel 4 Rn. 16 f.; hierzu auch *Eschenbruch/Bodden*, BauR 2016, 1991 (1992).
1470 BIM und Recht, *Kappes*, Kapitel 4 Rn. 16; BIM und Recht, *Elixmann*, Kapitel 5 Rn. 38.
1471 *Eschenbruch/Bodden*, BauR 2016, 1991 (1992); *Fischer/Jungedeitering*, BauR 2015, 8 (12).

sog. IFC-Schnittstellen.[1472] IFC (Industry Foundation Classes[1473]) *"ist ein herstellerunabhängiger, offener Datenstandard, der zum Austausch von modellbasierten Daten und Informationen in allen Planungs-, Ausführungs- und Bewirtschaftungsphasen genutzt werden kann."*[1474]

Durch das Zusammenfügen der einzelnen Modelle zum Koordinationsmodell wird (durch den BIM-Manager)[1475] ein Kollisionscheck vorgenommen.[1476] Durch einen solchen Kollisionscheck wird anhand des Koordinationsmodells ein Abgleich der einzelnen Fachmodelle vorgenommen.[1477] Hierdurch werden Komplikationen, die üblicherweise erst später während der Realisierung des Projekts festgestellt würden, bereits im Rahmen der Planung des Gebäudemodells erkannt.[1478] Die Planungsbeteiligten werden im Anschluss über das Ergebnis dieses Kollisionschecks in Kenntnis gesetzt.[1479]

Zwar bietet die *open-BIM*-Methode den Planungsbeteiligten die Möglichkeit mit ihren bewährten Planungsprogrammen weiterarbeiten zu können.[1480] Allerdings sind durch den anschließenden Austausch über die IFC-Schnittstellen regelmäßig Datenverluste die praktische Folge.[1481] Nur unter Einsatz herstellergleicher Software ist ein solcher Datenverlust auszuschließen.[1482]

1472 BIM und Recht, *Kappes*, Kapitel 4 Rn. 7 f.; *Eschenbruch*, BauR 2016, 358 f.; der Austausch über IFC ist *"wegen der Komplexität der einzelnen Modelle und Datenstrukturen noch nicht praktikabel"*, *Bahnert/Heinrich/Johrendt*, DS 2018, 193 (197).
1473 BIM und Recht, *Kappes*, Kapitel 4 Rn. 7 mit weitergehenden Informationen in Fn. 10.
1474 BIM und Recht, *Kappes*, Kapitel 4 Rn. 7 (dort in Fn. 10); siehe hierzu auch Handbuch für die Einführung von Building Information Modeling (BIM) durch den europäischen öffentlichen Sektor (EUBIM), S. 70; dieses Handbuch ist online abrufbar unter folgender URL: http://www.eubim.eu/wp-content/uploads/2018/02/GROW-2017-01356-00-00-DE-TRA-00-1.pdf (zuletzt abgerufen am 24.11.2019).
1475 BIM und Recht, *Kappes*, Kapitel 4 Rn. 16.
1476 BIM und Recht, *Kappes*, Kapitel 4 Rn. 16; siehe hierzu auch BIM und Recht, *Elixmann*, Kapitel 5 Rn. 38 ff.; *ohne Autor*, BauR 2016, 1557 (1558).
1477 BIM und Recht, *Kappes*, Kapitel 4 Rn. 30.
1478 *Eschenbruch*, BauR 2016, 358.
1479 BIM und Recht, *Kappes*, Kapitel 4 Rn. 16, 30.
1480 BIM und Recht, *Kappes*, Kapitel 4 Rn. 16.
1481 BIM und Recht, *Kappes*, Kapitel 4 Rn. 17; BIM und Recht, *Elixmann*, Kapitel 5 Rn. 34; *Bahnert/Heinrich/Johrendt*, DS 2018, 193 (197).
1482 BIM und Recht, *Kappes*, Kapitel 4 Rn. 17.

b) Closed-BIM

Im Gegensatz hierzu ist die *closed-BIM*-Methode der Idealvorstellung des *Building Information Modeling* näher. Bei der *closed-BIM*-Methode arbeiten die Planungsbeteiligten „*an einem zentralen Gebäudedatenmodell*"[1483].[1484] Anders als beim *open-BIM* erstellt daher nicht jeder Planungsbeteiligte ein eigenes Gebäudemodell, sondern es existiert nur ein einziges Gebäudemodell, welches von allen „*in Echtzeit*"[1485] gemeinsam bearbeitet wird.[1486]

Grundlegende Voraussetzung für eine *closed-BIM*-Methode ist, dass die Planungsbeteiligten eine einheitliche Software verwenden.[1487] Hierdurch wird im Unterschied zur *open-BIM*-Methode der Austausch über IFC-Schnittstellen obsolet und Datenverluste werden vermieden.[1488]

Durch diesen kooperativen Ansatz, bei dem alle Planungsbeteiligten an einem einzigen Gebäudemodell arbeiten, sind Vertrauen und eine detaillierte Festlegung von Regelungen und Kompetenzen zwingend notwendig.[1489] Dadurch, dass ein einheitliches Gebäudemodell verwendet wird, können die Planungsbeteiligten eigenständige Kollisionschecks vornehmen.[1490]

3. Zielsetzung des Building Information Modeling

Langfristig soll durch das virtuelle dreidimensionale Gebäudemodell eine Möglichkeit geschaffen werden, das Gebäude über dessen „*gesamten Lebenszyklus*"[1491] zu organisieren.[1492] Durch *Building Information Modeling* soll hierneben insbesondere die bessere Kalkulierbarkeit von Bauzeit und Baukosten ermöglicht

---

1483 BIM und Recht, *Kappes*, Kapitel 4 Rn. 20.
1484 Siehe hierzu auch BIM und Recht, *Elixmann*, Kapitel 5 Rn. 29.
1485 BIM und Recht, *Kappes,* Kapitel 4 Rn. 19.
1486 BIM und Recht, *Kappes*, Kapitel 4 Rn. 19; BIM und Recht, *Elixmann*, Kapitel 5 Rn. 29; *Eschenbruch,* BauR 2016, 358 (359).
1487 BIM und Recht, *Kappes*, Kapitel 4 Rn. 19; *Bahnert/Heinrich/Johrendt*, DS 2018, 193 (197).
1488 Vgl. BIM und Recht, *Kappes*, Kapitel 4 Rn. 19.
1489 BIM und Recht, *Kappes*, Kapitel 4 Rn. 20 f.
1490 BIM und Recht, *Kappes*, Kapitel 4 Rn. 19.
1491 *Braun*, ZD-Aktuell 2019, 06644, dort unter 1.; *Fischer/Jungedeitering*, BauR 2015, 8 (9).
1492 *Braun*, ZD-Aktuell 2019, 06644, dort unter 1.; *Fischer/Jungedeitering*, BauR 2015, 8 (9, 17 ff.); eine Aufzählung weiterer Vorteile und Zielsetzungen durch BIM findet sich bei *Eschenbruch/Elixmann*, BauR 2015, 745.

werden.[1493] Durch Änderungen oder Konflikte während eines laufenden Projektes sind Bauzeitverlängerungen und nur schwer abschätzbare anfallende Mehrkosten regelmäßig die unvermeidbare Folge.[1494] *Building Information Modeling* soll durch Automatisierungen dabei helfen, dass durch die in der Datenbank hinterlegten Informationen die möglichen „Folgen" solcher Änderungen besser kalkulierbar sind.[1495]

Darüber hinaus sollen die Daten und Informationen, die beim *Building Information Modeling* hinterlegt werden, den Beteiligten die Möglichkeit bieten vollautomatisiert Mengenermittlungen oder sogar Leistungsverzeichnisse zu erstellen.[1496] Dies soll gerade im Vergaberecht eine höhere Präzision der Ausschreibungen bewirken.[1497]

Durch das Gebäudemodell sollen solche Probleme und Konflikte, die bei traditioneller Planung üblicherweise erst später in der Projektdurchführung zu Tage treten bereits im Vorfeld bei der digitalen Planung erkennbar und lösbar sein.[1498] Dies geschieht beispielsweise durch die bereits benannten Kollisionschecks (sog. *clash detection*).[1499] Vereinzelt liest man in diesem Zusammenhang, dass durch *Building Information Modeling* zuerst digital und später real gebaut werden soll.[1500]

Durch intensivere Kooperation der Planungsbeteiligten soll des Weiteren eine höhere „*Qualität der Planung*"[1501] und damit verbunden eine „*verbesserte Transparenz und Kontrolle im Planungsprozess*"[1502] erreicht werden.[1503]

Auch für das *Building Information Modeling* wurden bereits Vorschläge für Leistungsbilder entworfen.[1504]

1493 *Eschenbruch*, Projektmanagement und Projektsteuerung, Kapitel 1 Rn. 80: vgl. *Ritter*, NZBau 2017, 633.
1494 Siehe hierzu auch ausführlich *Fuchs*, NZBau 2014, 409.
1495 *Eschenbruch*, BauR 2016, 358; aaO. (372).
1496 *Eschenbruch*, BauR 2016, 358.
1497 *Eschenbruch*, BauR 2016, 358.
1498 So nach *Eschenbruch*, BauR 2016, 358.
1499 *Eschenbruch*, BauR 2016, 358.
1500 *Braun* nennt das virtuelle Gebäudemodell „*digitaler Zwilling*", ZD-Aktuell 2019, 06644, dort unter 1.; *Bahnert/Heinrich/Johrendt*, DS 2018, 191 (193) m. w. N.
1501 *Braun*, ZD-Aktuell 2019, 06644, dort unter 1.; hierzu auch *Kemper*, BauR 2016, 426.
1502 *Braun*, ZD-Aktuell 2019, 06644, dort unter 1.; siehe dazu auch bei *Fischer/Jungedeitering*, BauR 2015, 8 (9).
1503 *Fischer/Jungedeitering*, BauR 2015, 8 (9) sprechen von einer Verbesserung der „*Produktivität der Branche*".
1504 Siehe hierzu bspw. das Leistungsbild Objektplanung – BIM BAK in BIM-Leistungsbilder, *Bodden/Eschenbruch* in Zusammenarbeit mit der Bundesarchitektenkammer,

4. Building Information Modeling außerhalb Deutschlands

Building Information Modeling ist in Deutschland noch nicht weit verbreitet und gelangt aktuell erst in Umlauf.[1505] Außerhalb Deutschlands ist *Building Information Modeling* allerdings populärer und vereinzelt eine bereits etablierte Planungsmethode.[1506] Besondere Relevanz hat die Methode bereits heute „*im englischsprachigen und skandinavischen Raum*"[1507]. Vereinzelt wird „*vorhergesagt, dass BIM weltweit zum Standard für die Realisierung von öffentlichen Infrastrukturprojekten wird.*"[1508]

II. Mögliche Problemstellung

Für die Baupraxis erfordert eine flächendeckende Einführung von *Building Information Modeling* neben der unmissverständlichen Definition der relevanten Begrifflichkeiten,[1509] dass die Planungsbeteiligten auf eine Arbeit nach dieser

---

S. 23 ff.; die Fundstelle ist ferner abrufbar unter nachfolgender URL: https://www.kapellmann.de/fileadmin/user_upload/downloads/Broschueren/BIM.Leistungsbilder.Online_save.pdf (zuletzt abgerufen am 24.11.2019); siehe gleichermaßen die Broschüre der Bundesarchitektenkammer, diese ist abrufbar unter https://www.bak.de/w/files/bak/03berufspraxis/bim/bim-bak-broschuere-web.pdf (zuletzt abgerufen am 24.11.2019); siehe weitergehend hierzu auch die Beiträge von *Eschenbruch/Bodden*, BauR 2016, 1991; sowie *Eschenbruch/Elixmann*, BauR 2015, 745; siehe zu Leistungsbildern unter BIM auch *Bahnert/Heinrich/Johrendt*, DS 2018, 203.

1505 *Dischke/Ritter*, BauR 2018, 727 (728); *Eschenbruch/Gerstberger*, NZBau 2018, 3 (4); vgl. *Kemper*, BauR 2016, 426.
1506 Siehe hierzu *ohne Autor*, BauR 2016, 1557 (dort ausführlich in Fn. 7 m. w. N.); siehe auch *Eschenbruch/Malkwitz*, Gutachten zur BIM-Umsetzung (2014), S. 14 ff.; hierzu ausführlich auch *Eschenbruch/Grüner*, NZBau 2014, 402 (403).
1507 *Eschenbruch/Grüner*, NZBau 2014, 402 (403); siehe hierzu auch *Eschen-bruch/Elixmann*, BauR 2015, 745 f.
1508 Handbuch für die Einführung von Building Information Modeling (BIM) durch den europäischen öffentlichen Sektor (EUBIM), S. 16; siehe auch das Urteil zum Verfahren *Trant Engineering Ltd. v. Matt MacDonald Ltd.* in Großbritannien, Judgement of 5 July 2017, EWHC 2061 [TCC], Case No: HT-2017-000164 (das Urteil ist abrufbar unter http://www.cms-lawnow.com/~/media/lawnow/pdfs/trant%20v%20mott%20macdonald%20transcript.pdf; zuletzt abgerufen am 24.11.2019); ein Kommentar von *Dischke* zu diesem Urteil findet sich unter https://arge-baurecht.com/aktuelles/arge-baurecht-intern/artikel/kommentar-zum-europaweit-ersten-bim-gerichtsurteil (zuletzt abgerufen am 24.11.2019).
1509 *Bahnert/Heinrich/Johrendt*, DS 2018, 191 (193); einzelne Definitionen relevanter Begriffe finden sich bei *Egger/Hausknecht/Liebich/Przybylo*, BIM-Leitfaden für Deutschland (2013), S. 87 ff.

Methode auch technisch eingerichtet sind.¹⁵¹⁰ Die flächendeckende technische Ausrüstung dürfte insbesondere beim *closed-BIM*-Verfahren zu berücksichtigen sein, da dort mit einer einheitlichen Software an einem Modell gearbeitet wird.¹⁵¹¹

III. Relevante rechtliche Aspekte

Rechtlich sind beim *Building Information Modeling* bislang noch viele Fragen ungeklärt. Die fortschrittliche Planungsmethode entzieht sich in ihrer Ausgestaltung vereinzelt den gesetzlichen Konzeptionen, sodass sich einhellige Meinungen erst noch herausstellen müssen.

1. Auswirkungen auf Verträge

Insbesondere wird diskutiert, welche vertraglichen Konstellationen bei einer Planung mit *Building Information Modeling* zugrunde gelegt werden müssen.¹⁵¹² Die Lösungsfindung einer geeigneten Regelung der Vertragsstrukturen hat dabei mehrere denkbare Vertragsmodelle hervorgebracht.¹⁵¹³ Vereinzelt wird vertreten, dass sich *Building Information Modeling* nur bedingt auf die Vertragsverhältnisse der Baubeteiligten auswirken wird.¹⁵¹⁴ Auch unter Verwendung dieser Planungsmethode stellt das Vertragsverhältnis zwischen Auftraggeber und den jeweiligen ausführenden Unternehmern einen Werkvertrag¹⁵¹⁵ dar.¹⁵¹⁶

1510 Locher/Koeble/Frik, *Zahn*, 43. Building Information Modeling (BIM), Rn. 529; siehe bspw. die Notwendigkeit der Einrichtung und Administration von Datenplattformen durch die Beteiligten, *Eschenbruch*, BauR 2016, 358; *Eschenbruch/Grüner* sind überzeugt, dass der Vormarsch des Building Information Modeling hierdurch nicht verhindert wird, NZBau 2014, 402 (403 f.).
1511 Siehe oben unter **E.I.2.b)**
1512 *Eschenbruch*, BauR 2016, 358 (360 ff.); dazu auch *Fischer/Jungedeitering*, BauR 2015, 8 (15).
1513 Hierzu ausführlich BIM und Recht, *Kappes*, Kapitel 4 Rn. 61 ff.; siehe hierzu auch *Eschenbruch*, BauR 2016, 358 (359 ff.); sowie *Eschenbruch/Grüner*, NZBau 2014, 402 (406 ff.).
1514 BIM und Recht, *Kappes*, Kapitel 4 Rn. 87.
1515 Ferner zu beachten sind ggf. die Regelungen der VOB/B, falls sie einbezogen wurden; siehe BIM und Recht, *Kappes*, Kapitel 4 Rn. 63 (Abb. Kap. 4 Nr. 4), Rn. 73 (Abb. Kap. 4 Nr. 5).
1516 BIM und Recht, *Kappes*, Kapitel 4 Rn. 87.

2. Haftung

Speziell das *closed-BIM*-Verfahren ist durch die Arbeit aller Planungsbeteiligten an einem einzigen virtuellen Modell möglicherweise aus Gründen der Haftung für Fehler oder Mängel in der Diskussion.[1517]

3. Vergaberecht

Gerade durch öffentliche Auftraggeber soll künftig auf *Building Information Modeling* zurückgegriffen werden.[1518] Auch in vergaberechtlicher Hinsicht erscheinen diverse Fragen noch nicht abschließend geklärt.[1519]

4. BIM-Manager

Im Übrigen stellt die Einführung eines sog. BIM-Managers die Juristerei vor eine ganze Reihe klärenswerter Fragen.[1520] Der BIM-Manager ist dafür zuständig, dass die Planung unter Einsatz von *Building Information Modeling* vereinbarungsgemäß funktioniert.[1521] Gegenüber dem Auftraggeber treffen ihn Informationspflichten, gegenüber den übrigen Beteiligten fördert er deren Integration ins Projekt sowie ihre Mitwirkung.[1522]

IV. Schnittstelle von Agiler Programmierung (SCRUM) und BIM

Vorstehend wurde *Building Information Modeling* überblicksweise dargestellt. Es erscheint zunächst grundlegend klärenswert, ob und inwieweit überhaupt eine

---

1517 Siehe zur Mängelhaftung beim BIM-Einsatz *Eschenbruch*, BauR 2016, 358 (372 ff.); zur Haftung auch *Fischer/Jungedeitering*, BauR 2015, 8 (17).
1518 Siehe hierzu bspw. bei *Eschenbruch*, BauR 2016, 358 (375); siehe auch Handbuch für die Einführung von Building Information Modeling (BIM) durch den europäischen öffentlichen Sektor (EUBIM), S. 16.
1519 *Eschenbruch*, BauR 2016, 358 (374 f.); hierzu auch *Fischer/Jungedeitering*, BauR 2015, 8 (15 f.).
1520 *Eschenbruch*, Projektmanagement und Projektsteuerung, Kapitel 1 Rn. 81 f.; siehe hierzu weitergehend bei *Eschenbruch*, BauR 2016, 358 (368 f.); ein Leistungsbild BIM-Manager liefern *Eschenbruch/Elixmann*, BauR 2015, 745; siehe auch *Fischer/Jungedeitering*, BauR 2015, 8 (13 ff.); hierzu auch schon *Eschenbruch/Grüner*, NZBau 2014, 402 (403).
1521 Vgl. Locher/Koeble/Frik, *Zahn*, 43. Building Information Modeling (BIM), Rn. 530.
1522 Locher/Koeble/Frik, *Zahn*, 43. Building Information Modeling (BIM), Rn. 530.

gemeinsame Schnittstelle zwischen agiler Programmierung (SCRUM) und *Building Information Modeling* besteht.

1. Ablauf des Projekts

a) „Traditionelles" Projekt (HOAI und Wasserfallmodell)

Die Planung und Durchführung von Bauprojekten erfolgt üblicherweise in einzelnen, eigenständigen und aufeinander aufbauenden Schritten.[1523] Dies wird besonders deutlich unter Zugrundelegung der einzelnen Leistungsphasen, die die Honorarordnung für Architekten und Ingenieure definiert.[1524] Zwar ist die Honorarordnung für Architekten und Ingenieure lediglich gesetzliches Preisrecht und beeinträchtigt die Parteien nicht in der Ausgestaltung ihrer Leistungsbeauftragung.[1525] Allerdings kann aus den einzelnen Leistungsphasen ersehen werden, dass der Gesetzgeber im Grundsatz von einem schrittweisen Vorgehen bei der Planung ausgegangen ist.[1526]

Die Planung startet mit einer Grundlagenermittlung (Leistungsphase 1), geht über in eine Vorplanung (Leistungsphase 2) und führt zu einer Entwurfsplanung (Leistungsphase 3).[1527] Im Anschluss hieran erfolgt die Baugenehmigungsplanung (Leistungsphase 4).[1528]

Dieser von der Honorarordnung für Architekten und Ingenieure (zur Honorarermittlung) vorgegebene Ablauf ähnelt gewissermaßen dem Wasserfallmodell der Softwareentwicklung, bei welchem ebenso sequenziell vorgegangen wird und die nächste Phase erst durchgeführt wird, wenn die vorangegangene Phase vollständig abgeschlossen wurde.[1529] Im Unterschied zum Wasserfallprinzip wird in der Baupraxis gelegentlich vertraglich eine Abweichung getroffen, sodass bestimmte Leistungsphasen vorgezogen oder getauscht werden.[1530]

1523 Zu gescheiterten (Groß-)Projekten und möglichen Ursachen hierfür *Fuchs*, NZBau 2014, 409.
1524 Vgl. *Eschenbruch/Grüner*, NZBau 2014, 402 (404).
1525 Werner/Pastor, *Werner*, Rn. 861; *Eschenbruch/Grüner*, NZBau 2014, 402 (404).
1526 *Kemper*, BauR 2016, 426 (427).
1527 *Kemper*, BauR 2016, 426 (427).
1528 *Kemper*, BauR 2016, 426 (427).
1529 Siehe oben unter **B.II.**
1530 *Kemper*, BauR 2016, 426 (427).

b) Agiles Projekt und Building Information Modeling

Wie bereits dargestellt ist in der IT-Branche durch agiles Programmieren eine moderne Vorgehensweise auf dem Vormarsch, die sich vom klassischen Wasserfallprinzip abwendet.[1531] Die Planung unter Einsatz von *Building Information Modeling* distanziert sich in einer vergleichbaren Weise vom sequenziellen Vorgehen, das die Honorarordnung für Architekten und Ingenieure an den Ablauf des Projekts stellt.[1532] Die Methode wird als „*leistungsphasenübergreifend*"[1533] bezeichnet.

Aufgrund dessen wurde bereits die Frage aufgeworfen, ob die Honorarordnung für Architekten und Ingenieure einer Methode wie *Building Information Modeling* eventuell entgegenstehen könnte.[1534] Ein solcher Ansatz wird von erfahrenen Baupraktikern entschieden abgelehnt. Nach ihrer Auffassung ist die Honorarordnung für Architekten und Ingenieure zum einen bloßes Preisrecht ohne weitergehenden Regelungscharakter.[1535] Zum anderen beinhaltet die novellierte HOAI 2013 bereits die „*3-D oder 4-D Gebäudemodellbearbeitung (Building Information Modeling, BIM)*" als Besondere Leistung der Leistungsphase 2 im Leistungsbild Gebäude und Innenräume.[1536]

Aus diesen Gründen stellt das Vorhandensein der Honorarordnung für Architekten und Ingenieure nach ihrer Ansicht keine Erschwernisse für das *Building Information Modeling* dar.[1537] Im Unterschied zur Honorarermittlung nach der

---

1531 Siehe oben unter **B.III.**
1532 *Eschenbruch*, BauR 2016, 358 (359); *Kemper*, BauR 2016, 426 (427).
1533 *Kemper*, BauR 2016, 426 (427).
1534 *Eschenbruch*, BauR 2016, 358 (366 f.); hierzu auch *Kemper*, BauR 2016, 426; *Fischer/ Jungedeitering*, BauR 2015, 8 (16); *Eschenbruch/Grüner*, NZBau 2014, 402 (404 f.).
1535 *Eschenbruch/Grüner*, NZBau 2014, 402 (404).
1536 *Eschenbruch/Grüner*, NZBau 2014, 402 (404).
1537 Siehe im Übrigen die Auffassung des EuGH, wonach die verbindlichen Mindest- und Höchstsätze der HOAI europarechtswidrig sind (Verstoß gegen die EU-Dienstleistungsrichtlinie und die Niederlassungsfreiheit), EuGH, Urt. v. 04.07.2019, Rs. C-377/17 = IBRRS 2019, 2046; nach Auffassung des OLG Celle sind die Mindest- und Höchstsätze der HOAI fortan nicht mehr anzuwenden, OLG Celle, Urt. v. 17.07.2019, Az. 14 U 188/18 = IBR 2019, 3044; dies bestätigend OLG Celle, Urt. v. 23.07.2019, Az. 14 U 182/18 = IBR 2019, 3070; anderer Ansicht ist das OLG Hamm, Urt. v. 23.07.2019, Az. 21 U 24/18 = IBR 2019, 3090; mit gleichem Ergebnis wie *Eschenbruch/Grüner* letztlich auch *Kemper*, BauR 2016, 426; wobei *Kemper* jedoch nicht von einer Kompatibilität von BIM und dem Phasenmodell der HOAI ausgeht, aaO. (427) und auch eine Einordnung der BIM-Methode in das zwingende Preisrecht der HOAI ablehnt, aaO. (428).

Honorarordnung für Architekten und Ingenieure verlagern sich hohe Planungsanteile beim *Building Information Modeling* in frühe Phasen des Projekts.[1538]

2. Zusammenarbeit der Beteiligten

Agile Programmierung, insbesondere unter Einsatz von SCRUM, ist geprägt von gesteigerter Zusammenarbeit zwischen Auftraggeber und Auftragnehmer.[1539] Darüber hinaus ist jedoch auch eine intensive Zusammenarbeit der einzelnen SCRUM-Rollen erforderlich: der Product-Owner, der SCRUM-Master und das Entwicklungsteam müssen zusammenarbeiten, damit SCRUM überhaupt erfolgreich eingesetzt werden kann.[1540]

Building Information Modeling erfordert gleichermaßen eine „*intensive Kooperation aller Projektbeteiligten*"[1541]. Insbesondere der *closed-BIM*-Ansatz erfordert einen „*integrativen, fachübergreifenden Austausch [...] (und) gegenseitiges Vertrauen der Projektbeteiligten*"[1542].

3. Vertragliche Grundlagen

In **Kapitel C.** dieser Dissertation wurde herausgearbeitet, dass ein agiler Softwareerstellungsvertrag bei entsprechender Ausgestaltung als Werkvertrag gemäß § 631 BGB einzuordnen ist.[1543]

Ausweislich des bereits Genannten, ist auch bei einem Einsatz von *Building Information Modeling* davon auszugehen, dass der zugrunde liegende Vertrag zwischen dem Auftraggeber und den ausführenden Unternehmern weiterhin einen Werkvertrag gemäß § 631 BGB darstellt.[1544]

4. Fazit

Building Information Modeling und agiler Programmierung liegen die bereits 1987 herausgearbeiteten Merkmale des kooperativen Zusammenwirkens

---

1538 Locher/Koeble/Frik, *Zahn*, 43. Building Information Modeling (BIM), Rn. 530; *Kemper*, BauR 2016, 426 (427).
1539 Siehe oben unter **B.III.** und **B.IV.1.**
1540 Siehe oben unter **B.III.**
1541 *Eschenbruch/Grüner*, NZBau 2014, 402 (407); hierzu auch *Werner/Pastor*, *Werner*, Rn. 860.
1542 BIM und Recht, *Kappes*, Kapitel 4 Rn. 21; siehe hierzu auch *Bahnert/Heinrich/Johrendt*, DS 2018, 191 (193).
1543 Siehe oben unter **C.III.5.**
1544 Siehe oben unter **E.III.1.**

zugrunde, die ein *komplexer Langzeitvertrag* zwingend voraussetzt.[1545] Es handelt sich um gleichermaßen zukunftsorientierte, moderne Methoden, die durch Abkehr von traditionellen Mustern dazu dienen sollen ökonomischer und weniger statisch Ergebnisse zu erzielen. Es ist erkennbar, dass moderne Projektmethoden der Informationstechnologie sowie der Baubranche den kooperativen Ansatz verfolgen durch den eine möglichst intensive Zusammenarbeit der Beteiligten fokussiert werden soll. Ein isoliertes Arbeiten des Einzelnen ist weder beim *Building Information Modeling*[1546] noch bei agiler Programmierung (SCRUM) vorgesehen.

Um eine größtmögliche Flexibilität zu erzielen wird von strengen sequenziellen Abläufen abgesehen und ein weitestgehend iteratives Vorgehen angestrebt.

1545 *Nicklisch,* in: Nicklisch, Der Komplexe Langzeitvertrag (1987), S. 17 ff.
1546 Eine Ausnahme stellt das *open-BIM*-Verfahren dann dar, wenn man die Erstellung der eigenen Fachmodelle durch die jeweiligen Planungsbeteiligten als eine solche isolierte Arbeit des Einzelnen ansieht.

F. Fazit und Ausblick

Agilität ist branchenübergreifend ein brandheißes Thema!

I. Allgemein

Es ist nicht von der Hand zu weisen: die Digitalisierung und der technische Fortschritt schreiten immer weiter voran. Diese Entwicklung ist branchenübergreifend zu beobachten. Speziell die Entwicklung der Baubranche und der Informationstechnologie (IT) standen hierbei im Zentrum dieser Monographie.

Agile Herangehensweisen sind nach Einschätzung des Verfassers ein zunehmender Trend. Diese Einschätzung wird gestützt durch drei aktuelle Bundestags-Drucksachen, denen unter anderem eine (teils umfangreichere und teils geringere) Auseinandersetzung mit agilen Vorgehensweisen zugrunde liegt.[1547] Die Attraktivität agiler Vorgehensweisen wird hierbei insbesondere durch die Bundestags-Drucksache 19/10310 verdeutlicht, wo es wörtlich wie folgt heißt:

> *„Die Bundesregierung plant jedoch zusätzlich unter dem Arbeitsnamen 'E-Government-Agentur' derzeit den Aufbau eines Digital-Innovation-Teams für die Bundesverwaltung. Um einen schnellen Start und eine agile Vorgehensweise zu ermöglichen, wird im Bundesministerium des Innern, für Bau und Heimat (BMI) eine Projektgruppe als Aufbaustab einer E-Government-Agentur eingerichtet."*[1548]

Der Verfasser zieht hieraus den Schluss, dass auch die Bundesregierung beabsichtigt in der Zukunft des Öfteren agile Vorgehensweisen heranzuziehen, um hierdurch möglicherweise ökonomischer handeln zu können.

1547 Bericht des Ausschusses für Bildung, Forschung und Technikfolgenabschätzung (18. Ausschuss) gemäß § 56a der Geschäftsordnung, BT-Drucks.19/8527, S. 87; Unterrichtung durch die Bundesregierung - Bericht der Bundesregierung zur Evaluierung des Gesetzes zur Förderung der elektronischen Verwaltung sowie zur Änderung weiterer Vorschriften, BT-Drucks. 19/10310, S. 10; Antwort der Bundesregierung auf die Kleine Anfrage der Abgeordneten Katja Suding, Nicola Beer, Dr. Jens Brandenburg (Rhein-Neckar), weiterer Abgeordneter und der Fraktion der FDP – Drucksache 19/7681 –, BT-Drucks. 19/8099, S. 6.
1548 Unterrichtung durch die Bundesregierung - Bericht der Bundesregierung zur Evaluierung des Gesetzes zur Förderung der elektronischen Verwaltung sowie zur Änderung weiterer Vorschriften, BT-Drucks. 19/10310, S. 10.

II. IT-Vertragsrecht

Die vorstehenden Darstellungen dieser Dissertation lassen die Prognose zu, dass das IT-Vertragsrecht, genauer das Softwareentwicklungsrecht, in den nächsten Jahren zahlreichen Klärungsbedarf fordern wird.

Wie aus Kapitel C. ersichtlich wurde, stellen sich bereits jetzt einige Fragen in der IT-rechtlichen Literatur, die sich durch weiter fortschreitende Digitalisierung mehren werden. Durch die zunehmende Anzahl an Projekten, die agil durchgeführt werden, steigt die Wahrscheinlichkeit einer streitigen Auseinandersetzung. Bislang liegen keine Gerichtsentscheidungen zu agiler Programmierung vor. Es ist jedoch absehbar, dass ein Gericht sich künftig mit der Thematik auseinandersetzen wird. Einer ersten Entscheidung darf daher mit Spannung entgegengesehen werden.

Hierneben wird sich gleichermaßen die Frage stellen wie kautelarjuristisch künftig bei agilen Softwareentwicklungsverträgen vorgegangen werden kann und muss. Welche Regulierungen sind zulässig? Welche Regelungen werden insbesondere in Allgemeinen Geschäftsbedingungen als unzulässig bewertet?

Im Rahmen dieser Dissertation wurde die Übertragbarkeit (privat-)baurechtlicher Lösungsansätze auf Probleme bei Softwareentwicklungsverträgen thematisiert. Es wurde in Kapitel D. aufgezeigt, dass das IT-Recht viel vom Bauvertragsrecht lernen kann. Die Wertungen und Lösungsansätze des privaten Baurechts dienen in großer Zahl als Leitbild für Konstellationen und Probleme bei (agilen) Softwareentwicklungsverträgen. Darüber hinaus ist die gesetzliche Entwicklung zu berücksichtigen. Durch die Reform des Bauvertragsrechts wurden auch einzelne gesetzliche Regelungen geschaffen, die für eine agile Programmierung von Vorteil sein werden. Hierbei wurde insbesondere die Teilkündigung gemäß § 648a Abs. 2 BGB n. F. hervorgehoben,[1549] durch die die Projektbeteiligten nicht mehr gezwungen sein werden, das Projekt nach einem Alles-oder-Nichts-Prinzip fortführen zu müssen.[1550]

Der Vertragstyp eines agilen Softwareentwicklungsvertrages ist nach diesseitigem Verständnis (Kapitel C.) nicht abstrakt zu typologisieren. Es ist eine Frage der Vertragsgestaltung im konkreten Einzelfall. In Betracht kommen sowohl dienst- oder werkvertragliche, als auch gesellschaftsvertragliche Softwareentwicklungsverträge. Es wird somit künftig zu klären sein, ob und inwieweit auch Regelungen und Lösungsansätze aus anderen Rechtsbereichen auf agile Softwareentwicklungsverträge angewendet werden können. Für die Auslegung

---

1549 Siehe oben unter **D.III.6.d)** und **D.III.6.e)**.
1550 Siehe dazu auch *Hoeren/Pinelli*, MMR 2018, 199 (202 ff.).

des Softwareentwicklungsvertrages könnte auch die praktische Umsetzung der Vereinbarungen künftig von hoher Relevanz sein. Das *Landesarbeitsgericht Baden-Württemberg* hat den Grundstein dafür gelegt, dass auch die dem Vertrag folgende Praxis in Zukunft bei einer Auslegung zu berücksichtigen sein könnte.[1551]

Insgesamt darf mit Spannung erwartet werden wie das deutsche Rechtswesen[1552] und auch der deutsche Gesetzgeber in der Zukunft mit dem digitalen Wandel und der zunehmenden Popularität agiler Programmierung umgehen wird. Es wird notwendig sein traditionelle und bewährte Grundstrukturen mit methodischen und digitalen Änderungen in Einklang zu bringen. Wichtig ist dabei, dass Judikative und Legislative nicht den Anschluss an die digitalisierte Wirtschaft und die zunehmend komplexeren Entwicklungsmodelle verlieren.[1553]

III. Baubranche

Dass eine vergleichbare digitale Thematik aktuell das Baurechtswesen beschäftigt, wurde im Anschluss an die Thematik der agilen Programmierung überblicksweise am Beispiel des *Building Information Modeling (BIM)* herausgestellt.[1554]

Der Verfasser schließt sich der Auffassung an, dass auch in der Baubranche ein rasanter technischer Fortschritt zu erkennen ist.[1555] Hiermit verbunden wird verfasserseits der Prognose zugestimmt, dass das *Building Information Modeling* sich „*innerhalb kürzester Zeit ungeachtet aller technologischen und organisatorischen Anfangsprobleme als eine (wesentliche) Planungstechnologie durchsetzen wird.*"[1556]

Aufgrund dessen, dass die Welt technisch und digital zunehmend vernetzt wird, erscheint eine flächendeckende Implementierung von virtueller Gebäude- und Projektplanung als ein notwendiger Schritt für die Baubranche. Die damit verbundenen Möglichkeiten das Gebäudemodell auch für die weitere Bewirtschaftung (insbesondere *Facility Management*) einzusetzen, erhöhen die Attraktivität dieser Planungsmethode ungemein.

1551 LAG Baden-Württemberg, Urt. v. 01.08.2013, Az. 2 Sa 6/13 = NZA 2013, 1017.
1552 Insbesondere die Judikative.
1553 Kritisch hierzu schon *Schlotke*, in: *Nicklisch,* Der komplexe Langzeitvertrag (1987), S. 378 f.
1554 Siehe oben unter **D.VI.**
1555 So auch *Wirwohl*, DS 2017, 233.
1556 *Eschenbruch/Grüner,* NZBau 2014, 402 (403 f.).

G. Zusammenfassung in Kernthesen

Zum Abschluss werden die wesentlichen Erkenntnisse dieser Dissertation nochmals in Kernthesen zusammengefasst:

I.

Software wird rechtlich wie technisch nicht einheitlich definiert. Sie dient in ihrem Kern dazu eine technische Vorrichtung durch eine Folge von Befehlen für eine festgelegte Aufgabe einsatzfähig zu machen.

II.

Lineare Softwareentwicklung nach dem sog. „*Wasserfallmodell*" ist die traditionelle Weise der Programmierung. Hierbei erfolgt die Entwicklung sequenziell in einzelnen Schritten, wobei der nächste Schritt erst beginnt, nachdem der Vorherige vollständig abgeschlossen ist. Üblicherweise gliedert sich die Entwicklung der Software hierbei in die Planungsphase, die Durchführungsphase sowie die Testphase. Besonders die Planungsphase ist gekennzeichnet durch eine längere Dauer, da umfangreiche Anforderungsspezifikationen aufgestellt werden. Hierbei ist das Lastenheft vom Pflichtenheft zu unterscheiden. Das Lastenheft beinhaltet die Anforderungen des Auftraggebers an die Software („Was"). Das Pflichtenheft ist die Reaktion des Auftragnehmers (häufig in Kooperation mit dem Auftraggeber) auf das Lastenheft und beschreibt wie die Software erstellt werden soll („Wie"). Das Pflichtenheft stellt das Soll-Konzept des Projekts und somit die „*vereinbarte Beschaffenheit*" gemäß § 633 Abs. 2 S. 1 BGB dar.

III.

Agile Programmierung (insb. unter Einsatz von SCRUM) setzt hingegen auf Iteration. Das bedeutet, dass wiederkehrende Abläufe den Entwicklungsprozess prägen. Eine strikte Trennung von Planungs- und Durchführungsphasen erfolgt hierbei gerade nicht. Des Weiteren erfolgt im Gegensatz zur linearen Softwareentwicklung keine umfangreiche und schriftliche (meist vorgelagerte) Anforderungsfestlegung, sondern die Entwicklung der Software selbst steht im Fokus des Handelns. Zur Kontrolle des Produkts und einer zügigen Nutzung desselben steht am Ende eines jeden Sprints ein sog. Produktinkrement, welches vom Auftraggeber verwendet werden kann.

Die Dokumentation soll bei agiler Programmierung einer funktionsfähigen Software weichen. Hierbei ist jedoch zu berücksichtigen, dass lediglich auf das *Pflichten*heft verzichtet wird. Auch bei agiler Programmierung hat der Auftraggeber somit ein *Lasten*heft zu erstellen, aus dem seine persönlichen Wünsche und Anforderungen an die zu erstellende Software hervorgehen. Trotz häufig entsprechender fehlerhafter Interpretation legt das *Agile Manifest* für agile Softwareentwicklung nicht fest, dass diese ohne Dokumentation auskommt. Vielmehr wird der Umfang der Dokumentation verringert und der Fokus liegt eher auf der Software als auf der hierfür zu erstellenden Dokumentation.

Trotz dessen bleiben die üblichen (Verantwortungs-)Strukturen auch bei einer agilen Programmierung gleich: der Auftraggeber soll die Konzeptionshoheit behalten, während der Auftragnehmer die Programmierungshoheit behalten soll.

IV.

Bei der Typologisierung eines linearen Individualsoftwareentwicklungsvertrages besteht in der Rechtsprechung weitestgehend Einigkeit, dass das Werkvertragsrecht anzuwenden ist. In der Literatur wird demgegenüber vereinzelt der Versuch angestellt, den Dienst- oder Werklieferungsvertrag als geeignete Vertragsart zu begründen. Die hierzu vertretenen Argumente überzeugen jedoch nicht. In Einzelfällen kann die Gründung einer Gesellschaft bürgerlichen Rechts (§ 705 BGB) angenommen werden.

Zur Begründung des Werkvertragsrechts werden gerne Parallelen ins (private) Baurecht gezogen. Darüber hinaus ähnelt die Abwicklung sowie die Interessenverteilung eines linearen Softwareentwicklungsvertrages der eines klassischen Werkvertrages.

V.

Allgemein gültige Rechtsprechung zu agiler Programmierung (insb. unter Einsatz von SCRUM) ist bislang nicht ergangen. Zwar existieren zwei Urteile desselben Verfahrens zu agiler Softwareentwicklung (LG Wiesbaden, Urt. v. 30.11.2016, Az. 11 O 10/15; OLG Frankfurt/M., Urt. v. 17.08.2017, Az. 5 U 152/16), jedoch wurden grundlegende Fragen zur dogmatischen Einordnung eines agilen Softwareentwicklungsvertrages unter Einsatz von SCRUM nicht vorgenommen und auch im Übrigen beinhalten beide Urteile keine aufschlussreichen allgemeingültigen Erkenntnisse. Eine Nichtzulassungsbeschwerde der Beklagten beim *Bundesgerichtshof* war nicht erfolgreich und wurde abgewiesen. Der ersten Rechtsprechung mit allgemeiner Wirkung darf daher auch weiterhin entgegengesehen werden.

VI.

In der Diskussion um den geeigneten Vertragstypen des agilen Individualsoftwareentwicklungsvertrages werden neben dem Werk-, Dienst- oder Werklieferungsvertrag auch der Lizenz- oder Gesellschaftsvertrag als einschlägiger Vertragstyp gehandelt. Insbesondere die „Eigenart" einer agilen Programmierung (fehlende anfängliche Anforderungsspezifikation; dadurch keine konkrete Definition des geschuldeten Werkerfolgs; regelmäßig gesteigerte Mitwirkungspflichten des Auftraggebers) befeuert die Diskussion hinsichtlich dieser denkbar möglichen Vertragstypen. Letztlich erscheinen der Dienst-, Werk- oder Gesellschaftsvertrag die beste Eignung für einen agilen Softwareentwicklungsvertrag zu versprechen.

Abstrakt lässt sich ein agiler Softwareentwicklungsvertrag jedoch nicht typologisieren, da es auf die entsprechende Ausgestaltung im Einzelfall ankommt. Je nach Ausgestaltung ist der Vertrag dann unter die entsprechenden gesetzlichen Vorschriften zu subsumieren. Anders als ein linearer Softwareentwicklungsvertrag lässt sich der agile Softwareentwicklungsvertrag daher nicht allgemeingültig als reiner Werkvertrag typologisieren.

VII.

Abgesehen von zahlreichen Vorteilen existieren jedoch auch diverse Nachteile durch eine werkvertragliche Ausgestaltung des Softwareentwicklungsvertrages.

Das Werkvertragsrecht beinhaltet zum einen keine Mitwirkungs*pflichten* des Auftraggebers. Durch § 642 BGB werden keine Pflichten des Auftraggebers begründet, sondern lediglich Obliegenheiten. Da der Softwareentwicklungsvertrag als *„komplexer Langzeitvertrag"* jedoch auf vertrauensvolles und kooperatives Zusammenwirken der Vertragsparteien ausgelegt ist, ist es wichtig, dass das Mitwirken des Auftraggebers als einklagbare Pflicht ausgestaltet ist. Hierzu können baurechtliche Wertungen aus der dortigen Rechtsprechung herangezogen werden, da auch dort erhöhte Mitwirkungspflichten des Auftraggebers notwendig sind.

Eine Softwareentwicklung nimmt häufig eine längere Projektdauer in Anspruch, wodurch sich Anforderungen und Vorstellungen der Vertragsparteien an das fertige Werk ändern können. Hierzu bedarf es eines Änderungsmanagements (sog. *Change Management*). Von Wichtigkeit ist dabei auch die Möglichkeit der (einseitigen) Änderungsanordnung durch den Auftraggeber. Die hiermit einhergehende Erhöhung oder Verringerung des Leistungsumfangs muss jedoch im umgekehrten Fall auch bei der Vergütung des Auftragnehmers berücksichtigt werden. Es bedarf daher eines Anpassungsmechanismus für die Auftragnehmer-Vergütung. Im privaten Baurecht sind (einseitige) Anordnungsrechte sowie Regelungen zur Anpassung der Vergütung seit Jahrzehnten Bestandteil der VOB/B. Seit dem 01.01.2018 beinhaltet darüber hinaus das Bürgerliche Gesetzbuch ein Anordnungsrecht des Bestellers, § 650b BGB.

Das Werkvertragsrecht schreibt den Parteien keine Vergütungsmethode vor. Hinsichtlich der Vergütung sind bei Softwareentwicklungsverträgen häufig der Festpreisvertrag oder die *Time-and-Material*-Vergütung das gewählte Vergütungsmodell. Für agile Projekte wird darüber hinaus die Geeignetheit einer *Pay-per-Sprint*-Vergütung oder eines agilen Festpreises diskutiert. Im Bauvertrag finden sich der Einheitspreisvertrag, die Stundenlohnvereinbarung und der Pauschalpreisvertrag.

Durch das *Gesetz zur Reform des Bauvertragsrechts* sind die allgemein werkvertraglichen Vorschriften (§ 632a BGB n. F., § 640 BGB n. F., § 648a BGB n. F.) somit vereinzelt zum Vorteil einer agilen Programmierung ausgestaltet worden. Durch die Neuregelungen wurde die Rechtslage jedoch für Softwareentwicklungsverträge nicht nur positiv beeinflusst. Die neuen Vorschriften wirken sich auch nachteilig auf IT-Projekte aus.

VIII.

Softwareentwicklungsverträge und Bauverträge weisen zahlreiche Parallelen auf. Es steht die Frage im Raum, ob das IT-Vertragsrecht Lehren aus dem privaten Baurecht ziehen kann.

Die vorstehend aufgelisteten sechs Problemfelder des IT-Vertragsrechts (Mitwirkungspflichten des Auftraggebers, Änderungsmanagement, Vergütungsvereinbarung, Abschlagszahlungen, Abnahme, Kündigung aus wichtigem Grund) wurden mit baurechtlichen Konstellationen und Lösungsansätzen aus der Rechtsprechung verglichen. Es zeigt sich, dass zahlreiche Problemfelder eines Softwareentwicklungsvertrages durch Übertragung baurechtlicher Wertungen gelöst werden können.

Die eingangs bereits aufgeworfene These lässt sich nach alledem bestätigen: Das IT-Vertragsrecht kann was vom Bauvertragsrecht lernen!

IX.

Mangels gesetzlicher Regelungen im Werkvertragsrecht müssen die Parteien jedoch entsprechende Vereinbarungen zu Auftraggeber-Mitwirkungspflichten, einem Änderungsmanagement und der Vergütungsvereinbarung in den Vertrag einarbeiten. Da die Änderungen, die die §§ 632a, 640, 648a BGB n. F. erfahren haben, vereinzelt nicht förderlich für IT-Projekte sind, müssen auch sie für IT-Projekte modifiziert werden. Zur Korrektur dessen ist der Kautelarjurisprudenz eine umfassende und umsichtige Vertragsgestaltung zu empfehlen.

Bei Vereinbarung agiler Softwareentwicklung ist es den Parteien daher trotz der Agilität dringend zu empfehlen eine ausführliche Vertragsgestaltung vorzunehmen. Trotz dessen, dass das *Agile Manifest* als dritten Leitsatz „*customer collaboration over contract negotiation*" stellt, ist für eine erfolgsversprechende agile Softwareentwicklung ein umfangreicher Vertrag notwendig.

X.

Building Information Modeling ist eine Planungsmethode, bei der ein virtuelles, dreidimensionales Gebäudemodell samt Datenbank erstellt wird, welches von allen Planungsbeteiligten herangezogen wird. Dieses Gebäudemodell soll sowohl während der Planungsphase, als auch während der Errichtungs- und späteren Bewirtschaftungsphase (*Facility Management*) herangezogen werden können. Unterschieden wird insbesondere zwischen dem *open-BIM* und dem *closed-BIM*. Open-BIM bezeichnet den Ansatz, dass alle Planungsbeteiligten unter Einsatz ihrer üblichen Software weiterarbeiten und regelmäßig ein Austausch und Abgleich dieser Fachmodell stattfindet. Closed-BIM bezeichnet den Ansatz, dass alle Planungsbeteiligten unter Verwendung gleicher Software in Echtzeit an einem einzigen Gebäudemodell arbeiten. *Building Information Modeling* (insb. *closed-BIM*) erfordert eine intensive Zusammenarbeit aller Planungsbeteiligten. Die zugrundeliegenden Verträge zwischen Auftraggeber und ausführenden Unternehmern bleiben trotz Einsatzes von *Building Information Modeling* Werkverträge gemäß § 631 BGB.

XI.

Durch die branchenübergreifend wahrnehmbar fortschreitende Digitalisierung und den technischen Fortschritt darf erwartet werden, dass agilen Arbeitsweisen und modernen Planungsmethoden immer größere Relevanz zukommen wird. Agile Programmierung und *Building Information Modeling* sind in Abkehr von sequenziellen Abläufen (wie sie im Wasserfallmodell üblich sind oder in der HOAI durch Leistungsphasen zur Preisermittlung definiert werden) darauf ausgelegt ökonomischer und weniger statisch Ergebnisse zu erzielen. Damit einhergehend verzichten diese modernen Ansätze auf streng hierarchische Strukturen, sondern ermöglichen ein kooperatives Zusammenwirken der Projektbeteiligten auf Augenhöhe.

Literaturverzeichnis

Monographien/Handbücher/Lehrbücher

Auer-Reinsdorff, Astrid/ Conrad, Isabell	„Handbuch IT- und Datenschutzrecht" 2. Auflage München 2016 (zitiert: Auer-Reinsdorff/Conrad, *Bearbeiter*, Fundstelle)
Bräutigam, Peter	„IT-Outsourcing und Cloud Computing" 4. Auflage Berlin 2019 (zitiert: Bräutigam, *Bearbeiter*, Fundstelle)
Dammert, Bernd/ Lenkeit, Olaf/ Oberhauser, Iris/ Pause, Hans-Egon/ Stretz, Anna	„Das neue Bauvertragsrecht" München 2017 (zitiert: Dammert/Lenkeit/Oberhauser/Pause/Stretz, *Bearbeiter*, Fundstelle)
Eschenbruch, Klaus	„Projektmanagement und Projektsteuerung" 4. Auflage Köln 2015 (zitiert: *Eschenbruch*, Projektmanagement und Projektsteuerung, Fundstelle)
Eschenbruch, Klaus/ Leupertz, Stefan (Hrsg.)	„BIM und Recht" Köln 2016 (zitiert: BIM und Recht, *Bearbeiter*, Fundstelle)
Grützner, Thomas/ Jakob, Alexander	„Compliance von A–Z" 2. Auflage München 2015 (zitiert: Grützner/Jakob, *Bearbeiter*, Fundstelle)
Heussen, Benno/ Hamm, Christoph	„Beck'sches Rechtsanwalts-Handbuch" 11. Auflage München 2016 (zitiert: Heussen/Hamm, *Bearbeiter*, Fundstelle)
Kilian, Wolfgang/ Heussen, Benno	„Computerrechts-Handbuch; Informationstechnologie in der Rechts- und Wirtschaftspraxis" 34. Ergänzungslieferung (Stand: Mai 2018) München 2018 (zitiert: Kilian/Heussen, *Bearbeiter*, Fundstelle)

Kniffka, Rolf/ Koeble, Wolfgang	„Kompendium des Baurechts" 4. Auflage München 2014 (zitiert: Kniffka/Koeble, *Bearbeiter*, Fundstelle)
Kuffer, Johann/ Wirth, Axel	„Handbuch des Fachanwalts Bau- und Architektenrecht" 5. Auflage Köln 2017 (zitiert: Kuffer/Wirth, *Bearbeiter*, Fundstelle)
Leupold, Andreas/ Glossner, Silke (beide Hrsg.)	„Münchener Anwaltshandbuch IT-Recht" 3. Auflage München 2013 (zitiert: MAH IT-Recht, *Bearbeiter*, Fundstelle)
Motzke, Gerd/ Bauer, Günter/ Seewald, Thomas (Hrsg.)	„Prozesse in Bausachen; Privates Baurecht | Architektenrecht" 3. Auflage Baden-Baden 2018 (zitiert: Motzke/Bauer/Seewald, *Bearbeiter*, Fundstelle)
Nicklisch, Fritz (Hrsg.)	„Der komplexe Langzeitvertrag" Heidelberg 1987 (zitiert: *Bearbeiter*, in: Nicklisch, Der komplexe Langzeitvertrag (1987), Fundstelle)
Redeker, Helmut	„IT-Recht" 6. Auflage München 2017 (zitiert: *Redeker*, IT-Recht, Fundstelle)
Redeker, Helmut (Hrsg.)	„Handbuch der IT-Verträge" 38. Ergänzungslieferung (Stand: Mai 2019) Köln 2019 (zitiert: Redeker Hdb-IT, *Bearbeiter*, Fundstelle)
Schneider, Jochen	„Handbuch EDV-Recht" 5. Auflage Köln 2017 (zitiert: Handbuch EDV-Recht, *Bearbeiter*, Fundstelle)
Tilch, Horst (Redaktor)	„Münchener Rechts-Lexikon" Band 3, R-Z München 1987 (zitiert: MüReLex, Fundstelle)
Werner, Ulrich/ Pastor, Walter	„Der Bauprozess" 16. Auflage Köln 2018 (zitiert: Werner/Pastor, *Bearbeiter*, Fundstelle)

Kommentare

Bamberger, Georg/
Roth, Herbert/
Hau, Wolfgang/
Poseck, Roman
(alle Hrsg.)

„Beck'scher Online-Kommentar zum Bürgerlichen Gesetzbuch" 50. Edition (Stand: 01.05.2019) München 2018
(zitiert: BeckOK BGB, *Bearbeiter*, Fundstelle)

Ganten, Hans/
Jansen, Günther/
Voit, Wolfgang
(alle Hrsg.)

„Beck'scher VOB-Kommentar – Vergabe- und Vertragsordnung für Bauleistungen Teil B"
3. Auflage München 2013
(zitiert: Ganten/Jansen/Voit, *Bearbeiter*, Fundstelle)

Gsell, Beate/
Krüger, Wolfgang/
Lorenz, Stephan/
Reymann, Christoph
(alle Gesamthrsg.)

„Beck-online.GROSSKOMMENTAR zum Bürgerlichen Gesetzbuch" Stand: 01.07.2019 München 2019
(zitiert: BeckOGK, *Bearbeiter*, Fundstelle)

Herberger, Maximilian/
Martinek, Micharl/
Rüßmann, Helmut/
Weth, Stephan

„jurisPraxisKommentar; BGB" Band 2.3 §§ 631 bis 853 BGB 5. Auflage Saarbrücken 2010
(zitiert: Herberger/Martinek/Rüßmann/Weth, *Bearbeiter*, Fundstelle)

Ingenstau, Heinz/
Korbion, Hermann

„VOB Teile A und B Kommentar" 20. Auflage Köln 2017
(zitiert: Ingenstau/Korbion, *Bearbeiter*, Fundstelle)

Jansen, Günther/
Kandel, Roland/
Preussner, Mathias

„Beck'scher Online-Kommentar zur VOB/B" 34. Edition (Stand: 31.01.2019) München 2019
(zitiert: Jansen/Kandel/Preussner, Bearbeiter, Fundstelle)

Kapellmann, Klaus/
Messerschmidt, Burkhard
(Hrsg.)

„Kommentar zur VOB Teile A und B" 6. Auflage München 2018
(zitiert: Kapellmann/Messerschmidt, *Bearbeiter*, Fundstelle)

Kniffka, Rolf
(Hrsg.)

„ibr-online-Kommentar Bauvertragsrecht" 3. Auflage München 2018
(zitiert: ibr-online-Kommentar Bauvertragsrecht, *Bearbeiter*, Fundstelle)

Korbion, Hermann/ Mantscheff, Jack/ Vygen, Klaus	„Honorarordnung für Architekten und Ingenieure (HOAI)" 9. Auflage München 2016 (zitiert: Korbion/Mantscheff/Vygen, *Bearbeiter*, Fundstelle)
Locher, Horst/ Koeble, Wolfgang/ Frik, Werner	„Kommentar zur HOAI" 13. Auflage Köln 2017 (zitiert: Locher/Koeble/Frik, *Bearbeiter*, Fundstelle)
Maunz, Theodor/ Dürig, Günter	„Grundgesetz Kommentar" 86. Ergänzungslieferung (Stand: Januar 2019) München 2019 (zitiert: Maunz/Dürig, *Bearbeiter*, Fundstelle)
Messerschmidt, Burkhard/ Voit, Wolfgang (beide Hrsg.)	„Kommentar zum Privaten Baurecht" 3. Auflage München 2018 (zitiert: Messerschmidt/Voit, *Bearbeiter*, Fundstelle)
Nicklisch, Fritz/ Weick, Günter/ Jansen, Günther Arnold/ Seibel, Mark (Hrsg. Jansen/Seibel)	„VOB Teil B – Vergabe- und Vertragsordnung für Bauleistungen" 5. Auflage München 2019 (zitiert: Nicklisch/Weick/Jansen/Seibel, *Bearbeiter*, Fundstelle)
Oetker, Hartmut (Hrsg.)	„Handelsgesetzbuch Kommentar" 6. Auflage München 2019 (zitiert: Oetker HGB, *Bearbeiter*, Fundstelle)
Palandt, Otto	„Kommentar zum Bürgerlichen Gesetzbuch" 78. Auflage München 2019 (zitiert: Palandt, *Bearbeiter*, Fundstelle)
Pielow, Johann-Christian (Hrsg.)	„Beck-Online-Kommentar zur Gewerbeordnung" 46. Edition (Stand: 01.06.2019) München 2019 (zitiert: BeckOK GewO, *Bearbeiter*, Fundstelle)
Röhricht, Volker/ Graf von Westphalen, Friedrich/ Haas, Ulrich (Hrsg.)	„Handelsgesetzbuch Kommentar" 5. Auflage Köln 2019 (zitiert: Röhricht/GvW/Haas, *Bearbeiter*, Fundstelle)

Säcker, Franz Jürgen/ Rixecker, Roland/ Oetker, Hartmut/ Limperg, Bettina (alle Hrsg.)	„Münchener Kommentar zum Bürgerlichen Gesetzbuch" Band 1 8. Auflage München 2018 (zitiert: MüKoBGB, *Bearbeiter*, Fundstelle)
dies.	„Münchener Kommentar zum Bürgerlichen Gesetzbuch" Band 2 8. Auflage München 2019 (zitiert: MüKoBGB, *Bearbeiter*, Fundstelle)
dies.	„Münchener Kommentar zum Bürgerlichen Gesetzbuch" Band 3 8. Auflage München 2019 (zitiert: MüKoBGB, *Bearbeiter*, Fundstelle)
dies.	„Münchener Kommentar zum Bürgerlichen Gesetzbuch" Band 5/1 7. Auflage München 2018 (zitiert: MüKoBGB, *Bearbeiter*, Fundstelle)
dies.	„Münchener Kommentar zum Bürgerlichen Gesetzbuch" Band 6 7. Auflage München 2017 (zitiert: MüKoBGB, *Bearbeiter*, Fundstelle)
Staudinger, Julius von	„Kommentar zum Bürgerlichen Gesetzbuch" Buch 2: Recht der Schuldverhältnisse §§ 305-310; UKlaG (Recht der Allgemeinen Geschäftsbedingungen) Neubearbeitung Berlin 2013 (zitiert: Staudinger, *Bearbeiter*, Fundstelle)
ders.	„Kommentar zum Bürgerlichen Gesetzbuch" Buch 2: Recht der Schuldverhältnisse §§ 631 – 651 (Werkvertragsrecht) Neubearbeitung Berlin 2014 (zitiert: Staudinger, *Bearbeiter*, Fundstelle)
ders.	„Kommentar zum Bürgerlichen Gesetzbuch" Buch 2: Recht der Schuldverhältnisse §§ 705-740 Neubearbeitung Berlin 2003 (zitiert: Staudinger, *Bearbeiter*, Fundstelle)

Aufsätze / Entscheidungsanmerkungen

Althaus, Stefan	„Angemessene Zuschläge für Allgemeine Geschäftskosten, Wagnis und Gewinn nach § 650c I 1 BGB" in: NZBau 2019, S. 15–20 (zitiert: *Althaus*, Fundstelle)
Antoine, Lucie	„Umorientierung in Leistungskette und Vertragspraxis" in: CR 2019, R56-R58 (zitiert: *Antoine*, Fundstelle)
Antoine, Lucie/ Schneider, Jochen	„Gewährleistungsrechte vor Abnahme im Werkvertragsrecht: Auswirkungen und Bedeutung für die vertragliche Praxis in IT-Projekten; Folgen aktueller baurechtlicher Grundsatzentscheidungen des BGH für Softwareverträge" in: ITRB 2018, S. 183–187 (zitiert: *Antoine/Schneider*, Fundstelle)
Bachem, Eberhard/ Bürger, Andreas	„Die Neuregelung zur Abnahmefiktion im Werkvertragsrecht" in: NJW 2018, S. 118–122 (zitiert: *Bachem/Bürger*, Fundstelle)
Beardwood, John P./ Shour, Michael	„Risk Management and Agile Software Development: Optimizing Contractual Design" in: CRi 2010, Heft 6, S. 161–170 (zitiert: *Beardwood/Shour*, Fundstelle)
Bischof, Elke	„Formen der Zusammenarbeit im IT-Projekt; Abbildung moderner Projektmethoden in AGB" in: ITRB 2014, S. 117–118 (zitiert: *Bischof*, Fundstelle)
Blomeyer, Fabian/ Zimmermann, Eric	„Die Leistungsphase 0 nach § 650 p II BGB nF" in: NZBau 2017, S. 703–707 (zitiert: *Blomeyer/Zimmermann*, Fundstelle)
Boehme-Neßler, Volker	„Die Macht der Algorithmen und die Ohnmacht des Rechts; Wie die Digitalisierung das Recht relativiert" in: NJW 2017, S. 3031–3037 (zitiert: *Boehme-Neßler*, Fundstelle)

Börsch, Michael	„Übungsblätter Lernbeitrag Zivilrecht; Die Planwidrigkeit der Lücke" in: JA 2000, S. 117–119 (zitiert: *Börsch*, Fundstelle)
Bortz, Christoffer	„Auslegung und Gestaltung agiler Projektverträge – Vertragsrechtliche Analyse unter Berücksichtigung der verschiedenen Rollen in Scrum-Projekten" in: MMR 2018, S 287-292 (zitiert: *Bortz*, Fundstelle)
Braun, Steffen	„Datenschutzkonforme Gebäudeplanung mit BIM (Building Information Modeling)" in: ZD-Aktuell 2019, Heft 10, 06644 (zitiert: *Braun*, Fundstelle)
Bräutigam, Peter/ Rücker, Daniel	„Softwareerstellung und § 651 BGB – Diskussion ohne Ende oder Ende der Diskussion? (§ 651 BGB)" in: CR 2006, S. 361–368 (zitiert: *Bräutigam/Rücker*, Fundstelle)
Bühl, Helmut	„Grenzen der Hinweispflicht des Bieters" in: BauR 1992, S. 26–34 (zitiert: *Bühl*, Fundstelle)
Bull, Hans Peter	„Digitalisierung als Politikziel – Teil I" in: CR 2019, S. 478–484 (zitiert: *Bull*, Fundstelle)
ders.	„Digitalisierung als Politikziel – Teil II" in: CR 2019, S. 547–552 (zitiert: *Bull*, Fundstelle)
Danwerth, Christopher	„Analogie und teleologische Reduktion – zum Verhältnis zweier scheinbar ungleicher Schwestern" in: ZfPW 2017, S. 230–249 (zitiert: *Danwerth*, Fundstelle)
Deckers, Stefan	„Das neue Architekten- und Ingenieurvertragsrecht im Bürgerlichen Gesetzbuch" in: ZfBR 2017, S. 523–545 (zitiert: *Deckers*, Fundstelle)

Degen, Thomas A. — „Beck'sches Formularbuch IT-Recht" in: NJW 2018, S. 2245–2246
(zitiert: *Degen*, Fundstelle)

Dischke, Eduard/ Ritter, Nicolai — „Die Auswirkungen des neuen Architekten- und Ingenieurvertragsrechts auf die BIM-Planungsmethode" in: BauR 2018, S. 727–738
(zitiert: *Dischke/Ritter*, Fundstelle)

Ehrl, Jennifer — „Das neue Bauvertragsrecht im Überblick" in: DStR 2017, S. 2395–2401
(zitiert: *Ehrl*, Fundstelle)

Englert, Klaus/ Englert, Florian — „Die 'Zumutbarkeit' der Befolgung von Anordnungen nach dem neuen Bauvertragsrecht – Streitvermeidung oder Streitförderung" in: NZBau 2017, S. 579–583
(zitiert: *Englert/Englert*, Fundstelle)

Ernst, Stefan — „Agile Softwareprojekte und Vertragsauslegung – Zugleich Anmerkung zu LG Wiesbaden Urt. v. 30.11.2016 – 11 O 10/15, CR 2017, 298" in: CR 2017, S. 285–291
(zitiert: *Ernst*, Fundstelle)

Eschenbruch, Klaus — „Building Information Modeling (BIM)" in: BauR 2016, S. 358–375
(zitiert: *Eschenbruch*, Fundstelle)

Eschenbruch, Klaus — „Die vertragsjuristische Bewältigung der Bauzeit" in: BauR 2019, S. 1213–1223
(zitiert: *Eschenbruch*, Fundstelle)

Eschenbruch, Klaus/ Bodden, Jörg — „Leistungsbild Objektplanung mit BIM der Architektenkammer NRW" in: BauR 2016, 1991-1999
(zitiert: *Eschenbruch/Bodden*, Fundstelle)

Eschenbruch, Klaus/ Elixmann, Robert — „Das Leistungsbild des BIM-Managers" in: BauR 2015, S. 745–753
(zitiert: *Eschenbruch/Elixmann*, Fundstelle)

Eschenbruch, Klaus/ Gerstberger, Robert	„Smart Contracts – Planungs-, Bau- und Immobilienverträge als Programm?" in: NZBau 2018, S. 3–8 (zitiert: *Eschenbruch/Gerstberger*, Fundstelle)
Eschenbruch, Klaus/ Grüner, Johannes	„BIM – Building Information Modelind; Neue Anforderungen an das Bauvertragsrecht durch eine neue Planungstechnologie" in: NZBau 2014, S. 402–409 (zitiert: *Eschenbruch/Grüner*, Fundstelle)
Fischer, Peter/ Jungedeitering, Jörg	„Die BIM-Methode im Lichte des Baurechts" in: BauR 2015, S. 8–19 (zitiert: *Fischer/Jungedeitering*, Fundstelle)
Frank, Christian	„Bewegliche Vertragsgestaltung für agiles Programmieren; Ein Vorschlag zur rechtlichen Abschichtung zwischen Planung und Realisierung" in: CR 2011, S. 138–144 (zitiert: *Frank*, Fundstelle)
Fuchs, Anke/ Meierhöfer, Christine/ Morsbach, Jochen/ Pahlow, Louis	„Agile Programmierung – Neue Herausforderungen für das Softwarevertragsrecht; Unterschiede zu 'klassischen' Softwareentwicklungsprojekten" in: MMR 2012, S. 427–433 (zitiert: *Fuchs/Meierhöfer/Morsbach/Pahlow*, Fundstelle)
Fuchs, Heiko	„Großversagen der Auftraggeber?" in: NZBau 2014, S. 409–415 (zitiert: *Fuchs*, Fundstelle)
Fuchs, Heiko	„Regelung des Architekten- und Ingenieurvertrags" in: NZBau 2015, S. 675–684 (zitiert: *Fuchs*, Fundstelle)
Fuchs, Heiko	„Der Leistungsbegriff des Architektenvertrags – Mängel und Verzug vor Abnahme" in: NZBau 2019, S. 25–29 (zitiert: *Fuchs*, Fundstelle)

Glöckner, Jochen	„BGB-Novelle zur Reform des Bauvertragsrechts als Grundlage effektiven Verbraucherschutzes – Teil 1" in: VuR 2016, S. 123–132 (zitiert: *Glöckner*, Fundstelle)
Glöckner, Jochen	„BGB-Novelle zur Reform des Bauvertragsrechts als Grundlage effektiven Verbraucherschutzes – Teil 2" in: VuR 2016, S. 163–168 (zitiert: *Glöckner*, Fundstelle)
Grziwotz, Herbert	„Der Bauträgervertrag – Finanzierungsinstrument für Banken mit immer weniger Verbraucherschutz?" in: NZBau 2019, S. 218–225 (zitiert: *Grziwotz*, Fundstelle)
Günther, Jens/ Böglmüller, Matthias	„Einführung agiler Arbeitsmethoden – was ist arbeitsrechtlich zu beachten? (Teil 1)" in: NZA 2019, S. 273–278 (zitiert: *Günther/Böglmüller*, Fundstelle)
Hebel, Johann Peter	„Kündigung des Bauvertrags aus wichtigem Grund" in: BauR 2011, S. 330–342 (zitiert: *Hebel*, Fundstelle)
Heinle, Joachim	„Ansprüche des Architekten bei Bauzeitverlängerung" in: BauR 1992, S. 428–433 (zitiert: *Heinle,* Fundstelle)
Heise, Dietmar/ Friedl, André	„Flexible ('agile') Zusammenarbeit zwischen Unternehmen versus illegale Arbeitnehmerüberlassung – das Ende von Scrum?" in: NZA 2015, S. 129–137 (zitiert: *Heise/Friedl*, Fundstelle)
Hengstler, Arndt	„Gestaltung der Leistungs- und Vertragsbeziehung bei Scrum-Projekten; Umgang mit vertragsrelevanten Besonderheiten der Scrum-Methode" in: ITRB 2012, S. 113–116 (zitiert: *Hengstler*, Fundstelle)

Heydn, Truiken J.	„Kündigung von IT-Projekten aus wichtigem Grund; Lehren aus der Entscheidung des OLG Köln v. 1.6.2018 (CR 2018, 631) zur Vereinbarung außerordentlicher Kündigungsrechte im Vertrag" in: CR 2018, S. 621–631 (zitiert: *Heydn*, Fundstelle)
Hildebrand, Thomas	„Das neue Forderungssicherungsgesetz (FoSiG); Ein erster kritischer Ausblick" in: BauR 2009, S. 4–13 (zitiert: *Hildebrand*, Fundstelle)
Hoeren, Thomas	„Der Softwareprojektvertrag – Lehren aus dem Baurecht" in: Gedächtnisschrift für Manfred Wolf (2011), S. 61–76 München 2011 (zitiert: *Hoeren*, Fundstelle)
Hoeren, Thomas	„Die Reform des Bauvertragsrechts und das IT-Vertragsrecht; Änderungen der kaufrechtlichen Mängelhaftung und des Werkvertragsrechts im IT-Recht" in: CR 2017, S. 281–285 (zitiert: *Hoeren*, Fundstelle)
Hoeren, Thomas	„IT- und Internetrecht – Kein Neuland für die NJW" in: NJW 2017, S. 1587–1592 (zitiert: *Hoeren*, Fundstelle)
Hoeren, Thomas/ Pinelli, Stefan	„Agile Programmierung – Einführung und aktuelle rechtliche Herausforderungen" in: MMR 2018, S. 199–204 (zitiert: *Hoeren/Pinelli*, Fundstelle)
Honsell, Heinrich	„Die rhetorischen Wurzeln der juristischen Auslegung" in: ZfPW 2016, S. 106–128 (zitiert: *Honsell*, Fundstelle)
Hoppen, Peter	„Software-Anforderungsdokumentation – Leistungsbeschreibungen bei Software" in: CR 2015, S. 747–760 (zitiert: *Hoppen*, Fundstelle)
Ihde, Rainer	„Das Pflichtenheft beim Softwareerstellungsvertrag" in: CR 1999, S. 409–414 (zitiert: *Ihde*, Fundstelle)

Junker, Abbo	„Die Entwicklung des Computerrechts in den Jahren 1991 und 1992" in: NJW 1993, S. 824–832 (zitiert: *Junker*, Fundstelle)
Kapellmann, Klaus Dieter	„Die erforderliche Mitwirkung nach § 642 BGB, § 6 VI VOB/B – Vertragspflichten und keine Obliegenheiten" in: NZBau 2011, S. 193–198 (zitiert: *Kapellmann*, Fundstelle)
Kapellmann, Klaus Dieter	„Die Änderungsvorschläge zum BGB und zur VOB/B" in: NZBau 2013, S. 537–547 (zitiert: *Kapellmann*, Fundstelle)
Kapellmann, Klaus Dieter	„Die AGB-Festigkeit von § 1 III, IV und § 2 V, VI VOB/B angesichts des neuen BGB-Bauvertragsrechts" in: NZBau 2017, S. 635–639 (zitiert: *Kapellmann*, Fundstelle)
Kapellmann, Klaus Dieter/ Fuchs, Heiko	„Von Würsten und dem neuen Bauvertragsrecht" in: NZBau 2017, S. 185–186 (zitiert: *Kapellmann/Fuchs*, Fundstelle)
Karczewski, Thomas/ Vogel, Achim	„Abschlagszahlungspläne im Generalübernehmer- und Bauträgervertrag" in: BauR 2001, S. 859–866 (zitiert: *Karczewski/Vogel*, Fundstelle)
Karczewski, Thomas	„Der neue alte Bauträgervertrag" in: NZBau 2018, S. 328–338 (zitiert: *Karczewski*, Fundstelle)
Kemper, Ralf	„BIM und HOAI" in: BauR 2016, S. 426–428 (zitiert: *Kemper*, Fundstelle)
Kimpel, Ralph	„Das gesetzliche Bauvertragsrecht 2.0" in: NZBau 2019, S. 41–45 (zitiert: *Kimpel*, Fundstelle)
Kirberger, Petra	„Teilkündigung" in: BauR 2011, S. 343–352 (zitiert: *Kirberger*, Fundstelle)

Koch, Frank	„Agile Softwareentwicklung – Dokumentation, Qualitätssicherung und Kundenmitwirkung" in: ITRB 2010, S. 114–119 (zitiert: *Koch*, Fundstelle)
König, Michael	„Software (Computerprogramme) als Sache und deren Erwerb als Sachkauf" in: NJW 1993, S. 3121–3124 (zitiert: *König*, Fundstelle)
Kremer, Sascha	„Gestaltung von Verträgen für die agile Softwareerstellung; Zusammenfassung und Fortführung der Beiträge in ITRB 1/2010 bis 5/2010" in: ITRB 2010, S. 283–289 (zitiert: *Kremer*, Fundstelle)
Kremer, Sascha/ Sander, Stefan	„Rücktritt vom Softwareerstellungsvertrag vor der Abnahme" in: jurisPR-ITR 18/2015, Anm. 5 (zitiert: *Kremer/Sander*, Fundstelle)
Kühn, Philipp/ Ehlenz, Nikolaus	„Agile Werkverträge mit Scrum; Konkrete Vertragsgestaltungs- und Formulierungsvorschläge" in: CR 2018, S. 138–151 (zitiert: *Kühn/Ehlenz*, Fundstelle)
Kühn, Philipp/ Wulff, Christian	„Scheinselbstständigkeit und Arbeitnehmerüberlassung bei Scrum; Wenn agile Arbeit auf nicht so agile Regeln trifft" in: CR 2018, S. 417–425 (zitiert: *Kühn/Wulff*, Fundstelle)
Lachmann, Ulrike	„Die Rechtsfolgen unterlassener Mitwirkungshandlungen des Werkbestellers" in: BauR 1990, S. 409–412 (zitiert: *Lachmann*, Fundstelle)
Langen, Werner	„Änderung des Werkvertragsrechts und Einführung eines Bauvertragsrechts; Der Referentenentwurf des Bundesjustizministeriums" in: NZBau 2015, S. 658–667 (zitiert: *Langen*, Fundstelle)

Langen, Werner	„'Guter Preis bleibt gut, schlechter Preis wird gut': Folgen der AGB-Unwirksamkeit der VOB/B nach neuem Recht" in: NZBau 2019, S. 10–15 (zitiert: *Langen*, Fundstelle)
Langen, Werner	„Das Anordnungsrecht gem. § 650b BGB" in: BauR 2019, S. 303–316 (zitiert: *Langen*, Fundstelle)
Lapp, Thomas	„Interaktion und Kooperation bei IT-Projekten; Regelung der Mitwirkung bei modernen Projektmethoden" in: ITRB 2010, S. 69–71 (zitiert: *Lapp*, Fundstelle)
Lapp, Thomas	„Agile Projektmethoden auf dem Prüfstand; Erkenntnisse aus OLG Frankfurt v. 17.8.2017 – 5 U 152/16 und Konsequenten für die Vertragsgestaltung" in: ITRB 2018, S. 263–266 (zitiert: *Lapp*, Fundstelle)
Leinemann, Ralf	„Das neue Bauvertragsrecht und seine praktischen Folgen" in: NJW 2017, S. 3113–3119 (zitiert: *Leinemann*, Fundstelle)
Liesegang, Wiegand	„Projektmanagement und die zugehörige Dokumentation; Welche Dokumentation ist nach den allgemein anerkannten Regeln der Technik geschuldet" in: CR 2015, S. 541–556 (zitiert: *Liesegang*, Fundstelle)
Lutz, Holger/ Bach, Simone	„Agile Softwareentwicklung – Werkvertrag oder doch Dienstvertrag?" in: BB 2017, S. 3016–3020 (zitiert: *Lutz/Bach*, Fundstelle)
Maase, Andreas	„Das bauzeitliche Bestimmungsrecht des Bestellers gem. §§ 157, 242 BGB – Teil 1" in: BauR 2017, S. 781–797 (zitiert: *Maase*, Fundstelle)
Maier, Adolf	„Zur Kaufmannseigenschaft von Software-Entwicklern" in: NJW 1986, S. 1909–1913 (zitiert: *Maier*, Fundstelle)

Martina, Dietmar	„Digitalisierung und rechtliche Rahmenbedingungen der externen IT-Berater; Regelungsvorschlag de lege feranda zur Lösung des rechtlichen Dilemmas bei der Einbindung externer IT-Berater in ein Unternehmen" in: CR 2019, S. 339–34 (zitiert: *Martina*, Fundstelle)
Matthies, Stefan/ Hark, Dominik	„Gesamtschuldnerische und bereicherungsrechtliche Beziehung zwischen planendem Architekten und Unternehmer" in: jurisPR-PrivBauR 5/2019, Anm. 4 (zitiert: *Matthies/Hark*, Fundstelle)
Meier, Patrick/ Jocham, Felix	„Rechtsfortbildung – Methodischer Balanceakt zwischen Gewaltenteilung und materieller Gerechtigkeit" in: JuS 2016, S. 392–398 (zitiert: *Meier/Jocham*, Fundstelle)
Metz, Jochen	„Die Auslegung von Gesetzen an einem Beispiel aus dem Waffenrecht" in: JA 2018, S. 47–52 (zitiert: *Metz*, Fundstelle)
Motzke, Gerd	„Der Reformgesetzgeber am Webstuhl des Architekten- und Ingenieurrechts; Das Gesetz, die HOAI und die Praxis" in: NZBau 2017, S. 251–257 (zitiert: *Motzke*, Fundstelle)
Müglich, Andreas/ Lapp, Thomas	„Mitwirkungspflichten des Auftraggebers bei IT-Systemvertrag" in: CR 2004, S. 801–809 (zitiert: *Müglich/Lapp*, Fundstelle)
Müller-Hengstenberg, Claus/ Krcmar, Helmut	„Mitwirkungspflichten des Auftraggebers bei IT-Projekten" in: CR 2002, 549-557 (zitiert: *Müller-Hengstenberg/Krcmar*, Fundstelle)
Müller-Hengstenberg, Claus/ Kirn, Stefan	„Vertragscharakter des Application Service Providing-Vertrags" in: NJW 2007, S. 2370–2373 (zitiert: *Müller-Hengstenberg/Kirn*, Fundstelle)

Müller-Hengstenberg, Claus/ Kirn, Stefan	„Die technologischen und rechtlichen Zusammenhänge der Test- und Abnahmeverfahren bei IT-Projekten" in: CR 2008, S. 755–763 (zitiert: *Müller-Hengstenberg/Kirn*, Fundstelle)
Neumann, Volker	„Legislative Einschätzungsprärogative und gerichtliche Kontrolldichte bei Eingriffen in die Tarifautonomie" in: RdA 2007, S. 71–76 (zitiert: *Neumann*, Fundstelle)
Oberhauser, Iris	„§ 650b I BGB – Änderungen des Vertrags durch Einvernehmen der Parteien" in: NZBau 2019, S. 3–10 (zitiert: *Oberhauser*, Fundstelle)
Orlowski, Matthias	„Das gesetzliche Bauvertragsrecht – Übersicht und Stellungnahme zum Gesetzesentwurf der Bundesregierung" in: ZfBR 2016, S. 419–439 (zitiert: *Orlowski*, Fundstelle)
Pause, Felix	„Der zeitliche Geltungsbereich des neuen Architekten- und Ingenieurrechts" in: IBR 2017, S. 1047 (zitiert: *Pause*, Fundstelle)
Pause, Felix	„Theorie und Praxis des neuen Rechts der Architekten und Ingenieure" in: NZBau 2017, S. 698–703 (zitiert: *Pause*, Fundstelle)
Pause, Felix	„Die stufenweise Beauftragung nach der Reform des Bauvertragsrechts" in: ZfBR 2018, S. 211–214 (zitiert: *Pause*, Fundstelle)
Pause, Hans-Egon	„Abschlagszahlungen und Sicherheiten nach § 632 a BGB" in: BauR 2009, S. 898–908 (zitiert: *Pause*, Fundstelle)
Pause, Hans-Egon	„'Ein neuer Aufbruch' – auch für's Baurecht?" in: NZBau 2018, S. 185–186 (zitiert: *Pause*, Fundstelle)
Peters, Frank	„Die Kündigung des Werkvertrags aus wichtigem Grund" in: NZBau 2014, S. 682–684 (zitiert: *Peters*, Fundstelle)

Pionteck, Alexander	„Die Praktikabilität der Abschlagszahlungsregelung in § 632a BGB" in: jM 2018, S. 403–407 (zitiert: *Pionteck*, Fundstelle)
Popescu, Paul	„Die VOB/B und das neue gesetzliche Leitbild zur Anordnung und Preisanpassung" in: BauR 2019, S. 317–333 (zitiert: *Popescu*, Fundstelle)
Priebe, Christoph	„Großprojekte erfolgreich managen, typische Fehler vermeiden" in: DS 2014, S. 208–215 (zitiert: *Priebe*, Fundstelle)
Putzier, Eckart	„Sofortige Änderungsanordnung unter dem Bauvertragsrecht 2018" in: NZBau 2018, S. 131–134 (zitiert: *Putzier*, Fundstelle)
Redeker, Helmut	„Wer ist Eigentümer von Goethes Werner?" in: NJW 1992, S. 1739–1740 (zitiert: *Redeker*, Fundstelle)
Redeker, Helmut	„Vertragsrechtliche Einordnung von Softwarelieferverträgen" in: ITRB 2013, S. 165–167 (zitiert: *Redeker*, Fundstelle)
Reiter, Harald	„Das neue Bauvertragsrecht – Teil I: Allgemeines Werkvertragsrecht und Bauvertrag" in: JA 2018, S. 161–169 (zitiert: *Reiter*, Fundstelle)
Reiter, Harald	„Das neue Bauvertragsrecht – Teil II: Verbraucherbauvertrag, Architekten- und Ingenieurvertrag, Bauträgervertrag" in: JA 2018, S. 241–249 (zitiert: *Reiter*, Fundstelle)
Retzlaff, Björn	„Die nicht werkvertragliche Haftung des Architekten im neuen Bauvertragsrecht" in: NZBau 2019, S. 29–34 (zitiert: *Retzlaff*, Fundstelle)
Ritter, Nicolai	„BIM – It's Happening!; Ein Zwischenfazit zur Implementierung von BIM in Deutschland" in: NZBau 2017, S. 633–634 (zitiert: *Ritter*, Fundstelle)

Rodemann, Tobias	„Die Leistungspflichten des Architekten nach der Bauvertragsnovelle" in: BauR 2019, S. 374–391 (zitiert: *Rodemann*, Fundstelle)
Roth-Neuschild, Birgit	„Neues Werkvertragsrecht: Einfluss auf IT-Projekte; Abnahmefiktion, Berechnung von Abschlagszahlungen, Kündigung aus wichtigem Grund" in: ITRB 2017, S. 261–264 (zitiert: *Roth-Neuschild*, Fundstelle)
Ryll, Thomas	„Renaissance der AGB-rechtlichen Privilegierung der VOB/B" in: NZBau 2018, S. 187–192 (zitiert: *Ryll*, Fundstelle)
Sarre, Frank	„Kritische Schnittstellen zwischen der Projektmethodik 'SCRUM' und juristischer Vertragsgestaltung; Welche Themen werden in komplexen IT-Projekten durch den Einsatz der agilen Projektmethode 'SCRUM' aufgeworfen und welche Lösungsansätze müssen für die juristische Vertragsgestaltung ausgearbeitet werden?" in: CR 2018, S. 198–208 (zitiert: *Sarre*, Fundstelle)
Schmidt, Volker	„Das neue Bauvertragsrecht: Kaufrecht, Kündigung, Änderung" in: NJW-Spezial 2017, S. 684–685 (zitiert: *Schmidt*, Fundstelle)
Schmidt, Volker	„Die Vereinbarung der VOB/B als Ganzes – ein untauglicher Versuch?" in: NJW-Spezial 2018, 236-237 (zitiert: *Schmidt*, Fundstelle)
Schmidt, Volker	„Revolution der Mängelansprüche des Auftraggebers" in: NJW-Spezial 2018, 428-429 (zitiert: *Schmidt*, Fundstelle)
Schneider, Jochen	„Zwischenbilanz zum Lebensraum der werkvertraglichen 'Abnahme' in IT-Projekten; Was taugt die Abnahme im Werkvertrag heute noch für IT-Verträge?" in: CR 2016, S. 634–642 (zitiert: *Schneider*, Fundstelle)

Schneider, Jochen	„Softwareerstellung und Softwareanpassung – Wo bleibt der Dienstvertrag; Ein Plädoyer für die Einordnung von Verträgen zur Anpassung – Änderung von Software als Dienstvertrag und zugleich Anmerkung zu OLG Karlsruhe v. 16.08.2002 – 1 U 250/01" in: CR 2003, S. 317–323 (zitiert: *Schneider*, Fundstelle)
Schneider, Jochen	„Mitwirkungspflichten des Auftraggebers bei der Softwareanpassung; Organisatorische Änderungen beim Kunden als wesentliche Mitwirkungsleistung"" in: ITRB 2008, S. 261–263 (zitiert: *Schneider*, Fundstelle)
Schneider, Jochen	„Werkvertragsrecht für Scrum-Verfahren" in: ITRB 2017, S. 36–38 (zitiert: *Schneider*, Fundstelle)
Schneider, Jochen	„Vergütungsanspruch bei SCRUM-Projekten" in: ITRB 2017, S. 231–232 (zitiert: *Schneider*, Fundstelle)
Schuster, Fabian	„Mitwirkungspflichten bei IT-Verträgen – Warum aus § 642 BGB keine bloße Obliegenheit folgt" in: CR 2016, S. 627–634 (zitiert: *Schuster*, Fundstelle)
Schuster, Fabian	„Abnahme, Gewährleistung & Schadensersatz bei Software-Werkverträgen; Auswirkungen des BGH-Urteils v. 19.1.2017, insbesondere bei der Produktivsetzung vor Abnahme" in: CR 2019, S. 345–352 (zitiert: *Schuster*, Fundstelle)
Schweinoch, Martin	„BGH: Anwendbarkeit von Kaufrecht auf Software-Erstellung und -Anpassung" (mit Anmerkung) in: CR 2009, S. 637–641 (zitiert: *Schweinoch*, Fundstelle)

Schweinoch, Martin	„Geänderte Vertragstypen in Software-Projekten; Auswirkungen es BGH-Urteils vom 23.7.2009 auf die vertragstypologische Einordnung üblicher Leistungen" in: CR 2010, S. 1–8 (zitiert: *Schweinoch*, Fundstelle)
Schwenker, Christian/ Wessel, Markus	„Die allgemeinen Regelungen nach der Reform des Bauvertragsrechts 2018" in: MDR 2017, S. 1093–1095 (zitiert: *Schwenker/Wessel*, Fundstelle)
Söbbing, Thomas	„Die rechtliche Betrachtung von IT-Projekten; Rechtliche Fragestellungen in den unterschiedlichen Phasen eines IT-Projekts" in: MMR 2010, S. 222–227 (zitiert: *Söbbing*, Fundstelle)
Söbbing, Thomas	„Agile Projekte in der IT-rechtlichen Praxis" in: ITRB 2014, S. 214–219 (zitiert: *Söbbing*, Fundstelle)
Söbbing, Thomas	„IT-Vertragsgestaltung 4.0; Agilität, Flexibilität, Innovationen und intelligente Anreizsysteme als Grundsäulen moderner Vertragswerke" in: ITRB 2017, S. 195–199 (zitiert: *Söbbing*, Fundstelle)
Söbbing, Thomas	„Der agile Festpreisvertrag; Rechtliche Fragen und Antworten zu einem von IT-Beratern neu entwickelten Vertragsmodell" in: ITRB 2019, S. 11–14 (zitiert: *Söbbing*, Fundstelle)
Söbbing, Thomas	„Neue Methoden der Softwareentwicklung: DevOps; Hintergründe, rechtlicher Rahmen, Vertragsmodelle" in: ITRB 2019, S. 48–51 (zitiert: *Söbbing*, Fundstelle)
Specht, Louisa	„Die Entwicklung des IT-Rechts im Jahr 2018" in: NJW 2018, S. 3686–3691 (zitiert: *Specht*, Fundstelle)

Tschäpe, Philipp/ Werner, Alexander	„Abnahme und Nachträge als eigenständige Schuldverhältnisse im Lichte der Baurechtsreform 2018 – Auswirkung auf Alt-Verträge?" in: ZfBR 2018, S. 215–220 (zitiert: *Tschäpe/Werner*, Fundstelle)
von Craushaar, Götz	„Risikotragung bei mangelhafter Mitwirkung des Bauherrn" in: BauR 1987, S. 14–22 (zitiert: *von Craushaar*, Fundstelle)
von Schenck, Sophie	„Gestaltung agiler Softwareverträge; Kommentierter Vertragsentwurf nach Scrum" in: MMR 2019, S. 139–142 (zitiert: *von Schenck*, Fundstelle)
Wallisch, Jochen	„Führung in einem Weltkonzern – Arbitsrechtliche Herausforderungen in Zeiten der digitalen Transformation aus der Praxisperspektive" in: NZA-Beilage 2018, S. 81–87 (zitiert: *Wallisch*, Fundstelle)
Weise, Stefan	„VOB/B bleibt weiter unverändert" in: NJW-Spezial 2018, S. 300–301 (zitiert: *Weise*, Fundstelle)
Welkenbach, Christian	„Scrum auf dem Prüfstand der Rechtsprechung – Lehren für die Vertragsgestaltung; Zugleich Anmerkungen zu OLG Frankfurt, Urt. v. 17.08.2017 – 5 U 152/16" in: CR 2017, S. 639–646 (zitiert: *Welkenbach*, Fundstelle)
Wenn, Matthias	„Vertragstypologische Einordnung von SCRUM-Projekten" in: jurisPR-ITR 24/2017 Anm. 2 (zitiert: *Wenn*, Fundstelle)
Wirwohl, Verena	„Neues Recht" in: DS 2017, S. 233–234 (zitiert: *Wirwohl*, Fundstelle)
Witte, Andreas	„Agiles Programmieren und § 651 BGB" in: ITRB 2010, S. 44–47 (zitiert: *Witte*, Fundstelle)

Witzel, Michaela	„Abnahme, Projektbeendigung und Schadensersatz; Gestaltungsmöglichkeiten für die 'worst-case'-Szenarien in IT-Projekten" in: CR 2017, S. 213–219 (zitiert: *Witzel*, Fundstelle)
Witzel, Michaela	„Vertragsgestaltung für Generalunternehmer in IT-Projekten: Vermeidung von Lücken und Umgang mit Tücken" in: CR 2018, 345-352 (zitiert: *Witzel*, Fundstelle)
Zander, Sebastian	„Die Reform des Bauvertragsrechts und ihre Auswirkung auf die notarielle Praxis" in: BWNotZ 2017, S. 115–126 (zitiert: *Zander*, Fundstelle)
Zimmermann, Eric	Die Planersicherung nach § 650q Abs. 1 i. V. m. § 650f BGB" in: BauR 2019, S. 159–167 (zitiert: *Zimmermann*, Fundstelle)
ohne Autor	„Arbeitskreis Ia – Building Information Modeling (BIM)" in: BauR 2016, S. 1557–1570 (zitiert: *ohne Autor*, Fundstelle)

Weitere Literatur

Barke, Helena/ Zehlike, Meike	„Mit Scrum mehr Chancengleichheit in der Softwareentwicklung" in: projektManagement-aktuell Ausgabe 2.2016, S. 58–60 (zitiert: *Barke/Zehlike*, Fundstelle)
Bahnert, Thomas/ Heinrich, Dietmar/ Johrendt, Reinhold	„Einführung in Building Information Modeling (BIM): Der neue Planungsprozess" in: DS 2018, S. 191–193 (zitiert: *Bahnert/Heinrich/Johrendt*, Fundstelle)
dies.	„Prozessbeteiligte, Grundlagen und Erläuterungen zur Entwicklung des BIM-Prozessleitbildes" in: DS 2018, S. 193–197 (zitiert: *Bahnert/Heinrich/Johrendt*, Fundstelle)

dies.	„Der Planungsprozess der Objektplanung gem. § 34 HOAI mit BIM" in: DS 2018, S. 198–202 (zitiert: Bahnert/Heinrich/Johrendt, Fundstelle)
dies.	„Leistungsbilder unter BIM" in: DS 2018, S. 203–206 (zitiert: Bahnert/Heinrich/Johrendt, Fundstelle)
dies.	„BIM: Vorschlag zur Honorierung" in: DS 2018, S. 207–209 (zitiert: Bahnert/Heinrich/Johrendt, Fundstelle)
dies.	„BIM: Stimmen aus der Praxis und Auswertung der Sachverständigenbefragung" in: DS 2018, S. 210–213 (zitiert: Bahnert/Heinrich/Johrendt, Fundstelle)
Bodden, Jörg/ Elixmann, Robert/ Eschenbruch, Klaus (Hrsg.)	„BIM-Leistungsbilder" 2. Auflage 2017 (zitiert: BIM-Leistungsbilder, Bearbeiter, Fundstelle)
Böhle, Fritz/ Heidling, Eckhard/ Kuhlmey, Astrid/ Neumer, Judith	„Ungewissheit in Projekten – neue Wege der Bewältigung" in: projektManagementaktuell Ausgabe 1.2018, S. 04–08 (zitiert: Böhle/Heidling/Kuhlmey/Neumer, Fundstelle)
Egger, Martin/ Hausknecht, Kerstin/ Liebich, Thomas/ Przybylo, Jakob (Bearbeiter)	„BIM-Leitfaden für Deutschland; Information und Ratgeber; Endbericht" Forschungsprogramm ZukunftBAU (BMVBS) Projektlaufzeit 01. Dezember 2012 bis 30. November 2013 Aktenzeichen 10.08.17.7-12.08 (zitiert: Egger/Hausknecht/Liebich/Przybylo, BIM-Leitfaden für Deutschland (2013), Fundstelle)

Eschenbruch, Klaus/ Malkwitz, Alexander/ Grüner, Johannes/ Poloczek, Adam/ Karl, Christian (Bearbeiter)
„Maßnahmenkatalog zur Nutzung von BIM in der öffentlichen Bauverwaltung unter Berücksichtigung der rechtlichen und ordnungspolitischen Rahmenbedingungen - Gutachten zur BIM-Umsetzung" Forschungsprogramm Zukunft Bau (BMVBS) Projektlaufzeit 01. Februar 2013 bis 30. April 2014 Aktenzeichen 10.08.17.7-12.05
(zitiert: *Eschenbruch/Malkwitz*, Gutachten zur BIM-Umsetzung (2014), Fundstelle)

EU BIM TASKGROUP
„Handbuch für die Einführung von Building Information Modeling (BIM) durch den europäischen öffentlichen Sektor" Ausgabe 2017
(zitiert: Handbuch für die Einführung von Building Information Modeling (BIM) durch den europäischen öffentlichen Sektor (EUBIM), Fundstelle)

Köhler, Jens
„Das agile Wasserfallmodell" in: projektManagementaktuell Ausgabe 4.2018, S. 72.
(zitiert: *Köhler*, Fundstelle)

Kühl, Ralf/ Baumann, Lars
„Agiles Projektmanagement in internationalen Arbeitsgruppen" in: projektManagementaktuell Ausgabe 2.2016, S. 23–29
(zitiert: *Kühl/Baumann*, Fundstelle)

Schuhmann, Ralph/ Eichhorn, Bert
„Projekterfolg durch vertragliches Management" in: projektManagementaktuell Ausgabe 5.2016, S. 57–61
(zitiert: *Schuhmann/Eichhorn*, Fundstelle)

Schwaber, Ken/ Sutherland, Jeff
„Der Scrum Guide; Der gültige Leitfaden für Scrum: Die Spielregeln" November 2017, Version 1.2, deutsche Ausgabe
(zitiert: *Schwaber/Sutherland*, Scrum-Guide, Fundstelle)

Steeger, Oliver	„Exponentielles Tempo – Die Kurve des Technologiefortschritts steigt steil an" in: projektManagementaktuell Ausgabe 3.2018, S. 13–19 (zitiert: *Steeger*, Fundstelle)
Opelt, Andreas/ Gloger, Boris/ Pfarl, Wolfgang/ Mittermayr, Ralf	„Der agile Festpreis" 3. Auflage München 2018 (zitiert: *Opelt/Gloger/Pfarl/Mittermayr*, Der agile Festpreis, Fundstelle)
Pieper, Fritz-Ulli/ Roock, Stefan	„Agile Verträge – Vertragsgestaltung bei agiler Entwicklung für Projektverantwortliche" Heidelberg 2017 (zitiert: Pieper/Roock, Agile Verträge, Fundstelle)

Abkürzungen

Kirchner, Hildebert/ Böttcher, Eike	„Abkürzungsverzeichnis der Rechtssprache" 7. Auflage, Berlin 2012

www.ingramcontent.com/pod-product-compliance
Ingram Content Group UK Ltd.
Pitfield, Milton Keynes, MK11 3LW, UK
UKHW021829210426
5322IPUK00004B/102